Die Praxis der Pappenverarbeitung

Band I, 2. Auflage

AF630618

Die Praxis
der
Pappen-Verarbeitung

Unter Mitarbeit
namhafter Berufspraktiker und Ingenieure
herausgegeben von

Walter Hess, Berlin

In 2 Bänden

Band I: Praktisches Handbuch für das Gesamtgebiet der Pappen-Verarbeitung

Band II: Pappen-Verarbeitung und Papiermaché

M. KRAYN, Technischer Verlag G. m. b. H., BERLIN W

Die Praxis
der
Pappen-Verarbeitung

I. Band

Praktisches Handbuch für das Gesamtgebiet der Pappen-Verarbeitung

Unter Mitarbeit
namhafter Berufspraktiker und Ingenieure
herausgegeben von

Walter Hess, Berlin

Zweite, vermehrte und verbesserte Auflage
Mit 127 Figuren von Maschinen, Konstruktionszeichnungen, Arbeitsgeräten, Modellen usw.

M·KRAYN
BERLIN·W·

1 9 3 0

Copyright 1930 by M. Krayn, Technischer Verlag G. m. b. H., Berlin W. 10
Alle Rechte vorbehalten, namentlich das der Übersetzung
Druck der Deutschen Verlags-Anstalt in Stuttgart

Der zweiten Auflage zum Geleit

Sieben Jahre nach Erscheinen der ersten Auflage kommt nunmehr, nachdem das Buch seit Sommer 1928 vergriffen war, die *zweite*, vermehrte und verbesserte Auflage des ersten Bandes meines praktischen Handbuches „Die Praxis der Pappenverarbeitung" heraus.

Die fortschreitende Technik, insbesondere auf dem Gebiet der Maschinenkonstruktionen, hat die völlige textliche Umgestaltung großer Teile der ersten Ausgabe notwendig gemacht. Aber auch der praktische Teil, soweit er sich auf die Gestehung der verschiedensten Erzeugnisse der pappeverarbeitenden Industrie erstreckt, hat, gestützt auf meinen bewährten Mitarbeiterstab, eine wesentliche Um- und Neugestaltung erfahren.

Die praktischen Erfahrungen jahrzehntelanger Praxis auf dem Gebiete der Rohstofferzeugung sowohl wie der Verarbeitung sind in ausführlichen Darstellungen aller Sondergebiete der Pappenverarbeitung in einer Reihe von Abhandlungen aus berufenster Feder niedergelegt zum Nutzen aller derer, die den Wert eines instruktiven Fachbuches zu schätzen wissen und es verstehen, aus dem Born des Wissens zu schöpfen und die gesammelten Erfahrungen von Berufspraktikern für ihren eigenen Betrieb nutzbringend auszuwerten.

Gerade die Pappe beginnt sich mehr und mehr ein großes Feld für ihre Verwendung und ihren Absatz zu gewinnen, da sie den Rohstoff darstellt für eine große Reihe lebenswichtiger und notwendiger Artikel zur Befriedigung täglicher Bedürfnisse. So erfüllt sie wie das Papier gewissermaßen eine große kulturelle Aufgabe, für die Befriedigung der Bedürfnisse verschiedenster Erscheinungen des täglichen Bedarfs.

Die Pappe in ihren verschiedensten Sonderheiten ist heutzutage ein geradezu notwendiges Rohprodukt für die Warenerzeugung geworden. Der Versuch, ihr immer weitere Absatzgebiete zu erschließen, um ihre Nutzanwendung zu verallgemeinern, ist in dem Bestreben berufener Wirtschaftsverbände zu erblicken, die für die Popularisierung der Pappenerzeugnisse die Werbetrommel rühren.

Die Pappe als Verpackungsmittel, ganz abgesehen von ihrer Verarbeitung zu Gebrauchsgegenständen der mannigfachsten Art, ist heute ein Schlagwort geworden. Hierzu gehört auch die Abart der Pappe in der veredelten Form der Wellpappe.

Auch alle sonstigen Darstellungen in diesem Werke stehen auf der Höhe der Zeit und der Technik und werden dem erfahrenen Fachmann Anregung und Vertiefung seines Könnens bringen.

Weniger bedeutsame Abschnitte der ersten Auflage habe ich ausgemerzt und durch wichtigere neuzeitlichere Anregungen ersetzt. So bringe ich auch gewissermaßen als Ausklang einige Abschnitte, die sich mit den Hilfsstoffen in der Pappenverarbeitung zur Veredlung und Ausschmückung von Handelserzeugnissen beschäftigen, nämlich dem Kunstleder, den Cellophan und den Metallfolien, ihrer Herstellung und praktischen Nutzanwendung hinsichtlich der vielseitigen Verwendungsmöglichkeiten zur Förderung des Warenumsatzes.

Allen maßgebenden Firmen, die textlich und bildlich die neuesten Fabrikationsergebnisse bekanntgeben, sowie meinen erprobten Herren Fachkollegen und Mitarbeitern sei an dieser Stelle für ihre wertvolle Unterstützung besonders gedankt. Sie alle in Verbindung mit mir als dem Herausgeber arbeiten an dem gleichen Ziel, durch Bereitstellung ihrer Mitarbeit an wirklich guten Fachbüchern, an denen wir keinen Überfluß haben, an der Ertüchtigung in unserer Industrie und im weiteren Sinne zu dem Gedeihen der deutschen Wirtschaft ihr Scherflein beizutragen.

Dezember 1929

Walter Heß

Vorwort zur ersten Auflage

Der Krieg hat große Lücken gerissen in den Reihen der wirtschaftlich Vorwärtsstrebenden. Seine schwerwiegenden Folgen haben eine Umstellung vieler Betriebe zur Folge gehabt hinsichtlich der Art ihrer Erzeugnisse selbst, sowie der Arbeitsmethoden. Nur die größte Sparsamkeit und Wirtschaftlichkeit, an der richtigen Stelle durchgeführt, rechtfertigen auch jetzt noch die Hoffnung auf nutzbringende Erzeugung, wenn neben wesentlich vereinfachten Arbeitsmethoden und deren zweckmäßigster Durchführung vor allem der Wille zur praktischen Arbeitsleistung als guter Stern strahlt und nicht nur ein belangloser Vorsatz bleibt.

Der Krieg hat neben der vielseitigen Anpassungsfähigkeit menschlicher Intelligenz und Schaffensfreude auch die Erscheinung gezeitigt, daß die Industriellen eine restlose Erfassung und Ausnutzung des Materials unter dem Zwange der Notwendigkeiten begreifen, und den Wert der früher scheinbar wertlosen und unbeachtenswerten Nebensächlichkeiten bei der Umwertung der Werte in ihrer Notwendigkeit zur ausgiebigsten und bestmöglichsten Auswertung schätzen lernten.

Zu dieser Zeit, möchte ich annehmen, erscheint das Handbuch über die *Praxis der Pappenverarbeitung* gerade recht, das die Erfahrungen vieler praktischer Berufsjahre seitens der Herren Mitarbeiter in ihrer letzten Auswertung in der Form gesammelter Niederschriften bringt, wie sie zu nutzbringender Förderung neuzeitlicher Arbeitsweisen in der Pappenverarbeitung jedenfalls als nützliches Fachwissen in dieser Form des jederzeit zur Hand stehenden Ratgebers gerne beachtet werden, um so mehr, als auch zu neuen Versuchen die Anregung in abwechslungsreicher Fülle gegeben wird. Alle Fragen der Berufspraxis in einem Buche, mag es noch so viele und berufene Mitarbeiter haben, restlos zu erschöpfen, erscheint unmöglich; dazu ist dieser Industriezweig einerseits zu vielseitig, andererseits schafft der rastlos vorwärtsstrebende Menschengeist immer wieder neuartige Erzeugnisse, nicht zuletzt unter dem Zwange der Notwendigkeit, das teure Metall, Porzellan u. a. m. durch die billigere Pappe zu ersetzen. Der Sachwert bleibt der gleiche, nur der Qualitätswert der Ware wird dadurch notwendigerweise verringert.

Unsere besten Fachschriftsteller, durchweg Männer der Berufspraxis, sowie die namhaftesten Firmen der Maschinenindustrie für die Papierbearbeitung haben an dem Zustandekommen dieses Werkes mitgearbeitet durch direkte oder indirekte Unterstützung mit fachwissenschaftlichen Beiträgen. Der Maschinenindustrie für die Pappe- und Kartonnagenindustrie sei an dieser Stelle der Dank ausgesprochen für die tatkräftige Unterstützung meiner Bestrebungen, sowie insbesondere meinen Herren Mitarbeitern, die frei von allen kleinlichen Bedenken der sogenannten Werkstubengeheimnisse es mir durch gute Facharbeiten ermöglichten, alle Sonderheiten dieses recht vielseitigen Gewerbezweiges dem Stande der gegenwärtigen Technik entsprechend darzustellen.

Ich möchte außer meinen Herren Mitarbeitern und den Werksleitungen gleichzeitig der Schriftleitung unseres ältesten Fachorgans, der Kartonnagen-Zeitung, Dresden, meinen wohlgemeinten Dank als Herausgeber dieses Fachbuches sagen für ihre gütige Mithilfe und ideelle Unterstützung, die sie mir in nicht seltenen Fällen angedeihen ließ, wo immer ich ihre Mithilfe und die ihres Mitarbeiterstabes durch Rat und Tat, durch fachliche Ratschläge oder praktische Mitarbeit, gestützt auf ihre erprobte Sachkenntnis, erbat. Dadurch wurden meine Vorarbeiten zur Durchführung meines Planes, dieses Fachbuch herauszugeben, sehr wesentlich erleichtert.

Es soll die vornehmste Aufgabe der Fachpresse sein, nicht nur als Inseratenplantage zu dienen, sondern vor allem die beruflichen Interessen der Fachpraxis zu fördern, wo sie dazu nur immer in der Lage ist. Trotz allen guten Willens, allein schon durch die Begrenzung des zur Verfügung stehenden Raumes, ist es ihr aber häufig selbst beim besten Willen nicht immer möglich, nur ausschließlich den Interessen zur volkswirtschaftlichen und vor allem berufstätigen Belehrung in jeder Nummer *den* Raum einzuräumen, den die Schriftleitungen gerne im Interesse der Sache zum Nutzen ihrer Leser bereitstellen möchten.

Die Fachzeitung als solche wird wie jede andere Zeitung schließlich auch wohl gelesen, vielleicht mit etwas größerem Interesse infolge der darin vertretenen Berufs- und Handelsfragen als die „hohe Politik" der Tagespresse; dann aber hat auch sie ihren Zweck erfüllt, sie wird fortgelegt — oder „verlegt".

Es bietet sich den Berufsfachleuten in diesem Werk die Gelegenheit, eine umfassende Sammlung von fachtechnischen Berichten aus allen Zweigen der vielgestaltigen Industrie zur Be- und Verarbeitung der Pappe in einer Reichhaltigkeit und in einer Stoffgliederung zusammengestellt zu besitzen, wie sie herauszubringen unter den gegenwärtigen äußerst schwierigen Verhältnissen und trotz der enormen Herstellungskosten unzweifelhaft ein Verdienst des Verlages ist.

Im Oktober 1921 *Der Herausgeber*

Inhaltsverzeichnis

Für die zweite Auflage
wurden folgende weitere Mitarbeiter gewonnen:

Ingenieur Fritz Hoyer, Dozent am Polytechnikum in Cöthen i. A.

Isolierrohrkarton.

Pappe, Karton und Papier für gezogene, gepreßte oder geprägte Kartonnagen.

Pappenprüfungsverfahren und die Apparate dazu.

Wellpappenfabrikation und Ausstattung.

Das Herstellen von Rollen und Hülsen aus Papier.

Über Kunstleder.

Über Cellophan.

Metallfolien und Metallfoliendruck.

Ingenieur Max Lorenz, Dresden-Laubegast.

Das Stanzverfahren auf den neuzeitlichen Spezialmaschinen.

Das Stanzen der Pappe auf automatisch und halbautomatisch arbeitenden Maschinen für Massenstanzungen.

Die Herstellung von Milchflaschen-Verschlüssen.

Allgemeines über Bierglasuntersetzer-Stanzmaschinen.

Die Herstellung von Element- und Batterie-Hülsen.

Max Lindekam, Leipzig.

Einlegesohlen aus Pappe und Papier.

Karl Micksch, Berlin.

Die Anfertigung von Koffern aus Pappe unter besonderer Berücksichtigung der Kofferpappen.

Die Herstellung der Pappe

Die Rohstoffe für die Herstellung der gebräuchlichsten Pappenarten

Allgemeines

Die Rohstoffe für die Pappenherstellung sind Holz, Altpapier, Papier- und Pappenabfälle, Lumpen und Stroh. Das Holz wird in zweierlei Weise für die Pappen- und Papierfabrikation verwertet: 1. als Holzschliff, Holzstoff und 2. als Zellulose, Zellstoff. Beim Herstellen von Holzstoff wird das Holz unter Druck gegen einen rasch rotierenden Schleifstein gepreßt, so daß Fasern von dem Holz losgerissen werden, die aber die natürliche Holzfaser oft in verkürzter Form zeigen, da eine Zertrümmerung der Holzteilchen bewirkt wird. Der mechanisch erzeugte Holzstoff enthält auch noch die inkrustierenden Bestandteile des Holzes. Wird das Holz vor dem Schleifen gedämpft oder gekocht, so wird ein Teil der inkrustierenden Bestandteile gelöst, der Stoff wird braun, man erhält aber beim nachherigen Schleifen eine längere und geschmeidigere Faser als wie beim weißen Holzschliff, die aber brüchiger und meist auch kürzer ist als die Zellulosefaser. Bei der Herstellung von Zellulose werden die Fasern des Holzes durch chemische Einwirkung von den inkrustierenden Bestandteilen befreit und es sind diese Fasern deshalb auch länger und geschmeidiger als die des Holzschliffes. Aus Zellulose hergestellte Pappe zeigt deshalb auch eine ganz bedeutend größere Festigkeit und Zähigkeit als Holzschliffpappe, sie kommt aber für die Verarbeitung wenig in Betracht.

Für sehr zähe und feste Pappen wie Preßspäne, Leatherboards, Stanzpappen usw. werden in der Hauptsache Lumpen, Hanfabfälle, Stricke, Taue, Netze und andere feste Fasern ergebende Sorten unter Beimengung von Zellulose, Altpapier und Holzstoff verwendet. Für Dachpappen kommen saugfähige Lumpen und Abfälle in Betracht (Wolle, Lumpenstaub, Zellulose unter Beimengung von Altpapier).

Die Graupappen werden aus Altpapier, Papier- und Pappenabfällen hergestellt. Diese Abfälle werden sortiert oder auch unsortiert verwendet und hängt die Eigenschaft der Pappen viel von der Beschaffenheit des verarbeiteten Altpapiers ab.

Die Graupappen bilden das hauptsächlichste Rohmaterial für die Kartonnagenerzeugung, doch werden auch Hadernpappen, weiße und braune Holzpappen sowie Strohpappen verwendet.

Strohpappe wird aus Stroh erzeugt, das meistens mit Kalk oder Alkali gekocht wird.

Nach Farbe und Güte ausgesuchte Papier- und Pappenabfälle werden auch bei der Herstellung der besseren Pappensorten verwendet. Genaue Angaben über die verschiedenartige Gewinnung der Fasern und die zur Verwendung kommenden Maschinen und Chemikalien und die Herstellung der Pappen können hier nicht gegeben werden, es würde dies einen zu großen Umfang einnehmen und ist in den verschiedenen Handbüchern der Papierfabrikation nachzulesen, die meistens auch die Pappenfabrikation mit behandeln.

Die zur Pappenfabrikation dienenden Fasern werden gewöhnlich mehr oder weniger kurz gemahlen, zerteilt und verleimt. Hierzu dienen die „Holländer" genannte Mahlmaschinen, der Kollergang und in neuerer Zeit die Zerfaserungsmaschinen. Die letzteren bieten den Vorteil gegenüber dem Kollergang, daß die Fasern mehr geschont werden, daß sie leistungsfähiger sind und in ihrer neueren Bauart das Ausscheiden von Unrat ermöglichen. Die neueren Maschinen arbeiten nach einem Knetsystem. Die einzelne Faser wird weniger einer unmittelbaren Belastung ausgesetzt als wie beim Kollergang. Die neueren Zerfaserungsmaschinen sind bedeutend leistungsfähiger, erfordern aber auf der anderen Seite bedeutend höheren Kraftaufwand.

Im Holländer wird das Rohmaterial entweder direkt aufgelöst (Altpapier) oder die Fasern gemahlen (zerkleinert) und verfeinert (ausgezogen), und so für die Verarbeitung auf der Pappenmaschine vorbereitet. Der Mahlholländer dient auch zur guten Vermischung verschiedener Faserarten und der zugesetzten Füllstoffe. Ebenfalls wird im Mahlholländer die innige Verbindung der Fasern mit etwa zugesetztem Leim und den Farbstoffen bewerkstelligt.

Die zu erzielende Güte der Pappe wird von der Mischung der Fasersorten im Holländer bestimmt. Es können Fasern geringerer Güte mit solchen besserer Beschaffenheit vermischt werden. Die Leimung kann entsprechend geregelt werden und ebenfalls die Zeit der Mahldauer. Diese angeführten Möglichkeiten sind von ganz entscheidendem Einfluß auf das zu erzielende Pappenerzeugnis.

Lederpappen

Lederpappe wird aus braunem (gedämpften) Holzstoff oder aus braunen Papier- und Pappenabfällen oder aus einer Mischung von Neumit Altmaterial hergestellt. Für die Erhöhung der Reißfestigkeit der

Lederpappe ist ein Zusatz von Hanffasern sehr zweckmäßig. Wird den Fasern im Holländer viel Leim und Füllstoff zugesetzt, so erhält man eine sehr harte, klingende Pappe. Das Gewicht derselben ist verhältnismäßig hoch.

Werden diese Zusätze nur gering gehalten, der Füllstoff möglicherweise ganz weggelassen, so erhält man eine weichere Pappe, deren Gewicht im Verhältnis der Stärke zur Bogenzahl klein ist.

Im deutschen Pappenhandel gilt als normal, daß ein Lederpappebogen vom Format 70 × 100 cm, von welchem 90 Bogen 50 kg wiegen. 1 mm stark ist.

Die Stärke des Bogens läßt sich durch Satinieren (Glätten) regeln. Dies ist jedoch, wenn es zum Ausgleich der Stärke angewendet wird, ein Gewaltmittel. Der in der Kartonnagenindustrie übliche Ausdruck „griffige Pappe", „schwammige Pappe" hat seine Ursache in der Art der Behandlung des Stoffes im Holländer und beim Satinieren.

Weiße Holzpappen

Unter Holzpappe verstehen wir im allgemeinen weiße Holzpappe, obwohl der Zusatz „weiße" unbedingt gerechtfertigt ist. Die weiße Holzpappe wird aus dem Holzschliff ohne weitere besondere Zusätze hergestellt. Geleimt werden weiße Holzpappen gewöhnlich nicht, das im Holz enthaltene Harz wird meistens für die Leimung als genügend erachtet. Die fertige Ware ist sehr leicht, die Reißfestigkeit gering. Bessere Erzeugnisse erzielt man bei Verwendung von Holzschliff mit Zusatz von Zellulose und anderen Fasern. Die Pappe erhält aber durch die Zusätze, wenn sie nicht gebläut wird, ein graues oder gelbliches Aussehen. Die gewöhnliche Holzpappe findet ausgebreitete Verwendung bei der Herstellung von beklebten Kartonnagen, während die letztere sich gut für Ziehzwecke eignet.

Hanfpappen

Die Hanfpappen werden aus Hanffasern hergestellt und stets gut geleimt. Die Naturfarbe der Pappe ist grau bis dunkelgrau in schwarze Tönung gehend. Die Reißfestigkeit ist groß. Die Pappe kann ohne maschinelle Einwirkung scharf umgebogen werden, ohne zu platzen. Sie wurde zu Kartonnagen für Militärzwecke und wird noch zu solchen Arbeiten verwendet, bei denen an die Festigkeit des Materials große Anforderungen gestellt werden, z. B.. bei Tiefprägungen als Matrizenpappe, für Ziehzwecke und dergleichen.

Graupappen

Die Graupappen werden aus gemischtem Altmaterial hergestellt. Die Farben des Altpapiers geben dem Stoff und der Pappe die graue Färbung. Die Pappe wird zu Verpackungskartons verwendet, deren Festigkeit eine gute sein muß und bei denen das Aussehen eine weniger große Rolle spielt. Ferner wird sie für Arbeiten verwendet, bei welchen die Pappe kaschiert wird, in der Koffer- und Bücherfabrikation. Auch wird sie viel für Präge- und Ziehzwecke und für Hartpapierwaren verwendet.

Strohpappen

Der zu dieser Pappenart Verwendung findende Rohstoff ist das Stroh, ihre Farbe ist strohgelb. Die Reißfestigkeit der Pappe ist ohne Beimischung anderer Fasern gering. Die Pappe wird sehr viel in Rollen hergestellt und zu Wellpappe weiterverwendet.

Das Formen des Pappebogens

Handpappen

Die Handpappen werden auf Rundsiebmaschinen (Fig. 1) gearbeitet. Den Namen Handpappen haben dieselben, weil die Bogen von Hand einzeln abgenommen werden. In Fig. 2 (Seite 18) ist eine der gebräuchlichsten Pappenmaschinen in einer Konstruktionszeichnung dargestellt. Der fertig gemahlene Stoff wird aus dem Holländer durch ein Grundventil abgelassen, mit Wasser verdünnt, nach einer Rührbütte geleitet. Damit die Fasern in der Rührbütte nicht zu Boden sinken können, sondern in der Schwebe erhalten werden, ist in der Rührbütte ein Rührwerk, welches den Stoff in ständiger Bewegung erhält. Aus der Rührbütte gelangt der Stoff an ein Schöpfrad, an dem Schöpfbecher a angebracht sind, welche den Stoff in die Zuleitung zur Pappenmaschine heben. Die Zuleitung Z ist mit einer Regulierung für den Stoff versehen, so daß man der Maschine mehr und weniger Stoff zuführen kann. Der Stoff wird in der Zuleitung noch weiter mit Wasser verdünnt und direkt nach dem Sandfang S geleitet oder mittels eines Schöpfrades Sch auf denselben gehoben. In dem Stoff enthaltene Sandteile, Metallteile und dergleichen haben hier Zeit, aus dem mit Wasser verdünnten Stoff niederzusinken. Aus dem Sandfang gelangt der Stoff auf den Knotenfänger K. Derselbe besteht aus einer mit feinen Durchbrechungen versehenen Platte P. Diese Platte wird von einer Daumenwelle D in schüttelnde Bewegung versetzt. Der feine

Stoff zieht durch die Schlitze, während Klumpen und nicht genügend zerfaserte Teile auf dem Knotenfang zurückbleiben. Der Knotenfang muß öfter gereinigt werden, da sich die kleinen Schlitze leicht zusetzen. Knoten in der Pappe, welche sich bei genauer Untersuchung als kleine Holzstücke oder kleine Lumpenteile herausstellen, sind ein

Abb. 1. Rundsieb-Pappenmaschine für alle Arten von Pappen
Erzeugnis der Eisengießerei und Maschinenfabrik A.-G. Bautzen

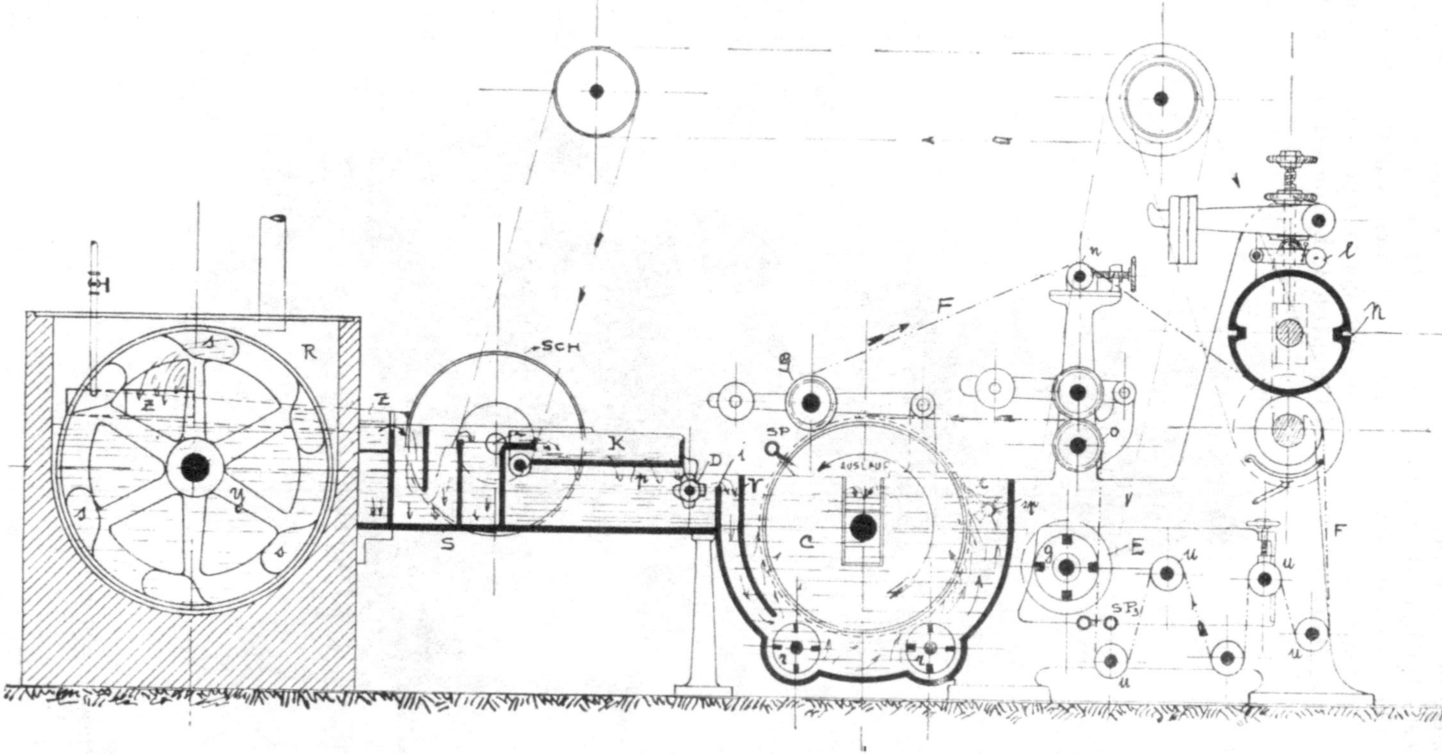

Abb. 2

Zeichen dafür, daß der Knotenfang nicht gearbeitet hat oder die Durchbrechungen in der Platte des Knotenfanges zu groß waren.

In der Papier- und Pappenfabrikation, besonders bei der Herstellung von Packpapier, Rohpappen, Graupappen usw. aus stark verunreinigten Stoffen ist ein brauchbarer und zweckmäßig arbeitender Knotenfänger (Abb. 3) eine Notwendigkeit, weil dieser Apparat nicht nur alle in den zur Verwendung kommenden Rohstoffen, d. h. Altpapier, Schrenz, Bast, Jute, Hadernstaub, Leinen, Baumwolle usw., enthaltenen Fremdkörper entfernt, sondern auch z. B. bei Altpapier

Abb. 3. Knotenfänger (System Scooler). Erzeugnis der Firma J. M. Voith, Heidenheim a. d. Brenz

die durch den Knet- oder Mahlprozeß noch nicht gänzlich getrennten Fasern durch kräftigen Schlag des Flügelrades löst.

Der Stoff läuft an dem einen Ende der Maschine von rechts oder links zu und wird von dem Flügelrad gegen das letzteres umgebende Sieb mit Schlitzlochung geschleudert. Dabei befördern die Flügel durch ihre eigenartige Bauart alle in den Rohstoffen enthaltenen Knoten und Fremdkörper, wie Nägel, Knöpfe, Haken, Knochen usw., nach dem hierzu bestimmten Auslauf. Das Stoffwasser wird in der Maschine gestaut, und so werden diese Fremdkörper immer wieder und wieder gewaschen und jede noch brauchbare Faser losgelöst. Einlauf- und Auslaufrinne liegen in gleicher Höhe, so daß die Maschine in bestehende Anlagen als Ersatz für Planknotenfänger usw. leicht eingebaut werden kann.

Das Sieb ist an den gußeisernen Seitenwänden, welche unter sich durch eine Gußtraverse verbunden sind, in einfachster Weise befestigt, wodurch ein Siebwechsel in denkbar kürzester Zeit vorgenommen werden kann und die Möglichkeit gegeben ist, beim Übergang von der einen zu der anderen Pappenstärke das hierfür geeignete Sieb sehr rasch einzubauen. Zur Reinigung der Schlitze ist ein besonderes Spritzrohr nicht erforderlich, trotzdem bleibt das Sieb immer rein.

Die Flügelradwelle aus Stahl läuft in zwei Ringschmierlagern bester Bauart und kann von links oder von rechts angetrieben werden.

Die Maschine ist in allen ihren Teilen leicht zugänglich; sowohl der Stoffeinlauf in das Sieb wie der Auslauf für die Fremdkörper können während des Betriebes beobachtet und so die Arbeitsweise der Maschine überprüft werden.

Wir fahren nunmehr fort in der Beschreibung der Pappenerzeugung.

Vom Knotenfang tritt der Stoff über ein genau horizontal angeordnetes Brett i in den Zylinderkasten C. Zu erwähnen ist, daß in vielen Pappenfabriken, die nur gewöhnliche Pappen herstellen, der Sandfang und Knotenfang sowie auch das Schöpfrad fehlen und der Stoff direkt von der Rührbütte in den Zylinderkasten der Pappenmaschine fließt. In demselben wird der Stoff durch ein Sinkbrett V gezwungen, nach unten zu sinken, um eine größere Anschwimmdauer der Fasern an den Zylinder zu erhalten.

Auf dem Grunde des Zylinderkastens sind kleine Rührwerke r angeordnet, welche verhindern, daß sich der Stoff unten im Zylinderkasten absetzen kann. Beim Aufsteigen des Stoffes erfolgt das Anschwimmen der Fasern an den Zylinder. Der Zylinder besteht aus einer mit feinem Sieb bespannten Trommel, welche an den Stirnseiten mit dem Zylinderkasten abgedichtet ist. Oberhalb der Lagerstelle des Zylinders befinden sich die Auslauföffnungen für das Abwasser.

Durch die Strömung des Wassers nach den Auslauföffnungen werden die Fasern gegen das Zylindersieb gezogen und legen sich an demselben fest. Ein Übelstand hierbei ist, daß die Fasern das Bestreben haben, sich annähernd parallel zur Bewegungsrichtung des Zylinders in die Stoffbahn einzureihen. Trifft eine Faser mit der Spitze an den Zylinder, so wird sie von diesem in seiner Bewegungsrichtung aus dem Gemenge gezogen und reiht sich parallel zur Bewegungsrichtung ein. Das stärkste Ansaugen der Fasern findet an der in der Abbildung mit x bezeichneten Stelle statt, und kann man hier das Bestreben der Fasern, sich parallel einzureihen, genau beobachten. Um diesem Übelstande zu steuern, hat man Spritzrohre so angebracht, welche unter Druck frisches Wasser in die Stoffmischung spritzen und dieselbe in ständiger Bewegung erhalten. Dadurch wird eine bessere Verfilzung der Fasern erzielt. Die Erscheinung, daß eine Pappe oder ein Papierbogen nach zwei aufeinanderstehenden senkrechten Richtungen verschiedene Reißfestigkeit besitzt, hat seine Ursache in dem beschriebenen Übelstande.

Von dem Scheitel des Zylinders wird die Stoffbahn durch einen endlosen Filz F und durch den Druck der Gautschwalze G abgenommen. Die in dem Zylindersieb zurückbleibenden Unreinlichkeiten werden hinter der Abnahmestelle mittels unter Druck zugeführtem Wasser gereinigt und ausgespritzt. Die abgenommene Stoffbahn wird über Leitwalzen n nach der Formatwalze N geleitet. Dieselbe ist mittels Gewichten veränderlich belastet und nimmt den Stoff von dem Filz ab. Je nach der Stärke der herzustellenden Pappe werden mehrere Lagen der Stoffbahn aufeinander gegautscht. Der Filz F läuft über Spann- und Leitwalzen u durch die Filzwäsche E zurück. In der Filzwäsche wird derselbe mit reinem Wasser aus den Spritzrohren Sp 3 ausgespritzt und durch eine Klopfhaspel g ausgeklopft. Das von dem Filz aufgesogene Wasser wird von den Filzpreßwalzen o wieder ausgepreßt. Oberhalb der Formatwalze ist eine Signalvorrichtung angebracht, welche in Tätigkeit tritt, sobald der aufgelaufene Stoff die gewünschte Pappenstärke erreicht hat.

Das Format

Im allgemeinen gibt die Länge der Formatwalze die Länge der Pappe und der Umfang der Formatwalzen zweimal die Breite der Pappe. Für das Abnehmen des Pappebogens sind in der Formatwalze zwei Nuten N vorgesehen. An diesen Stellen wird die Stoffbahn, da sie keinen Druck erhält, nicht entwässert und verfilzt und läßt sich von Hand leicht trennen und abnehmen. Für besondere Formate müssen, wenn es sich um die Breite der Pappe handelt, besondere Formatwalzen vorhanden sein.

Die Maximallänge der Pappe ergibt sich aus der Maximalmaschinenbreite. Diese Länge kann beliebig verändert werden, indem man mittels der Formatbänder einen Teil des Zylindersiebes verschließt, so daß an diesen Stellen kein Stoff aufgenommen werden kann.

Das Umbauen der Pappenmaschine für besondere Formate erfordert bedeutenden Zeitaufwand, und weiter sind viele kostspielige Formatwalzen erforderlich, was den geforderten Mehrpreis für besondere Formate gerechtfertigt erscheinen läßt.

Die Pappen werden, nachdem sie von der Formatwalze abgenommen sind, auf den Preßwagen paketweise aufgeschichtet. Zwischen jedes Paket wird ein Blech gelegt. Vielfach werden auch Filze empfohlen. Je kleiner und niedriger die Pakete gemacht werden, desto leichter und schneller geht nun die folgende Weiterentwässerung der Pappen vor sich. Der fertige Stapel Pappen wird in die Presse gefahren und das Ganze unter hohem Druck zusammengepreßt. Das Wasser wird durch das Pressen ausgetrieben und durch die zwischenliegenden Bleche oder Filze nach außen geleitet. Beim Pressen muß vorsichtig und langsam zu Werke gegangen werden, und zwar muß dem Wasser Zeit gelassen werden, langsam auszutreten. Der soweit wie möglich entwässerte Pappenstapel wird nun wieder ausgefahren, und kommen die Pappen nunmehr zum Trocknen.

Das Trocknen der Pappe

Das älteste Verfahren, die Pappe zu trocknen, ist das, die Papptafeln auf größeren Rasenflächen zum Trocknen auszulegen. Da aber diese Trockenweise der Witterungsverhältnisse wegen nicht immer angängig ist, hat man Trockenhäuser gebaut, in welchen die Pappen in Reihen übereinander aufgehängt werden. Um die Trocknung zu beschleunigen, hat man diese Räume mit künstlichen Luftströmungen und künstlicher Erwärmung der Luft ausgerüstet. Eine weitere Vervollkommnung dieser Einrichtung besitzen wir in den Kanaltrockenanlagen. In denselben werden die Pappen an Wagen aufgehängt und einem erhitzten Luftstrom ausgesetzt. Die mit Feuchtigkeit gesättigte Luft wird abgezogen. Als maschinelle Trockeneinrichtung ist der Trockenzylinder in Gebrauch, bei dem die Pappen mittels eines Filzes oder Metallgewebes an einen mit Dampf geheizten Zylinder gepreßt werden.

In den nachstehenden Ausführungen eines Spezialisten soll dieser wichtige Abschnitt in der technischen Herausarbeitung der Pappe erschöpfend behandelt werden.

Der günstige Verlauf der Trocknung der Pappen hängt von verschiedenen Umständen ab, und zwar kommt es darauf an, mit welchem Wassergehalt dieselben zur Trocknung kommen bzw. wieviel Wasser in einem bestimmten Zeitraum zu verdampfen ist. Weiter kommt es sehr auf die Stoffbeschaffenheit an. Dichter Stoff trocknet schwerer als poröser. Als dichter Stoff gilt kurzes und schmieriges Fasergefüge, wie solches bei Hartpappen oder auch besseren Graupappen unerläßlich ist. Ferner kommt es sehr darauf an, wie die Trockenanlage eingerichtet ist und ob sie im richtigen Verhältnis zur Produktion steht. Vorausgeschickt muß hier werden, daß es unbedingt notwendig ist, die Pappen mit möglichst geringem Wassergehalt zur Trocknung zu bringen, ganz gleich, um welche Art von Trocknung es sich handelt. Je mehr Wasser zu verdampfen ist, desto unrationeller gestaltet sich die Trocknung und desto länger dauert der Trocknungsprozeß, abgesehen von dem starken Einfluß desselben auf das Trockengut selbst.

Schlecht ausgepreßte Pappen neigen sehr zum Welligwerden, und zwar darum, weil die Pappe in nassem Zustande sowohl in der Dicke als auch in der Höhe und Breite einen größeren Raum einnimmt als im trockenen Zustande, und das Wasser einen ziemlichen Teil dieses Raumes beansprucht, indem es in die Faser eindringt und diese vergrößert.

Beim Trocknen wird das Wasser verdrängt bzw. verdampft, wodurch eine intensive Tätigkeit im Innern der Pappe entsteht. Diese Tätigkeit ist nicht in allen Teilen der Pappe gleich, vielmehr vollzieht sie sich da zuerst, wo die Pappe entweder dünner oder wo der Wassergehalt ein geringerer ist.

Weiter ist es von größerem Einfluß, von welcher Seite die Papptafeln von der Wärme zuerst bestrichen werden und ob im Trockenraum eine bewegte oder stehende Luft herrscht. Bewegte Luft fördert die Trocknung ungemein, weil die Feuchtigkeit in diesem Falle sozusagen entführt wird. Allerdings kommt es dabei darauf an, ob die bewegte Luft trocken oder feucht ist. Feuchte Luft trocknet auch in bewegtem Zustande nur so lange, bis Luft und Trockengut gleiche Feuchtigkeit besitzen. Nicht umsonst hört man oft von unseren Hausfrauen: „Heute geht trockener Wind, da ist meine Wäsche bald trocken.“ Bei stehender Luft kommt es wieder darauf an, ob die Trocknung im Freien oder in geschlossenem Raum stattfindet. Im letzteren Falle kann die Verdunstung des Wassers nicht fortschreiten, weil die Luft eben zu sehr mit Wasser gesättigt ist und infolgedessen keine Feuchtigkeit mehr aufzunehmen vermag.

Gehen wir die gesamte bis jetzt bekannte Trockenmethode und deren Einrichtung der Reihe nach durch, so müssen wir bei der ältesten und billigsten, früher infolge der Kohlenknappheit, aber auch heute noch mitunter angewendeten *Rasentrocknung,* beginnen. Diese Trocknung ist die billigste, aber unter Umständen auch die umständlichste. Bei gutem Wetter und günstigen Bodenverhältnissen geht die Trocknung ziemlich rasch vonstatten, namentlich bei nicht zu dicken Pappen. Hegt man die Befürchtung, daß die Trocknung nicht innerhalb einer einmaligen Auslegung erfolgt, dann soll man lieber vermeiden, bessere Sorten auszulegen, weil durch das öftere in die Handnehmen die Pappen leicht beschädigt werden und dadurch viel minderwertige, wenn nicht gar wertlose Ware erhalten wird. Bei der Rasentrocknung ist für bessere Sorten eine zu schnelle Trocknung zu vermeiden; dies tritt an sehr heißen Tagen ein. Durch allzu rasche Trocknung entsteht gerne eine plötzliche Krümmung oder ein Welligwerden der Papptafeln. Diese Krümmung entsteht, weil das Schrumpfen an den der Luft bzw. der Sonne ausgesetzten Teilen der Pappen infolge der schnellen Verdunstung des Wassers rasch eintritt, während das Schrumpfen in den anderen Teilen noch nicht vor sich geht und überhaupt der Trockenprozeß nicht in allen Teilen der Pappen gleichmäßig einsetzt und beendet wird. Liegt die Pappe flach auf dem Boden, so wird ihre ganze Fläche von der Sonne beschienen, doch beginnt die Trocknung immer zuerst an den Rändern, weil hier die wasserverdunstende Wärme auch von unten und von der Seite her wirkte. Dieser Vorgang ist nun der Hauptgrund, warum sich die Papptafeln gerne wölben, was um so stärker erfolgt, je rascher der Trockenprozeß vor sich geht. Man kann dieser Erscheinung wohl dadurch etwas entgegenwirken, daß man die vier Ränder während der Trocknung wieder etwas zu befeuchten sucht, so daß die ganze Fläche gezwungen wird, gleichmäßig zu trocknen. Diese Arbeit lohnt sich aber nur bei besseren Qualitäten und ist nur bei geringeren Mengen durchzuführen.

Bei der Rasentrocknung ist die Hauptbedingung, daß der zum Trocknen benutzte Erdboden vollständig trocken ist, was meistens erst gegen Mitte des Vormittags eintritt. Würde man die Pappen auf feuchten Grund legen, dann kann die Trocknung nur von oben her einsetzen, während die Feuchtigkeit von unten her wieder in die Pappe einzieht. Es würde also die gesamte Bodenfeuchtigkeit durch die Pappe gesaugt und an der Oberfläche verdunstet werden müssen. Auch würde dadurch das Wölben sehr gefördert, weil die Wärme unter die Ränder der Pappe dringt und die Bodenfeuchtigkeit an diesen Stellen bald aufzehrt. Ist diese Feuchtigkeit aufgezehrt, dann setzt erst die Trocknung ein. Haben sich die Pappen nun einmal etwas gewellt, wird der Luftzutritt unter der Pappe immer größer und die Trocknung beginnt nun auch von unten her, soweit als dies durch das Aufliegen der Pappe auf dem Boden nicht verhindert wird. Es ist klar, daß hierdurch eine ungleiche Trocknung der Masse erfolgt und sich die Pappe da zusammenzieht, wo sie zuerst trocknet. Die Folge ist, daß im ganzen Pappenkörper ungleiche Spannungen entstehen. Schreitet die Trocknung in dieser Form weiter fort, ändert sich auch jeweils diese Spannung, und so wölbt sich ein Teil der Pappe nach oben und der andere nach unten. Man wird gerade bei der Rasentrocknung manchmal einzelne Pappen finden, deren Ränder knalltrocken sind, wogegen die Mitte noch naß ist. Es fehlt bei dieser Art Trocknung die Luftzufuhr auf der Unterseite, und deshalb sollen die Pappen mindestens einmal gewendet werden. Wenn man hierzu die Zeit günstig ausnützen will, muß die Trocknung stets überwacht werden, denn nur dann hat man die Gewißheit, daß die Weiterverarbeitung der Pappe mit wenigen Schwierigkeiten verbunden ist.

Das Auslegen der Pappen erfordert ebenfalls große Übung, und kann ein ungeübter Arbeiter mehr schaden als nützen. Es ist stets darauf zu achten, daß nur so viele Pappen in die Hand genommen werden, wie die betreffende Person ohne Anstrengung zu tragen imstande ist. Die Pappen dürfen nicht übereinander hinweggezogen werden, sonst bildet der Stoff auf der Pappenoberfläche kleine Röllchen, und die Tafel ist für viele Zwecke nicht mehr verwendbar. Durch geeignete Schwenkung der in der Hand gehaltenen Pappen ist ganz gut ohne Anstrengung über die ausgelegte Pappe hinwegzukommen.

Um ein Begehen der Trockenwiese zu ermöglichen, lege man die Reihen so, daß zwischen je zwei Reihen so viel Platz ist, daß ein Mensch bequem gehen kann.

Zum Auslegen auf die Trockenwiese eignen sich nur Graupappen, und diese nur dann, wenn sie nicht zu dick sind. Dicke Pappen müssen nochmals eingesammelt und wieder ausgelegt werden, was ihnen sehr schadet. Ganz dünne Sorten, z. B. von 100 Stück per 50 kg aufwärts, eignen sich nur dann zum Auslegen, wenn keine starken Winde in Aussicht stehen. Ein sparsamer Pappenmacher wird alle ihm zur Verfügung stehenden Plätzchen, die von der Sonne beschienen werden, ausnützen und seinen Trockenplatz dahin verlegen, wo die Sonne den ganzen Tag über ihre Tätigkeit ausüben kann. Hohe, dichte Bäume müssen, wenn sie nicht ganz entfernt werden können, stark gelichtet, oder es darf, wenn auch dies nicht möglich ist, unter ihnen nicht ausgelegt werden.

Zu Trockenzwecken können ferner alle flachen Dächer benützt werden, nur sorge man für geeignete, bequeme Aus- und Eingänge. Der Untergrund sowohl der Trockenwiese als auch eben genannter Dächer muß eben sein, damit die Pappen flach liegen. Viel Zeit wird beim Auslegen gespart, wenn die Pappen auf kleinen Handwagen nachgefahren werden, um alle unnützen Gänge zu vermeiden.

Die alten Trockenkammern mit direkter Feuerung gibt es verschiedentlich auch heute noch, meist in kleineren Fabriken, die nur mit Wasserkraft arbeiten.

Eine derartige Kammer besteht aus einem genügend großen Raume ohne Fenster. Sie soll hoch genug sein, um zwei Reihen übereinanderhängen zu können. Die Wärme wird in einem angebauten Ofen durch direkte Feuerung erzeugt und im Innern entweder durch den ganzen Raum in Blechrohren herumgeleitet, oder man wendet nur ein Rohr in der Mitte des Raumes an. Diese Räume können hoch sein, sollten aber nicht über 10 m Länge und Breite haben, weil sonst die Wärme der Feuergase nicht ausreicht, um die gesamte Rohrfläche zu heizen. Es werden also die Pappen ungleich von der Wärme bestrichen, und diejenigen trocknen zuerst, die in der Nähe der Rohre hängen. Das von diesen verdunstete Wasser bleibt nun in Dampfform im Raume, und infolgedessen können die ungünstig zur Heizung hängenden Pappen nicht trocknen. Diese Wasserdämpfe müssen also entfernt werden, und zwar durch Ventilatoren, die dort angebracht sind, wo die ungünstigste Trocknung stattfindet, und zwar aus dem Grunde, weil dann in diese Gegend trockene Luft gesaugt wird. Die Ventilation soll dauernd im Betriebe sein, doch muß der Luftaustritt geregelt werden können, um nur die mit Wasserdampf gesättigte, nicht aber trockene Warmluft zu entfernen. Die Regelung geschieht mittels einer Klappe, die außerhalb des Gebäudes an der Ventilatoröffnung angebracht ist. Ich hatte vor mehreren Jahren Gelegenheit, eine sehr praktische derartige Vorrichtung zu beobachten, bei der die Regelung ohne jede menschliche Beihilfe erfolgte. Der Ventilator war elektrisch angetrieben und stand so lange still, bis es an der Zeit war, die Wasserdämpfe aus dem Raume zu entfernen. Außerhalb des Trockenraumes befand sich in einem verschlossenen Kasten ein kleines Wasserbassin, in welches eine Zuleitung aus dem Fabrikwasserbehälter mündete. In diesem Bassin befand sich ein Schwimmer, welcher mit einem Kontakt verbunden war. Die Wasserzuleitung war so eingestellt, daß nur so viel Wasser zulief, daß der Schwimmer eine gewisse Zeit brauchte, um den Kontakt zu berühren. Sobald dies geschah, fing der Ventilator an zu arbeiten und stellte sich von selbst wieder ab, sobald das Wasser im Bassin bis zu einer bestimmten Höhe herabgesunken war. Die Zeit zur Kontaktherstellung erfolgte stets zu der Zeit, zu welcher es angebracht war, die Dämpfe aus dem Trockenraum zu entfernen. Die Wärmeerzeugung erfolgte durch Dampf, und würde sich obige Einrichtung für direkte Feuerung auch nicht eignen, weil hier die Temperatur zu schwankend ist und somit die Zeiteinteilung nicht dauernd stimmen würde.

Wirtschaftlich können die erwähnten Trockenkammern allerdings nicht genannt werden, solange es sich um direkte Feuerung handelt. Schon die Wärmeausnutzung ist eine zu geringe im Verhältnis zum Verbrauch an Brennstoffen. Zieht man den Winter mit in Betracht, wo in Fabriken ohne Dampfanlagen alle Arbeitsräume durch Feueröfen erwärmt werden müssen, und rechnet die Gesamtkosten an Brennstoffen zusammen, dann kommt man zu dem Ergebnis, daß damit ganz gut eine kleine Kesselanlage in Betrieb gehalten werden kann, die auf alle Fälle zweckmäßiger arbeitet.

Diese primitiven Trockenstuben sind nur als Übergang zur weit rationelleren Kanaltrocknung zu betrachten, und soll über diese noch später ausführlich berichtet werden. Vorerst wollen wir uns mit der Lufttrocknung beschäftigen, da sie immerhin einer Besprechung wert erscheint.

Die Lufttrockenhäuser können im Gegensatz zur Rasentrocknung auch im Winter über behangen werden, doch dauert die Trocknung je nach der Dicke der Pappen und der herrschenden Witterung oft mehrere Wochen. In allen Trockenhäusern ist eine gute Luftbewegung eine Hauptsache, denn der Wind kommt der Trocknung sehr zugute.

Fast jede Gegend hat ihre eigene Luftströmung. Es sollen die Trockenhäuser dieser Lage entsprechen und quer zur Luftströmung aufgestellt sein, damit der Luftzug durch die hängenden Pappenreihen hindurchstreichen kann. Wenn der Wind die volle Pappenfläche trifft, wirkt diese als Windfang und hält den Wind von den dahinterhängenden Pappen fern. Die Wirkung des Windes wird um so größer, je kürzer der Weg durch die Pappenreihen ist und je ungehinderter derselbe auf der entgegengesetzten Seite entweichen kann. Dies letztere ist ein Grund, warum man die Trockenhäuser meist aus dem Häuserbereich hinausstellt oder, wo dies nicht möglich ist, hoch genug baut, um über die Hausgiebel hinauszukommen. Ist man genötigt, ein Trockenhaus gegen die Windrichtung aufzustellen, dann muß die Hängevorrichtung dementsprechend angelegt sein, so daß der Luftdurchzug dennoch eintreten kann. Man sieht es freilich nicht gerne, wenn der Wind einen zu langen Weg durch die Pappenreihen zu machen hat, doch ist es immer noch besser, als wenn der Wind direkt auf die Pappenfläche stößt.

Die Luftzuführung sollte bei den Trockenkammern stets durch möglichst große Öffnungen mit Windverteilern erfolgen, d. h. es sind Jalousien anzubringen, die auch eine Bestreichung der über den Windöffnungen hängenden Pappenreihen gestattet, oder es sind die Luftzuführungen so hoch anzulegen, daß auch die obersten Schichten von der Luft bestrichen werden.

Bei großen Lufttrockenanlagen kann die Produktion so ziemlich aufrechterhalten bleiben, und namentlich dann, wenn man für die schnelltrocknende Jahreszeit die dicken Pappensorten verarbeitet, so daß man in der kalten Jahreszeit dünne bis mitteldicke Pappen herstellt. Fabriken, die mit einer Dampfanlage arbeiten, sollten für den Winter aber für alle Fälle eine gute Kanaltrockenanlage besitzen, dennoch aber die Lufttrocknung so viel als möglich benutzen.

Die Zylindertrocknung

Die Zylindertrocknung hatte vor der Einführung der Kanaltrocknung weit mehr Anhänger, als dies heute der Fall ist. Der Grund ist ja auch ganz einfach. Wenn es nicht möglich war, durch Lufttrocknung eine Pappensorte in kurzer Zeit zu trocknen, gestattete dies die Zylindertrocknung. Auch andere Vorteile waren es und sind es teilweise auch heute noch, die für die Zylindertrocknung sprechen, so das Flachliegen von besseren Dünnsorten, für die ja die Zylindertrocknung besonders geeignet ist. Jeder Pappenmacher wird aus Erfahrung wissen, wie schwer es ist, dünne Pappen, wenn sie nach allen Richtungen verzogen und krumm sind, auf dem Satinierwerk weiter zu verarbeiten, und wie viele Pappen hierbei verloren gehen. Die Arbeitsweise ist auf den Zylindern ja umständlich und erfordert menschliche Arbeitskraft, weil eine, sagen wir 100er Pappe wohl etwa 20mal durch den Zylinder gelassen werden muß, ehe sie trocken ist.

Ist der Zylinder zu heiß, dann entstehen leicht Blasen, das sind einzelne Stellen, die sich durch die Hitze spalten und auf diese Weise Blasen bilden.

Die Ursache, warum auf Zylindern getrocknete Pappen absolut flach liegen, ist die, daß der Zylinder teilweise von einem Gewebe umspannt wird. Die Pappe trocknet also, indem sie auf die glatte Zylinderoberfläche angedrückt wird. Als Umspannungsgewebe werden Woll-Trockenfilze oder auch solche aus Baumwolle verwendet. Man hat auch verschiedene Versuche angestellt, um die Verwendung der teuren Wollgewebe zu umgehen. Die Ursache zu derartigen Versuchen war aber nicht der Preis allein, sondern auch der Umstand, daß die dicken und dichtgewebten Filze, welche die von den Pappen ausgehenden Dämpfe in sich aufnehmen, Feuchtigkeit zurückhalten, was nicht nur das Trocknen erschwert, sondern auch den Verbrauch dieser Filze beschleunigt. Man hat statt der Filze alte Siebe von Papiermaschinen angewendet, das Ergebnis war in bezug auf Trocknung sehr befriedigend, weil die durch die Hitze erzeugten Dämpfe sofort entweichen konnten, doch ergab sich ein zu schneller Verschleiß der Siebe, selbst wenn sie neu waren, weil sie bleibende Ausbeulungen erhalten, wenn einmal eine Pappe zerknüllt durchging, was im ersten Trockenstadium leicht eintreten kann. So verbeulte Siebe verursachen leicht ein ungleiches Trocknen und laufen zuletzt in Falten. Später wurden Drahtgeflechte verwendet, doch markieren diese sehr, weil der Draht sich in die noch nasse und weiche Pappe einprägt. Als besser geeignet hat sich das Holzlattenband erwiesen. Dieses besteht aus etwa 30 bis 40 mm breiten, der Zylinderlänge entsprechenden Holzlatten, die jalousieartig miteinander verbunden sind und etwa 5 mm voneinander Abstand haben. Die Trocknung vollzieht sich hiermit glatt, doch halten auch diese Lattenbänder in der Regel nicht lange, weil die als Gelenke dienenden Textilstoffstreifen bald brüchig werden. Man ist daher dazu übergegangen, die Streifen wegzulassen, und hat die einzelnen Latten auf Siebe genagelt, so daß die Latten auf den Zylinder zu liegen kamen und das Metallgewebe nur als Zusammenhang diente. Aber auch hiervon ist man wieder abgekommen, weil die Herstellung der Einrichtung eine zu umständliche war. Am besten haben sich dann die Baumwollfilze geeignet, und heute verwendet man starke Papiergewebe als Ersatz, die, obwohl auch hoch im Preise, doch ihren Zweck besser erfüllen als die dicht gewebten Wollfilze, weil die heißen Dämpfe durch die weiten Maschen bequem entweichen können.

Wirtschaftlich wird die Zylindertrocknung nur bei Herstellung dünner Sorten, die meist ungeglättet gehandelt werden, und wenn es möglich ist, mehrere Zylinder hintereinander zu schalten, um so den Dampf frei durch die Zylinder strömen zu lassen. Einen Kondenstopf bekommt in diesem Falle nur der Endzylinder.

Kleinere Fabriken, die nicht über eine Dampfanlage verfügen, wohl aber billigen Brennstoff, wie Schälspäne von den Holzschleifereien oder eigenen Torf u. a. m., besitzen, können ganz gut mit einem Trockenzylinder mit direkter Feuerung arbeiten oder zu diesem Zweck einen kleinen stehenden Dampfkessel anlegen.

Schreiber dieses arbeitete vor Jahren mit einem Zylinder mit direkter Feuerung und erzielte hierdurch, daß der Betrieb auch im Winter notdürftig aufrechterhalten werden konnte. Obwohl die Leistungsfähigkeit der Zylindertrocknung (auch mit Dampfheizung) nicht groß ist, ist man doch immerhin in der Lage, bestimmte Sorten rasch liefern zu können, doch ist der Kanaltrocknung, sofern es sich nicht um Sorten handelt, die nur auf dem Zylinder getrocknet werden können, in jeder Beziehung der Vorzug zu geben. Dünne Holz- und Graupappen kommen hierfür nicht in Betracht, weil diese Sorten heute auf der Vielrundsiebmaschine mit Trockenpartie viel vorteilhafter hergestellt werden können.

Die Kanaltrocknung

Die Kanaltrocknung ist allmählich aus den alten Trockenstuben entstanden und stellt ohne Zweifel einen großen Fortschritt wirtschaftlicher Art in der Trocknung von Pappen dar. Man baute früher Kammern, bei denen am Boden dampfbeheizte Rippenrohre lagen, durch welche die Erwärmung der Raumluft erfolgte. Die aufsteigende Wärme teilte sich den Pappen mit und an verschiedenen Stellen waren Schächte angeordnet, durch welche die Abluft nach außen entweichen sollte. Eine geordnete Luftführung war nicht vorhanden, eine Luftzirkulation erfolgte nur insofern, als der natürliche Auftrieb der Warmluft hierfür sorgte.

Es wird ohne weiteres einleuchten, daß die Trocknung der Pappen in den einzelnen Teilen der Kammern sehr ungleichmäßig erfolgte, so daß man an einzelnen Stellen Übertrocknung und an anderen Zurückbleiben in der Trocknung feststellte. Um einigermaßen auf Gleichmäßigkeit zu kommen, mußten ganze Partien länger als notwendig in den Räumen verbleiben. Man war gezwungen, die Pappen zu übertrocknen und stellte dabei fest, daß diese sich warfen und verzogen infolge ungleichmäßiger Trocknung an den Rändern und im Innern der Pappen. Sie hatten ein schlechtes Aussehen, waren wellig und erforderten eine besondere Nachbehandlung.

Auch wärmewirtschaftlich waren diese Kammern weit von einem Idealzustand entfernt, da der Dampfverbrauch 4—5 kg pro kg zu verdunstendes Wasser betrug. Es ist erklärlich, daß man eine größere Wirtschaftlichkeit bei der Trocknung von Pappen anzustreben bemüht war. Man ging dazu über, Kanäle zu bauen, bei denen die Pappen mittels mechanischer Vorrichtung gleichmäßig hindurch bewegt wurden, während die zur Trocknung erforderliche Wärmemenge auf künstlichem Wege mittels Ventilatoren zugeführt wurde. Man bediente sich hierfür eines aus der freien Atmosphäre saugenden Ventilators, der die in einer Heizvorrichtung erwärmte Luft in die Kanäle blies. Teils arbeitete man im Gegenstrom, indem man die Luft

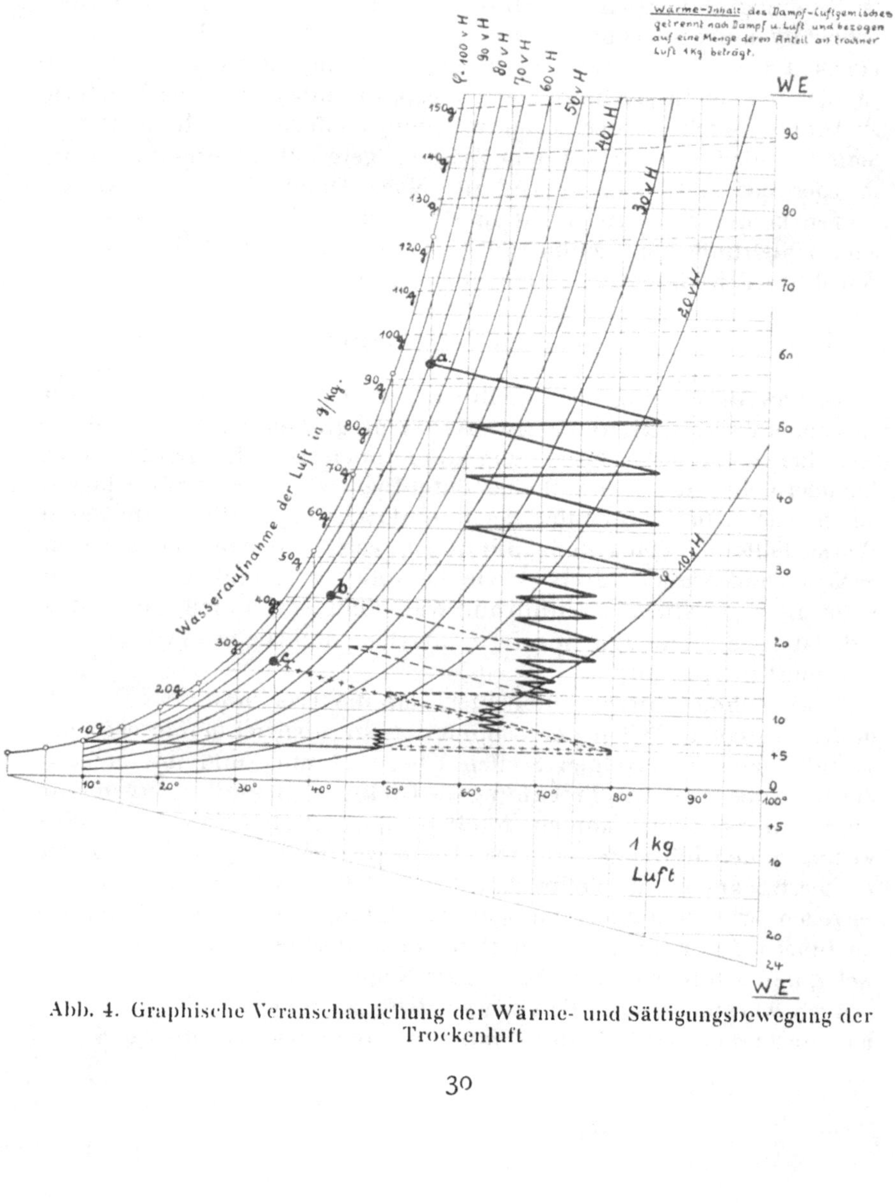

Abb. 4. Graphische Veranschaulichung der Wärme- und Sättigungsbewegung der Trockenluft

am Trockenende des Trockenapparates, und teils im Gleichstrom, indem man die Luft am Naßende in den Kanal einführte.

Wenn man durch diese Trockenmethode auch schon wesentliche Vorteile erzielte in bezug auf die Schnelligkeit des Trockenvorganges und den qualitativen Ausfall der Pappen, so konnte man doch noch nicht von einer gleichmäßigen Luftbeaufschlagung und infolgedessen auch nicht von einer gleichmäßigen Trocknung der Pappen sprechen. Eine Übertrocknung der Ränder war auch jetzt noch nicht zu vermeiden.

Auch das zeitraubende und umständliche Wiederanfeuchten der Pappen mußte beibehalten werden, und außerdem betrug der Dampfverbrauch dieser Kanäle immer noch 2—3 kg pro kg Wasserverdunstung.

Bei den zuvor erwähnten Apparaten wurde die Luft aus der Atmosphäre angesaugt, in einem besonderen Heizkörper erwärmt, an das Trockengut geblasen und dann ins Freie geführt. Die erwärmte Luft hatte also nur ein einziges Mal Trockenarbeit zu leisten, eine beträchtliche Wärmemenge ging unausgenutzt ins Freie und außerdem war die Luft bei weitem nicht so mit Wasserdampf gesättigt, daß sie nicht noch mehr Wasserdampf hätte aufnehmen können.

Die Erfahrung hat uns gezeigt, daß sich z. B. bei der Wiesentrocknung ein Umstand für den qualitativen Ausfall der Pappen besonders günstig auswirkte, nämlich die relative Feuchtigkeit der Luft, mit der die Pappen beaufschlagt wurden. Diesen Umstand machte man sich durch die Umlufttrocknung zunutze. Wenn auch bei den vorerwähnten Trockeneinrichtungen eine gewisse Luftsättigung vorhanden war, so erreichte man diese bei dem Umluftverfahren in weit höherem Maße. Mit der Umluftbewegung bekam die Theorie der künstlichen Luftsättigung zum ersten Male beabsichtigte, gewollte Formen, und es wurde durch dieses neue System möglich, den Sätti-

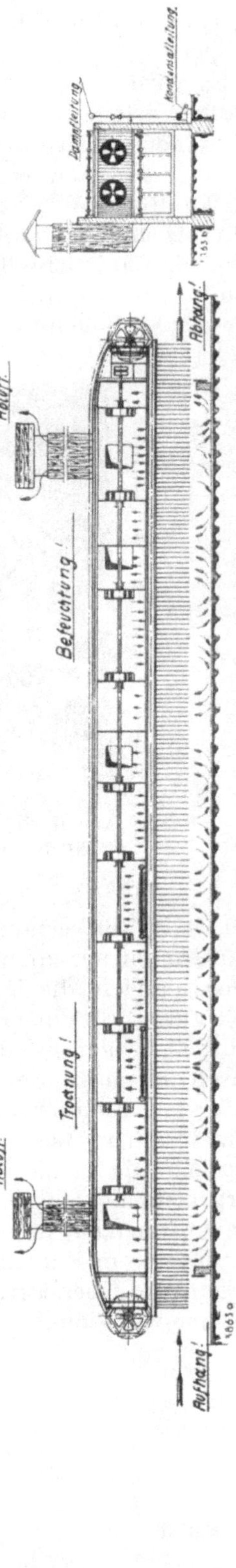

Abb. 5 Schilde-Queraufhangtrockner für Pappen mit Umluftstufentrockner durch Schilde-Umluft-Gruppen-Gebläse (D.R.P. a. und Ausl.P. a.)

gungsprozentsatz der Trockenluft auf jeden gewünschten Grad zu steigern.

Es wird ohne weiteres einleuchten, daß diese Art Luftbewegung große Vorteile für die Qualität der Pappen brachte, ganz abgesehen von einem außerordentlichen Vorteil in wärmetechnischer Beziehung. der sich in einem erheblich niedrigeren Dampfverbrauch von 1,8 bis 2,2 kg pro kg Wasserverdunstung zeigte.

Trotz dieses gewaltigen Fortschrittes mit diesen Umluft-Apparaten war die natürliche Trocknung noch bei weitem nicht erreicht. Man mußte auch hierbei eine Übertrocknung der Pappen vornehmen und diese anschließend wieder anfeuchten, um sie satinierfähig zu machen.

Abb. 6. Patent Umlauf-Doppelkanal für Pappen: vollkommen automatisch arbeitende Pappentrockenanlage für Queraufhang. Bauart Schilde

Das Umluftverfahren wurde nun weiter ausgebaut, man wandte größere, bisher nicht gekannte Luftmengen an und trachtete vor allem danach, die Umluftbewegung mit besonderen Ventilatoren zu vollführen. So entstand das sogenannte „Umluft-Stufen-Trockenverfahren“, welches dadurch gekennzeichnet ist, daß der Trockenkanal durch eine ganze Reihe von Zirkulationsströmen unter stärkster Luftbewegung gehalten wird, welche durch auf der ganzen Länge und auf gemeinsamer Welle sitzenden Schraubenventilatoren hervorgerufen werden. Die in die Zirkulationsströme eingebauten Heizrohrregister sorgen für konstante Trockentemperaturen, indem sie die umgewälzten Luftmengen immer von neuem um soviel Grad aufwärmen, wie sie auf ihrem kurzen Weg durch das Trockengut abgegeben haben.

Um eine Übersättigung der Zirkulationsströme zu vermeiden, wird durch eine besondere Frisch- bzw. Abluft-Ventilatorengruppe dauernd ein gewisser Luftwechsel sicher stellt, so daß der Sättigungsprozentsatz der einzelnen Umwälzungslu ströme konstant in leistungsfähigen und wirtschaftlichen Grenzen gehalten werden kann.

Es geht hieraus hervor, daß die Menge der Abluft und damit auch der mit ihr verbundene Abwärmeverlust bis auf das unbedingt erforderliche Maß sich reduzieren läßt, ohne daß die Luftbewegung im Trockenkanal selbst dadurch beeinträchtigt wird. Man kann also mit geringster Menge von Frischluft arbeiten und hat im Trockenkanal dennoch eine außerordentlich starke Luftbewegung. Es ist dies einer der bedeutendsten Vorteile des neuen Verfahrens, weil zu einer gleich-

Abb. 7. Schilde-Flachbandtrockner für Pappen (D.R P. und Auslandspatente). Ansicht vom Einlauf gesehen

mäßigen und schnellen Trocknung eine intensive Bewegung der Trokkenluft Voraussetzung ist.

Die vielfache Aufwärmung, die jeder Kubikmeter eintretende Frischluft erfährt, bzw. der fast ebenso große Temperaturabfall bei Bindung der Wärme durch die Trockenarbeit macht es möglich, die Abluft am Naßmaterialeintritt des Trockners mit 60 ° C und 70—80% Sättigung und noch höher gesättigt abziehen zu lassen. Die Abluft trägt bei dieser Temperatur und dem hohen Sättigungsgrad pro jeden Kubikmeter 3—4mal so viel Wasser fort. als z. B. Abluft von 35 ° C, wie sie bei heute veralteten Anlagen meist festgestellt wird. Es ist also verständlich, daß demgemäß auch der Abwärmeverlust auf einen Bruchteil des früheren verkleinert wird, womit sich in erster Linie die höhere Dampfersparnis dieses Verfahrens begründet.

Die Wiederanfeuchtung der Pappen, die auch bei dieser Art von Apparaten immer noch notwendig ist, erfolgt dadurch, daß man die

Pappen durch einen besonders angegliederten Feuchtkanal wandern läßt, in den man einen Teil der hochgesättigten Abluft des Trockenkanals hineinführt. Auf diese Weise nimmt das Trockengut infolge seiner hygroskopischen Eigenschaft soviel Feuchtigkeit in sich auf, als zur Erreichung seines lufttrockenen Zustandes erforderlich ist.

Bei den vorerwähnten Trockenapparaten erreichte man einen Dampfverbrauch von nur noch 1,5 kg pro kg Wasserverdunstung, also trockentechnisch ein ganz bedeutender Fortschritt gegenüber den eingangs erwähnten Apparaten.

Aber noch hatte man die Ergebnisse der Wiesentrocknung in bezug auf die Qualität der Pappen nicht erreicht. Deutscher Erfindergeist ruhte nicht, bis er der Natur auch dieses Geheimnis abgelauscht hatte. Die Trocknung in hängendem Zustand brachte immer noch Ungleich-

Abb 8. Schilde-Flachbandtrockner für Pappen (D.R.P. und Auslandspatente), Gesamtansicht vom Auslauf gesehen

mäßigkeiten mit sich, die nur durch entsprechende Nachbehandlung der Pappen ausgeglichen werden konnten. Man mußte einen Weg finden, der es ermöglichte, der Pappe die Feuchtigkeit derartig gleichmäßig zu entziehen, daß die für die Satinage unbedingt notwendige Restfeuchtigkeit von etwa 10% in den Pappen gerade noch verblieb, oder daß mit anderen Worten der Trockenprozeß dann unterbrochen wurde, wenn die Pappe nur noch diese Feuchtigkeit enthielt.

Aus diesen Erwägungen heraus entstand der sogenannte Flachbandtrockner. Der wesentliche Vorteil dieses Trockners besteht darin, daß die Pappen auf einem rostartigen Transportband flach aufliegen und von oben und unten, entsprechend dem Wenden der Pappen bei der Wiesentrocknung mit Hilfe einer ganzen Reihe von Ventilatoren auf der ganzen Fläche mit Warmluft beaufschlagt werden. Die Pappen werden auf der einen Seite der Apparatur aufgegeben und durchwandern auf dem Transportband ruhend den Trockner, um am anderen Ende fertig getrocknet abgenommen zu werden. Hierbei erfolgt der Feuchtigkeitsentzug auf der ganzen Pappenfläche so gleichmäßig, daß eine Übertrocknung einzelner Flächenpartien nicht stattfinden kann. Durch eine Regulierung der Geschwindigkeit des Auflagebandes ist man in der Lage, die Pappen auf jede gewollte Restfeuchtigkeit auszutrocknen. Die Regulierung der Durchlaufszeit bzw. der Geschwindigkeit des Transportbandes, die durch ein geeignetes Wechselgetriebe erfolgt, ist auch schon deshalb notwendig, um auch Pappen verschiedener Stärken behandeln zu können.

Bei der weiteren Vervollkommnung dieser Trockenmethode schenkte man insbesondere der Transportart der Pappen seine ganze Aufmerksamkeit. Man sagte sich mit Recht, daß die ruhende Lage der Pappen bei dem Flachbandtrockner vorteilhaft durch ständigen Wechsel der

Abb. 9. Schilde-Rollbahn-Flachtrockner (D.R.P. und Auslandspatente)

Auflagepunkte ersetzt wird, um so jegliche Möglichkeit einer Markierung des Transportbandes auf den Pappen ganz zu vermeiden und außerdem ein noch besseres Flachliegen der Pappen nach der Satinage zu erzielen.

Aus dieser Überlegung heraus entstand der Rollbahn-Flachtrockner. Der Transport der Pappen durch den Apparat unterscheidet sich bei dem Rollbahn-Flachtrockner gegenüber der überholten Bandtrocknerkonstruktion in der Hauptsache dadurch, daß die Auflagepunkte der Pappen ständig wechseln, mithin die gesamte Pappenfläche durch den von oben und unten auf die Pappen geworfenen Warmluftstrom gleichmäßig beaufschlagt wird. Die Transporteinrichtung besteht aus einzelnen Walzen, auf die in bestimmten Abständen verzinnte Blechscheiben, gegeneinander versetzt, aufgewalzt sind. Durch die Rotation dieser Rollenwalzen, die über ein Differentialgetriebe durch einen kleinen Motor angetrieben werden, wandern also die Pappen durch den Apparat, während sie früher auf dem Transportband ruhend durch den Trockner getragen wurden. Eine Beschreibung dieser Apparatur in all ihren Teilen würde im Rahmen dieses Buches zu weit führen, weshalb wir uns auf die vorerwähnten Vorteile dieser neuesten Schöpfung der deutschen Industrie beschränken wollen.

Nur soviel sei noch erwähnt, daß man den Rollbahn-Flachtrockner als eine wirkliche „Maschine" ansprechen kann, die infolge ihrer einfachen und jede Abnutzung ausschließenden Konstruktion wohl tatsächlich eine unbeschränkte Lebensdauer gewährleisten dürfte.

Zusammenfassend kann man sagen, daß die Flachtrocknung unter Anwendung des Umluft-Stufen-Trockenverfahrens das Ideal der künstlichen Trocknung überhaupt darstellt, und daß vor allem der Rollbahn-Flachtrockner der Pappentrockner der Zukunft ist.

Das Glätten oder Walzen der Pappen

Dieser Arbeitsgang bringt die den Pappen gegebenenfalls anhaftenden Fehler erst richtig zum Vorschein. Bei dem Glätten zeigt sich, ob die Pappen ungleich in der Dicke, zu trocken oder auch zu naß sind usw., kurz, alle Fehler treten zutage. Das Walzen selbst erfordert sehr viel Aufmerksamkeit, besonders bei besseren und dünneren Sorten.

Ein ungeschickter Arbeiter an der Glättwalze kann viel Schaden verursachen und kann zu teuer sein, selbst wenn er umsonst arbeitet. Ich kenne kleinere Fabriken, in denen das Glätten vom Besitzer selbst besorgt wird, und jedenfalls nicht ohne Grund. Sind die Pappen in allen Teilen gut gearbeitet, getrocknet und gefeuchtet sowie gepreßt, dann kann sie allerdings auch ein Ungeübter walzen.

Allerdings kommt es auch auf die betreffende Maschine an. Es gibt da mehrere Systeme, doch alle nach ein und demselben Prinzip gebaut, die Pappen werden zwischen zwei Walzen unter Druck hindurchgeführt. Die Glättwerke zeigen aber Verschiedenheiten darin, ob die obere oder die untere Walze festgelagert ist, d. h. welche von den beiden Walzen dem Drucke nachgibt, ob beide Walzen zwangsweise angetrieben sind, ob es sich um Walzen mit kleinem oder großem Durchmesser handelt. Jede dieser Bauarten verlangt ihre eigene Behandlung, und die eine ist leichter zu handhaben als die andere. Auch eignet sich die eine für diese oder jene Sorte besser als die andere. Die Maschine mit feststehender respektive festgelagerter Oberwalze ist besonders für dicke Pappen gut geeignet, weil hierdurch das Niederfallen der Oberwalze auf die untere vermieden wird. Diese Walzwerke haben meist Hebelbelastung und werden auf die Dicke der zu walzenden Pappen eingestellt. Geht die Pappe durch die Walzen, dann wird die untere Walze nach unten gedrückt, das Hebelbelastungsgewicht geht in die Höhe und fällt, sobald die Pappe durch ist, wieder auf seinen Prellbock zurück. Dieser Prellbock besteht meist aus einem in einen Rahmen gefaßtes Hirnholzstück und ist verstellbar, damit er der Stellung der unteren Walze folgen kann. Beide Walzen sind voneinander abhängig durch Zahnräder angetrieben, was bei dicken Pappen notwendig ist, weil es sonst leicht vorkommt, daß die Pappen steckenbleiben; doch sind auch vielfach Walzwerke ohne Zwangsantrieb, d. h. mit Antrieb nur einer Walze, in Betrieb, dann ist aber bei ganz dicken Papptafeln eine genaue Einstellung der Walzen erforderlich.

Die Pappen werfen beim Walzen gern Falten. Es ist das eine Erscheinung, die ihre natürlichen Gründe hat, und doch werden diese Gründe vielfach nicht erkannt. Es sind nur die welligen Tafeln, die zur Faltenbildung neigen, und da die Wellen nicht durch die ganze Pappe gehen, sondern nur an den vier Seiten auftreten, während das Mittelstück dagegen meist flach liegt, so ist jede dieser vier Seiten länger als das Mittelstück. Wird die Pappe nun in das Walzwerk eingeschoben, dann ist an den beiden Seiten (oder auch nur auf einer Seite) sozusagen zu viel Pappe vorhanden. Der Stoff kann sich nicht verschieben, und so muß sich zuviel vorhandene Länge umlegen respektive übereinanderlegen, um eine Verkürzung dieser Seite herbeizuführen. Wenn das Mittelstück sich so weit ausdehnen kann, daß es die Länge der Seiten erreicht, was durch den Walzendruck bewerkstelligt wird, dann unterbleibt auch die Faltenbildung, obwohl die Pappe wellig war. Dieser Vorgang ist aber nur möglich, wenn die Pappe noch feucht genug ist, um sich im Mittelstück strecken zu können. Derartige Pappen nehmen aber in der Mitte einen speckigen Charakter an, und die Seitenlängen bleiben rauh.

Das Faltenwerfen ist übrigens nur bei dünnen Pappen zu befürchten, während dickere Sorten viel weniger empfänglich sind. Der Grund liegt darin, daß der Körper der letzteren erstens seiner Dicke wegen mehr Widerstand bietet und dann in sich eine größere Zusammendrängung der Fasern gestattet. Wenn das Walzwerk breit genug ist, dann kann man das Faltenwerfen dadurch ziemlich verhüten, daß man die Pappe nicht ganz parallel zu den Walzen einlaufen, sondern dieselbe an der Spitze erfassen läßt. Hierdurch wird der Mittelweg länger, und der Stoff hat mehr Zeit, sich zu strecken.

Das Ebnen und Geradelegen der Pappe

Die im Trockenkanal getrockneten Pappen sind übermäßig entwässert und müssen, um das Geradelegen zu ermöglichen, vorher durch Anfeuchten (Besprengen mit Wasser) wieder geschmeidig gemacht werden. Luftgetrocknete Pappen können direkt ohne Anfeuchten durch das Satinierwerk gelassen werden. In dem Satinierwerk besitzt der Pappenfabrikant ein Mittel, um die Stärken der Pappe möglichst gleichmäßig zu gestalten. Für verschiedene Verarbeitungszwecke wird es dem Kartonnagenfabrikanten angenehm sein, eine stärker oder mehr oder weniger geglättete Pappe zu erhalten. Eine wenig satinierte Pappe ist im Verhältnis der Stärke zum Gewicht des Bogens leicht, während stark satinierte Pappen bei geringer Dicke des Bogens ein hohes Gewicht aufweisen. Pappen für Ziehzwecke sollten am besten gar nicht oder wenigstens nur sehr schwach satiniert werden, da das Pressen der Faser vor dem Ziehvorgang dieselben unnötig gegeneinander festlegt. Die Fasern einer nicht satinierten Pappe können sich beim Ziehprozeß viel leichter gegeneinander verschieben, wodurch die Umformungsarbeit erleichtert wird. Das Pressen der Fasern erfolgt ja in dem Ziehwerk später von selbst. Die Qualität der Leimung macht sich beim Satinieren besonders geltend. Gut geleimte Pappe wird sich nur sehr wenig drücken lassen, während wenig geleimte Pappe, bei welcher die Fasern nur lose gegeneinanderliegen, im Satinierwerk von seiner Stärke bedeutend verliert.

Der Kartonnagenfabrikant kann sich die beschriebenen Fabrikationsarten für seine Zwecke von Fall zu Fall dienlich machen, indem er für besondere Zwecke Pappen aus gutem Fasermaterial, gutgeleimt und an der Luft getrocknet bestellt, währenddem für gewöhnlichere Zwecke eine wenig geleimte, aus minderwertigem Fasermaterial hergestellte Pappe genügen wird. Wo das Gewicht des einzelnen Kartons eine besondere Rolle spielt, dabei aber eine gewisse Pappenstärke vorgeschrieben ist, kann der Kartonnagenfabrikant vorschreiben, daß die Pappen weniger stark satiniert werden

Einflüsse des Trocknens auf die spätere Verarbeitung

Scharf und schnell getrocknete Pappen, welche durch das Trocknen wellig geworden sind, verziehen sich durch die geringste Feuchtigkeitseinwirkung ganz bedeutend. Diese Eigenschaft der Pappen macht sich besonders bei großen Kartons, welche überzogen werden, unangenehm bemerkbar. Der Deckel, welcher zuvor ganz gerade war und auf die Schachtel gut paßte, verzieht sich später durch die Einwirkung der Feuchtigkeit des Klebstoffes beim Überziehen mit Papier. Derselbe Übelstand zeigt sich auch dann, wenn die Kartons in besonders trockenen Räumen aufbewahrt werden. Für derartige Arbeiten, bei denen ein Werfen des fertigen Arbeitsstückes zu befürchten ist, ist es in allen Fällen zu empfehlen, luftgetrocknete Pappen zu verwenden. Die Leimung der Pappe ist ebenfalls von bedeutendem Einfluß für das Geradebleiben der fertigen Schachtel. Eine weniger geleimte Pappe ist bedeutend hygroskopischer als gutgeleimte Pappe und nimmt daher auch die Feuchtigkeit aus der Atmosphäre und den aufgetragenen Klebmitteln begieriger auf als gut geleimte Pappe.

Maschinenpappen

Maschinenpappe wird meistens in Rollen hergestellt. Der Werdegang bei der Bildung der Stoffbahnen ist derselbe wie bei der Handpappenmaschine, nur sind mehrere Siebzylinder und Stoffkästen hintereinander angeordnet. Der endlose Filz gautscht hintereinander mehrere Stoffbahnen zusammen, bis die gewünschte Karton- respektive Pappenstärke erreicht ist. Die Stoffbahn durchläuft hierauf eine größere Batterie von Trockenzylindern und verläßt gleich fertig getrocknet die Maschine, um aufgerollt zu werden, oder um in einzelne Bogen von bestimmtem Format aufgeteilt zu werden. Der im Handel befindliche Duplexkarton wird in der Weise hergestellt, daß man den ersten Zylinder mit einer Stoffmischung aus besseren Fasern und besonderer Färbung speist, einen zweiten Zylinder mit einer minderwertigeren oder gleich guten Stoffmischung. In ähnlicher Weise können Triplexpappen hergestellt werden, wobei der letzte Zylinder wiederum mit einer besseren Stoffmischung von besonderer Färbung gespeist werden kann. Das Erzeugnis, welches sich aus dieser Arbeitsweise ergibt, kann beiderseitig verschiedenfarbig sein und in der Mitte eine graue Einlage besitzen, welche aus beliebigem Fasermaterial hergestellt ist. Die Maschinenpappe eignet sich besonders für die Massenerzeugung, da dieselbe in Rollen erhältlich ist. Die Stärke der Maschinenpappe ist jedoch beschränkt, weil es sonst zu lange dauern würde, bis die dickere Pappe auf der Trockenzylinderbatterie getrocknet wäre. Als Maximalstärke, welche heute auf Pappenmaschinen als Maschinenpappe gearbeitet wird, gilt 0,8 mm. Die Unterschiede in der Beschaffenheit können selbstverständlich ebenso groß sein wie bei der Handpappe.

Gestrichene Pappen

Handstreicherei. Anilinfarben sind für die einfache Handarbeit am besten verwendbar. Die Anilinfarbe muß derart aufgelöst werden, daß sie nach dem dünnen Aufstreichen keinen metallischen Glanz hat. Die Farbe wird mit einem weichen Pinsel oder einem Schwamm gleichmäßig aufgetragen. Die Pappen, und namentlich wenig geleimte, saugen die Farbe begierig auf und lassen nur schwer einen gleichmäßigen Farbenton erzielen. Es empfiehlt sich, derartige Pappen mit einer schwachen Leimwasserlösung vor dem Färben zu bestreichen, damit die Poren verschlossen werden. Um diese Arbeit zu sparen, kann man der Anilinfarbe einen Teil Stärkekleister zusetzen. Die zulässige Menge Kleister läßt sich leicht durch Ausproben ermitteln.

Teig- oder Erdfarben bezieht man am besten in dem gewünschten Ton fertig von der Farbenfabrik. Das Ansetzen der Teigfarbe erfordert bedeutende Fachkenntnisse. Der gewünschte Ton wird selten erreicht. Die Teigfarbe wird mit Kleister und Streichwachs verdünnt mit einem Pinsel aufgetragen. Der fertige Farbeaufstrich wird mit einem breiten Dachshaarpinsel ausgeglichen.[1])

Farbige Pappen werden jetzt aber meistens so hergestellt, daß man den Stoff im Holländer mit Farbe versetzt. Durch das Kaschieren (Bekleben) der Pappen mit farbigem Papier erhält man ebenfalls farbige Pappen, die wie die ersteren zu besonderen Sorten Kartonnagen weitgehende Verwendung finden.

Wissenswertes über die Prüfung und Verarbeitung der Pappe

Allgemeines

Bekanntlich ist die Pappe als Rohstoffprodukt mehr oder weniger ein Vertrauensartikel, d. h. der Pappenverarbeiter ist vielfach auf die Versicherungen des Pappenhändlers bzw. Herstellers hinsichtlich der Güte und Verwendungsfähigkeit angewiesen. Da indessen, wie bei allen anderen Artikeln, auch hier die Preisfrage eine entscheidende Rolle spielt, so vermag man dieses scheinbare Risiko dadurch bedeutend abzuschwächen, daß man sich namentlich bei großen Bezügen und Extraanfertigungen mit dem Pappenerzeuger selbst ins Einvernehmen setzt und ihm unumwunden klarlegt, zu welchen Zwecken die Pappen Verwendung finden sollen und welchen Anforderungen sie entsprechen müssen. Denn in dem einen Falle wird es weniger auf die Biegsamkeit als auf die Glätte oder Härte, bei dem anderen Gegenstand mehr auf das Aussehen und die Reinheit der Pappe als auf die Ritzbarkeit oder Prägefähigkeit usw. ankommen, kurzum alle besonderen Eigenschaften werden selten gleichzeitig in Frage kommen.

[1]) Interessenten sei aus dem Verlage der Papier-Zeitung, Berlin SW, das in III. Auflage erschienenem Buch: Weigelt, „Buntpapierfabrikation“ empfohlen. In diesem Werke sind auch alle Maschinen und Einrichtungen behandelt, welche für das Streichen der Pappe notwendig sind. Ferner sind die bedeutendsten und wichtigsten Farbenrezepte, die auch jedem Kartonnagenfabrikanten gute Dienste leisten können, in demselben enthalten.

Der Pappenfabrikant vermag seine Erzeugnisse indessen den besonders hervorgehobenen Ansprüchen hinsichtlich ihrer Verarbeitung in ziemlich weitgehendem Maße anzupassen.

Anforderungen an die Beschaffenheit der Pappe

Die Arten der Pappen, wie sie in Buchbindereien, Kartonnagen-, Galanterie-, Etuis-, Koffer- und Taschenfabriken, Prägeanstalten und dergleichen verarbeitet werden, sind bereits in großen Umrissen in dem vorstehenden Abschnitt über „Die Pappenfabrikation" im wesentlichen beschrieben worden. Es handelt sich in der Praxis vorwiegend um Grau-, auch Garn- oder Hanfpappen genannt, ferner um weiße Holzpappen, braune Holzpappen (sogenannte Lederpappen), Strohpappen, Zellulose- oder Ziehpappen, Brennpappen. Ferner spricht man von einem grauen und Leder-Schrenz.

Eine graue erstklassige Pappe, insbesondere der graue Schrenz, der zu Kaschierarbeiten über Klotz, zu Wickelhülsen, Bücherrücken u. dgl. Verwendung findet und welcher als die dünnste, tunlichst saugfähige und deshalb geschmeidigste und weichste graue Pappe zu bezeichnen ist, soll meist aus Hadern, zum Teil auch Hanfabfällen bestehen. Doch ist dies nicht immer der Fall, und hiernach richtet sich insbesondere die Festigkeit, Biegsamkeit, Prägefähigkeit, Ritzbarkeit, Härte, Saugfähigkeit u. a. m. Der Graupappenfabrikant, der seine Pappen zum großen Teil oder speziell aus Papier- und Pappenabfällen herstellt, wird es zufolge der verschiedentlichen Beschaffenheit seiner Rohmaterialien nicht immer in der Gewalt haben, die Pappen nach Vorschrift und insbesondere gleichmäßig herzustellen. Auch andere unrühmliche Eigenschaften aller Art der Pappen erscheinen noch erwähnenswert.

Hier soll indessen weniger von den Bestandteilen der Pappen die Rede sein, sondern vorwiegend von den Anforderungen gesprochen werden, die an diese gestellt werden, und davon, wie man die Pappen am besten auf ihre Beschaffenheit prüft. Beim Prüfen der Pappen kann man sich nicht immer allein auf Gefühl und Gesicht oder Geruch (manche wollen z. B. durch Verbrennen eines Pappestückes und durch Wahrnehmung eines sauren beißenden Geruches das Vorhandensein von Holz in reiner grauer Hadernpappe nachzuweisen imstande sein!) verlassen, wie dies so oft seitens der Zuschneider, Mustermacher usw. geschieht. Man muß immerhin einige Hilfs- bzw. Prüfungsapparate oder Werkzeuge und Chemikalien zu Hilfe nehmen, vor allem aber auch über genügende praktische Erfahrung verfügen und daneben einiges Wissenswerte über die Eigenschaften und die Herstellungsweise der Pappen kennen. — Allerdings gibt es zur Prüfung der Pappen nicht so zahlreiche, zum Teil feinmechanische Hilfsmittel wie etwa zur Prüfung der Eigenschaften des Papiers, und demzufolge sind auch nicht so genaue Regeln bzw. Normen für die Pappe aufgestellt wie für das Papier.

Das Sortieren der Pappen

Das Sortieren ist von wesentlicher Bedeutung. Wir wissen z. B., daß die Pappen in der Regel in Paketen zu 25 kg geliefert werden;[1]) es muß also ein derartiges Paket soundsoviel Pappen enthalten, mit deren Anzahl das Paket bezeichnet ist, also 20, 25, 30, 40, 100 usw. Wir sprechen demzufolge in der Praxis von 40er, 100er, 160er, 200er Pappe usw. Nun kann aber wohl ein Paket die richtige Stückzahl haben, aber dennoch Tafeln enthalten, die unter Umständen bedeutend im Gewicht voneinander abweichen. Der Pappenfabrikant wird, um auf das vorgeschriebene Gewicht von 25 kg und auf die Stückzahl zu kommen, je nach Bedürfnis einige leichtere oder schwerere Tafeln beipacken. Wenn dies nun nicht sofort vom Pappenverarbeiter und zumal bei der Herstellung von Ausfallmustern bemerkt wird, was übrigens sehr leicht möglich ist, so kann dieses Vorkommnis zu vielen Unzuträglichkeiten, ja mitunter wohl gar zu Klagen und Zurverfügungstellung der fertigen Pappwaren führen. Zumal beim Versand durch die Post (bei Massensendungen), wo betreffs Frankierung ein bestimmtes Gewicht vorgeschrieben ist, ferner beim Verzollen fertiger Waren, da diese meistens mit der Kartonnage gewogen und verzollt werden müssen, können üble Folgen entstehen. Andererseits kann aber auch ein Kunde mit Recht verlangen, den bestellten Posten genau in der gleichen Stärke, in dem gleichen Gewicht (nicht wenig Kunden wiegen die Ware bzw. die Muster, um sich bei der Lieferung vor Übervorteilung zu schützen) geliefert zu erhalten, wie das Muster bei der Bestellung war, und wenn nun anstatt einer 60er Pappe, wie ursprünglich berechnet war, eine 50er Pappe dem 60er Paket entnommen und daraus das Muster ohne weiteres gefertigt wird, so kann, zumal bei großen Posten, dadurch ein nicht unwesentlicher Schaden für den Hersteller entstehen.

Die Gewichtsprüfung[2])

Daraus ergibt sich, daß der Pappenverarbeiter eine gutgehende *Pappenwage* für seinen Betrieb sehr notwendig hat, um das Gewicht der einzelnen Pappen, zumal bei Neu- oder Musteranfertigungen, ge-

[1]) In Deutschland wird die Nummernzahl der Pappe nur auf die 50 kg angegeben. In Österreich dagegen ist es üblich, 25-kg-Paket als Grundlage anzunehmen.

[2]) Über die Prüfung der Pappen wird in einem späteren Kapitel in ausführlicher Weise berichtet (vgl. das Inhaltsverzeichnis).

nau prüfen zu können. Die Gewichte der Pappen lassen sich bei der Fabrikation nicht genau einhalten. Deshalb ist der Abnehmer gezwungen, nach allgemeinem Handelsbrauch Gewichtsabweichungen bis zu 5 vH herunter oder hinauf mit zu übernehmen. Man könnte wohl diese Schwankungen durch peinlich genaue Sortierung auf 2 vH verringern, aber dies ist mit ziemlich viel Zeitverlust für die Pappenfabriken verbunden, falls nicht gleich beim Werdegang der Pappen und somit peinlichster Instandhaltung der Maschinen usw. darauf geachtet wird. Wohl aber kann der Abnehmer die Pappenfabrik bestimmen, daß insbesondere bei Extraanfertigungen beim Packen der Pakete darauf geachtet wird, diejenigen Pakete, welche Pappen von ziemlich verschiedenem Gewicht enthalten, besonders zu kennzeichnen.

Glätte und Hochglanz der Pappen

Die Pappen sind nämlich nicht immer gleichmäßig, d. h. auf beiden Seiten gleich glatt. Diejenige Seite der Pappe, die mit dem Filz der Rundsiebpappenmaschine oder mit den Filzen der Langsiebpappenmaschine in Berührung kam, ist gewöhnlich rauher als die andere und zeigt die vom Filz herrührenden Markierungen. Je abgenützter der Filz ist, um so stärker treten diese Markierungen hervor. Doch da dies in vielen Fällen und zumal bei überzogenen oder innen kaschierten Papparbeiten keine wesentliche Rolle spielt, so kann man die rauhere Seite der Pappe meist nach innen nehmen. Um indessen bei der Verarbeitung der Mühe überhoben zu sein, die glattere von der rauheren Seite erst besonders herauszusuchen, kann man den Pappenfabrikanten veranlassen, daß bei der Sortierung der Pappen diese so gelegt werden, daß die glattere oder die rauhere Seite der Pappe nach einer Seite, also entweder nach unten oder nach oben, kommt.

Bezüglich der Glätte der Pappen ist jedoch noch folgendes zu erwähnen. Sie sollte dem Pappenerzeuger immer genau vorgeschrieben werden, denn es kann vorkommen, daß ein Hochglanz oder auch eine nur mäßige Glätte der Pappe gewünscht wird. Zumal bei Brennpappe, das ist reinfarbene helle Lederpappe, welche mit Brandmalerei versehen wird oder auch zu unüberzogenen Reklamepackungen, zu Plakaten u. a. m. verwendet werden soll, ist eine hohe Glätte erforderlich. Wenn der Hochglanz ein dauernder sein soll, so ist darauf zu achten, daß er auf die richtige Weise erzeugt wurde. Dieses läßt sich am besten dadurch feststellen, daß man mit dem nassen Finger über die Pappen streicht. Ist die Ware richtig geglättet, so kehrt der Glanz nach kurzer Zeit, d. h. nach Verdunstung der Feuchtigkeit wieder, andernfalls verschwindet er, und es bleibt ein matter Fleck. Zu Papparbeiten, welche gezogen oder geprägt werden, bedarf es keiner besonders geglätteten Pappen, sondern es ist eher das Gegenteil zu empfehlen, denn durch diese Arbeitsweisen wird an und für sich die Glätte erzielt. Das Glätten beeinflußt allerdings stark die Dicke der Pappen, denn je glatter eine Pappe sein soll, um so häufiger muß sie durch das Glättwerk gehen, was ein Zusammenpressen zur Folge hat. Auch verbindet sich damit die Gefahr der übermäßigen Austrocknung der Pappe, was unter Umständen deren Brüchigkeit zu erhöhen vermag.

Dicke bzw. Stärke der Pappen

Die Dicke der Pappen spielt in manchen Zweigen der Pappenverarbeitungsindustrie, zumal beim Ziehen und Prägen, eine bedeutende Rolle. Ein genaues Ausmessen ist hier auch sehr vonnöten, um im fertig gezogenen oder geprägten Stück keine Löcher, Sprünge oder Risse zu erhalten, andererseits aber um dem fertigen Erzeugnis den nötigen Stand zu verleihen. Um die genaue Dicke der Pappe festzustellen, bedient man sich des Dickenmessers bzw. der sogenannten Mikrometer-Schraubenlehre, mittels welcher man direkte Angabe von $^1/_{100}$ Millimeter feststellen kann. Der Dickenmesser findet auch Anwendung bei der Herstellung der Pappen, um die gleichmäßige Dicke der ganzen Maschinenbreite feststellen zu können.

Spalten der Pappen

Diese oft sich unangenehm bemerkbar machende und störende Eigenschaft der Pappe tritt insbesondere bei der weißen Holzpappe und bei der Strohpappe sowie vereinzelt auch bei der grauen Pappe unliebsam hervor. Das Spalten der Pappen ist nur bei auf Rundsiebpappenmaschinen hergestellten Pappen möglich, da diese aus einzelnen aufeinandergequetschten Lagen bestehen. Die auf einer Langsiebpappenmaschine erzeugten Pappen weisen keine Lagen auf. Um festzustellen, ob eine Pappe aus einzelnen aufeinandergequetschten Lagen besteht, stauche man mit der Hand die Spitze des Pappstückes mehrere Male kräftig auf einen harten Gegenstand, wobei sich die Pappe bzw. die Lagen auseinanderblättern, oder man brennt ein Stück Pappe an der Ecke an, wobei sich am Ende die einzelnen Lagen sofort voneinander trennen.

Um größere Stärken, wie z. B. 3 und mehr Millimeter, zu erhalten, werden Hand- oder Maschinenpappen in Bogen zusammengeklebt. Dies ist heute in vielen Pappenfabriken eine sehr wichtige Arbeit, da der Verbrauch an dicken Pappen sehr zugenommen hat. Geklebt wird meistens mit Wasserglas bei der Verarbeitung von Strohpappe und mit Kleister bei Grau- und Holzpappe. Um das spätere Spalten der Pappe zu vermeiden, muß auf einen genügenden und gleichmäßigen Klebstoffauftrag geachtet werden. Wichtig ist vor allem, daß nicht nur eine Pappe angeleimt wird, sondern es müssen stets zwei angeleimte Seiten zusammenkommen. Damit aber die Arbeit im großen rationell durchgeführt werden kann, nimmt man Zweiseiten-Anleimmaschinen und läßt jeweils zwei Bogen durch. Die Bogen brauchen dann nur noch entsprechend gestapelt zu werden. Nachträglich kommen sie in Stock- oder hydraulische Pressen, damit eine innige Verbindung erzielt wird.

Saugfähigkeit der Pappen

Diese mehr oder minder stark hervortretende Eigenschaft der Pappe ist auf die Leimung zurückzuführen. Die Pappen werden in der Regel nicht geleimt; wird indessen weniger Saugfähigkeit verlangt, was einesteils einen sparsameren Verbrauch des Klebstoffes zur Folge hat, andererseits auch, wenn die Pappe kräftiger, griffiger und härter erscheinen soll, so ist eine Leimung der Pappen vorzuschreiben. Auch wenn die Pappen farbig gestrichen werden sollen, ist eine allzu große Saugfähigkeit der Pappe hinderlich, und es kann vorkommen, daß die Farbe oben aufsitzt, während der Leim der Farbe von der Pappe aufgesaugt ist. In diesem Falle ist ein vorheriger Leim- oder Kaseinanstrich der Pappe notwendig, denn durch zu vieles Beimischen von Leim zur Farbe kann die gleichmäßige Deckkraft beeinträchtigt werden. Graue Pappen, die in der Hauptsache aus altem Papier bestehen, zeigen in der Regel eine geringere Saugfähigkeit, da der Rohstoff, das Papier, geleimt war. Auch kräftiges Satinieren verhindert teilweise die Saugfähigkeit der Pappen. Sehr wenig wasserundurchdringlich sind die braunen Holzpappen, auch die reinen Strohpappen, da durch das Kochen des Holzes die inkrustierenden Stoffe teilweise gelöst und entfernt und beim Kochen des Stoffes mit Kalk bzw. mit kaustischer Soda die Kieselsäure und andere inkrustierenden Beimengungen dem Rohstoffe entzogen werden. Allzu große Saugfähigkeit der Pappe ist nicht günstig für den Pappenverarbeiter, weil das leichte Aufsaugen des Wassers auch das Glattliegen der Pappe beeinflußt, diese sich demzufolge beim Zusammenziehen, d. h. Trocknen, leichter wirft. Um Pappen tunlichst wasserundurchdringlich zu machen, empfiehlt sich ein Anstrich mit Kasein, das gleichzeitig auch als Klebstoff dient.

Prüfung der Festigkeit der Pappen; Reinheit der Lederpappen

Die Festigkeit der Pappe wird mittels eines Festigkeitsprüfers ermittelt. Der Apparat ist anzuwenden, wenn es auf besondere Genauigkeit und Gleichmäßigkeit in der Festigkeit der Pappen ankommt; er gibt zuverlässig an, welche Kraft zum Zerreißen eines Pappestreifens von bestimmter Länge erforderlich ist. Die Festigkeit ist immer auf den mehr oder minder guten Rohstoff zurückzuführen, der zur Herausarbeitung der Pappen genommen wird, und demzufolge wird auch hier der Preis der Ware mitreden.

Indessen kommt es, zumal bei der braunen Holzpappe, in bezug auf Festigkeit, Biegsamkeit und Prägefähigkeit viel auf die Fabrikationsart an. Es kommen viele braune Holz- bzw. Lederpappen in den Handel, die nicht, wie erforderlich, aus frisch geschliffenem braunem Holzschliff, sondern aus Abfällen von Lederpappen und Lederpapier hergestellt wurden. Sie sind natürlich in der Qualität leichter und bedeutend minderwertiger als die aus Holzstoff hergestellten Pappen. Man erkennt sie in der Regel an den Flecken und dem Vorkommen kleiner Papierstückchen usw., auch geht der Farbton mehr ins Graue bzw. Schwärzliche als ins Hellbraune.

Auch kann die Pappe, und nicht nur die graue, sondern auch die Holz-, Stroh- und Lederpappe, übertrocknet werden und dadurch sehr viel an Festigkeit verlieren, insbesondere auch leicht brüchig usw. werden. Doch ist hierüber schon genügend an anderer Stelle gesagt worden.

Kalk-, Eisen- u. dgl. Gehalt der Pappen

Beim Kaschieren bzw. Bekleben der Strohpappen als auch der anderen Pappen mit einem farbigen, empfindlichen Papier tritt oft eine Veränderung desselben ein, indem sich unter anderem helle Flecken bilden. Der Grund wird zumeist in ungeeigneten, säurehaltigen Klebstoffen oder in verdorbenem Kleister gesucht, doch braucht dies keineswegs immer zuzutreffen. Die Ursache der Veränderung der Papierfarbe kann auch darin liegen, daß das zur Herstellung der Pappen verwandte Stroh vorher nicht genügend ausgewaschen wurde und noch Spuren von Kalk enthält. Diese Spuren können nicht allein auf Papier, sondern auch auf andere feinfarbige, empfindliche Gegenstände, die z. B. in Kartonnagenetuis u. dgl. verpackt werden, einen ungünstigen Einfluß ausüben. Zumal bei der Verpackung von Stahl- und anderen Metallwaren, ferner bei in Metall oder Bronze geprägten Papp- oder Papierwaren u. dgl. ist aus diesem Grunde das Oxydieren der Metallflächen aufgetreten als eine sehr unliebsame Erscheinung. Die Etui- bzw. die Papphalbfabrikationsbranche imprägniert demzufolge die fertig gezogenen oder geprägten Waren, um sie gegen derartige Einflüsse unempfindlich zu machen. Das Vorhandensein von Kalk oder Eisen in den Pappen läßt sich während ihrer Erzeugung als auch bei der Verarbeitung leider nicht sicher genau vorher feststellen.

Brüchigkeit der Pappen

Dieselbe erhöht sich außer bei den bereits angeführten Umständen auch namentlich durch eine zu große Beimischung von Beschwerungsstoffen. Bei den grauen Pappen sowohl als auch bei den aus Abfällen hergestellten Lederpappen kann sich dieser Übelstand schon zeigen, ohne daß Beschwerungsmittel zugesetzt wurden, indem z. B. die Pappen aus sehr stark beschwerten Papierabfällen bestehen. Die Menge der Beschwerungsmittel läßt sich in Form des Aschengehaltes durch Veraschen der Pappe und Wiegen des Rückstandes auf sogenannten Aschenwaagen genau ermitteln.

Welligwerden, Werfen, Krümmen der Pappen[1])

Diese unangenehmen Erscheinungen sind auf verschiedene Ursachen zurückzuführen. Bei fehlerhafter Fabrikation der Pappe, z. B. ungleichmäßiger Pressung, ausgelaufenen Lagern, nicht gleichmäßig runden Walzen, langsames, ungleichmäßiges Arbeiten der Rührer am Boden u. v. a. m. kommt es, daß die Pappe nicht glatt liegt, sondern sich krümmt. Dieser Fehler kann unter Umständen erheblich gebessert werden, wenn die Pappe in etwas feuchten Räumen gepreßt wird. Hierbei genügt oft schon ein Druck der aufeinandergestapelten Pappenpakete. Dieses gilt aber nur, wenn das Welligwerden der Pappen im Trocknen der Pappen und im Mahlen des Stoffes seine Ursache hat. Ungleichmäßig gearbeitete Pappe, d. h. solche, die an einer Stelle dicker als an der anderen gearbeitet ist, wird ihre Neigung zum Welligwerden, zum Werfen und Krümmen nie verlieren und deshalb in der Buchbinderei und Kartonnagenfabrikation und auch zu anderen derartigen Papparbeiten unbrauchbar sein. Die Ungleichmäßigkeit der Pappe hat eben auch eine ungleichmäßige Saugfähigkeit zur Folge, so daß die Ausdehnung und Zusammenziehung unter äußeren Umständen, z. B. Temperaturschwankungen, eine verschiedene ist und demzufolge das Pappestück aus seinem Gleichgewicht

[1]) Über das Werfen, Krümmen und Welligwerden der Pappen finden Interessenten erschöpfende Auskunft in dem Buche des Herausgebers: „Die Buchbinderei in der Papierverarbeitung“, erschienen 1929 im Verlag des Allgemeinen Anzeigers, Stuttgart (Preis M. 7.50 und 30 Pf. Porto).

gebracht wird durch Veränderung seiner ursprünglichen Form. Demzufolge ist auch eine allzu rasche Austrocknung der Pappe in ungeeigneter Lage verwerflich. Manche Zuschneider in den Pappenverarbeitungswerkstätten begehen oft den Fehler, wenn sie die Pappen aus den kühlen, mit etwas feuchter Temperatur angefüllten Lagerräumen bringen, diese anstatt flach zu legen und besser noch ein wenig zu beschweren, neben der Maschine auf die hohe Kante stellen. In dem Saale mit verhältnismäßig hoher und trockener Temperatur trocknet die Ware allzu schnell und in ungünstiger Lage aus. Die Pappen nehmen dadurch eine krumme Haltung an und kommen dann in gekrümmtem Zustande zur Verarbeitung, wodurch ein Werfen des fertigen Gegenstandes unvermeidlich ist. Hier ist also Vorsicht zu üben, und es sollen daher bei dieser Gelegenheit einige Winke aus der Praxis betreffs des Lagerns der Pappen gegeben werden. Die Pappen sollen immer flach, und zwar in Stößen aufeinandergestapelt lagern, und zwar auf Böcken mit Bretterunterlage, die mindestens 30—50 cm vom Boden entfernt sind. Die Lagerräume sollen nicht zu luftig, aber nicht etwa dumpfig sein.

Die Prüfung auf die Biege-, Ritz- und Prägefähigkeit der Pappen

Die Prüfung erfolgt am besten durch praktische Versuche. Um jedoch die Widerstandsfähigkeit der einen oder anderen Pappenbeschaffenheit zu bestimmen, kann man sich der Beschwerungsprobe bedienen, d. h. man beschwert den geritzten, gebogenen, gerillten, genuteten oder geprägten Gegenstand in dem Maße nach und nach gleichmäßig mit Gewichten, bis sich die Grenzen seiner Haltbarkeit bestimmen lassen, also die Ritz-, Biege-, Nut- oder Prägestellen einreißen.

Die Beurteilung und Verwendbarkeit der Pappen

Für den Kartonnagenfabrikanten ist die Kenntnis und die Fähigkeit, die einzelnen Pappen nach ihren Eigenschaften und ihrer Verwendungsmöglichkeit genau beurteilen zu können, eine der ersten Bedingungen. Es sei nur an eine Unannehmlichkeit erinnert, die z. B. die Verwendung der Strohpappe für gewisse Zwecke unmöglich macht. Um den Beweis dafür zu liefern, sei auf den Fabrikationsgang kurz hingewiesen. Das gehäckselte Stroh wird unter Zusatz von Soda oder Kalkmilch gekocht, im Holländer gemahlen und dann wie üblich auf der Pappenmaschine zu Pappen verarbeitet. Die im Stoff enthaltenen Spuren von Soda oder Kalk genügen, um auf Eisenteile eine Oxydation hervorzurufen, worauf einige Abschnitte vorher hingewiesen wird. Demnach ist es klar, daß die Strohpappe für Schachteln, in denen empfindliche Eisen- oder Metallwaren verpackt werden sollen, vollständig unbrauchbar ist. Da aber die Strohpappe ihrer Billigkeit wegen gern für solche Zwecke Verwendung findet, muß bei der Bestellung dieser Pappe ausdrücklich betont werden, daß sie vollständig neutral, also frei von Alkalien und Säuren sein muß. Der Strohpappenfabrikant ist nämlich in der Lage, auch ohne Alkalien zu arbeiten, nur unter etwas erschwerten Umständen. Dieser Fall soll zeigen, wie unumgänglich notwendig es ist, die Eigenschaften der Pappen genau zu kennen. Ferner gibt es wieder andere Verwendungsmöglichkeiten der Pappe, für die ebenfalls nicht jede Pappe geeignet ist und sein kann. Es sei nur beispielsweise auf eine Pappensorte hingewiesen, die als Untergrund für Dekorationszwecke für Schaufenster in Betracht kommt. Diese Pappe wird an den Holzteilen der Fensterwandungen, Brettern u. dgl. in Streifen oder Tafeln angeheftet, auf welche dann die auszustellenden Gegenstände mittels Nadeln angesteckt werden. Gerade in den Tuch- und Webwarenausstellungen ist dies sehr zweckmäßig, da die Unterlagen dauernd Verwendung finden, auch wenn eine Neuausstattung der Schaufensterauslagen stattfindet. Die hierzu verwendete Pappe muß das Einstecken der Nadeln und Reißbrettstifte mit Leichtigkeit gestatten, ohne auszubrechen. Die geeignetsten Pappen hierzu sind: Torfpappen, Pappen aus einer Mischung von Makulatur und Laub und die Wellpappe. Letztere ist für diese Zwecke besonders gut geeignet, sie soll aber den äußeren Eindruck nicht beeinträchtigen und wird deshalb mit farbigem Papier beklebt. Wieder eine andere Sorte soll spezifisch leicht sein. Zu diesen gehören: die weiße Holzpappe, die Braunholzpappe und die Strohpappe, weil diese Sorten keine Beschwerungsmaterialien enthalten oder wenigstens nicht enthalten sollen. Der Verwendungszweck ist folgender: Als Beilagen zur Versendung von Bildern, Schriftstücken oder dergleichen Sachen, die entweder nicht gerollt oder gefaltet werden dürfen; kurz für alle Sachen, die im Gewicht recht leicht ausfallen sollen, um das Porto bei der Versendung nicht unnütz zu verteuern. Eine weitere Art Pappe soll mit Tinte beschreibbar sein, ohne bei der Beschriftung die Tinte an den Rändern auslaufen zu lassen. Solche Pappen müssen geleimt oder mit schreibfähig geleimtem Papier beklebt sein. In der Regel werden diese Pappen nicht geleimt, doch enthalten die Graupappen meist etwas Leim, der in dem zu verarbeitenden Altpapier enthalten ist und bei der Umarbeitung zu Pappen teilweise erhalten bleibt. Die Leimung ist aber nicht schreibfest; wo solche gewünscht wird, muß darauf bei der Bestellung besonders hingewiesen werden. Will man eine gut geleimte Pappe beziehen, so wende man sich an eine Pappenfabrik, die für die Herstellung endloser Pappen eingerichtet ist, da sie imstande ist, entweder die obere oder die untere oder alle beide Schichten aus schreibfähigem Stoff zu arbeiten, wogegen der Kern, also der mittlere Teil, nicht geleimt ist, was auch durchaus genügt. Diese Pappen können zugleich farbig beklebt werden, was wohl da in Betracht kommen dürfte, wo es sich um Ausgaben von Billetten handelt, die entweder jeden Tag, wochen- oder serienweise ihre Farbe ändern müssen.

Bei dieser Art Pappen ist es oft notwendig, sie so zu wählen, daß Fälschungen möglichst erschwert werden oder alte, verfallene Karten usw. nicht mehr gebraucht werden können. Die dafür in Betracht kommenden Fabriken sind in der Lage, derartige Pappen herzustellen, und zwar ohne bedeutende Mehrkosten.

Eine Pappe ist verhältnismäßig leicht zu fälschen, aus welchem Grunde man verschiedene Mittel und Wege ersonnen hat, dem entgegenzutreten. Am schwersten fälschbar ist eine Pappe, die entweder auf der einen oder auf der anderen Seite oder auch auf beiden Seiten mit eigenartigem Stoff überzogen ist. Am schwersten nachzuahmen sind Melierungen in Granitfarbe, also mit roten, blauen und schwarzen Fasern durchsetzte, kurze Stoffe, und noch schwerer wolkige Marmorierungen.

Unzweifelhaft findet die braune Holzpappe, auch Lederpappe genannt, die meiste Anwendung in der Kartonnagenindustrie, und zwar deshalb, weil sie zähe und sehr biegefähig ist. Wo es jedoch auf Starrheit ankommt, steht sie der Graupappe nach. Die Lederpappe wurde schon an einer anderen Stelle dieses Buches näher beschrieben, ich möchte mich nur noch mit der Frage beschäftigen, welcher Unterschied zwischen der echten und der nachgeahmten Lederpappe besteht. Wenn letztere gewissenhaft aus dem Rohstoff der ersteren, d. h. aus Abfällen von Lederpappen hergestellt ist, ist sie vollwertiger als jene, denn je mehr Knetungen der Rohtoff durchzumachen hat, desto edler wird das Ergebnis, also die Pappe. Sie ist viel widerstandsfähiger gegen Knickungen und gegen die Feuchtigkeitsaufnahme. Irrtümlich bezeichnet man sie oft als minderwertig, was indessen ungerechtfertigt ist. Sie hat nur den einen Fehler, daß sie sich nämlich gerne an den beiden Längsseiten wellt, ein Zeichen, daß sie stabiler ist. Eine lappige Pappe wird sich nur selten wellen, und umgekehrt ist diese Eigenschaft der Hartpappe eigen.

Auch bei den weißen Holzpappen unterscheidet man echte und nachgeahmte Sorten. Erstere werden wie die Lederpappen durch Zerschleifen des Holzes, letztere durch Verarbeitung der Abfälle der ersteren hergestellt und können in allen Farben und auch geleimt sowie in Duplex und Triplex, also entweder beide Seiten gleich oder jede Seite anders gefärbt und als Triplex mit einer minderwertigen Einlage angefertigt werden. Die beiden letzteren Arten werden nur in endlosen Bahnen erzeugt und im fertigen Zustande auf das gewünschte Format geschnitten. Diese Sorte nennt man Maschinenpappen, während die ersterwähnte Art Handpappen genannt werden. Alle Maschinenpappen zeichnen sich durch bessere Glätte und dadurch aus, daß sie absolut flach liegen. Sie sind aber meist etwas spröder, weil sie in einem Arbeitsgange auf heißen Trockenzylindern getrocknet werden.

Nun kommen auch wieder Pappensorten in Betracht, die sehr stabil sein müssen, und diese nennt man Hartpappen. Sie bestehen aus verschiedenen Stoffen, und haben die herstellenden Fabriken ihre eigenen Rezepte, deren Veröffentlichung nicht in den Rahmen dieser Abhandlung gehört, die aber auch keine Geheimnisse sind. Meist werden entsprechende Lumpen mitverarbeitet. Für die Kartonnagenindustrie kommen sie nur sehr beschränkt in Betracht. Ein ungleich größeres Interesse an ihr hat die Kofferfabrikation, weil derartige Koffer unverwüstlich sind. Meist jedoch kommt diese Art Pappe für die Schuhfabrikation in Frage, und zwar mit Vorliebe zur Schäfte-, Absatz- und Kappenfabrikation sowie auch teilweise als Brandsohlen. Es gibt in diesem Artikel wirklich sehr stabile Sorten, die dem Leder an Festigkeit nur wenig nachstehen. Auch der Preßspan gehört zu den Hartpappen, er kommt für die Kartonnagenindustrie ebenfalls nur sehr beschränkt in Frage. Sehr große Verwendung findet er in der Elektrotechnik als Lamellenzwischenlage oder zu Sicherungen usw. Der Preßspan besteht ebenfalls aus nur guten Stoffen und erfordert eine sehr sorgfältige Herstellung. Die Glanzplättereien nehmen Preßspan gerne als Unterlagen. Wir ersehen aus obigem, daß es eine große Anzahl Pappensorten gibt, trotzdem verschiedene Sorten bisher noch gar nicht angeführt wurden. Von diesen erscheinen erwähnenswert: Stanz-, Kunstleder-, Jacquard-, Matrizen-, Präge- und Isolierpappen sowie Saug-, Dach- und Patronenpfropfenpappen. Isolier- und Jacquardpappen, Dach-, Saug-, Matrizen- und Patronenpfropfenpappen kommen für die praktische Verwendung in der Kartonnagenindustrie kaum in Frage.

Für diesen Industriezweig wären noch die Gußpappen[1]) zu erwähnen. Eigentliche Gußpappen kommen für die fabrikmäßige Herstellung wohl weniger in Betracht als die Selbstherstellung der Güsse. Da wären die Postamente als Ersatz für die Holzarbeit in erster Linie zu nennen. Diese werden umgekehrt gegossen, und zwar muß die Form etwa

[1]) Das Pappengußverfahren ist in dem II. Band der Praxis der Pappenverarbeitung ausführlich beschrieben. Das Werk erschien im Verlag von M. Krayn, Berlin W, unter dem Titel „Pappenverarbeitung und Papiermaché“. Preis broschiert M. 16.—.

$^1/_{10}$ bis $^2/_{10}$ größer sein, als das zu gießende Stück werden soll. Die Stoffmischung ist aber eine heikle Sache, und es kommt ganz darauf an, welcher Gegenstand gegossen werden soll. Meist ist der Gußstoff sehr mit Gips oder auch mit Lehm zu durchsetzen, damit die Masse beim Trocknen nicht rissig wird. Der Zusatz dieser Beschwerungsmittel ist verschieden und schwankt zwischen 50 und 75 vH. Je mehr Erdematerial mitverwendet wird, desto weniger geht der Guß ein, desto brüchiger wird aber auch das herzustellende Stück. Will man leichte und volle Gußstücke herstellen, dann ist Holzstoff das geeignetste Material, nur soll man das Gußstück möglichst pressen, damit möglichst wenig Wasser durch die Trocknung zu entziehen ist; dann schwindet das Stück während der Trocknung auch weniger. Man vergegenwärtige sich, daß das Wasser im fertigen, nassen Gußstück einen nicht gerade unbeträchtlichen Raum einnimmt. Beim Trocknen verschwindet das Wasser, und die Räume, die dasselbe innehatte, werden leer. Die Folge ist nun, daß der Faserstoff das Bestreben hat, sich zusammenzuziehen, und da viel Platz da ist, ist die Gelegenheit dazu günstig. Da der hierzu verwendete Stoff nicht elastisch genug ist, kann er sich auch nur bis zu einem gewissen Grade dehnen. Ist dieser Moment gekommen, dann bilden sich Risse. Die Formen bestehen aus durchlöchertem Material, meist sind es Siebformen, durch welche das Wasser entweichen kann. Die fertigen Sachen werden meist mit Sandpapier abgerieben und dann entweder poliert oder lackiert. Im Gußstück nötige Löcher oder Öffnungen werden durch Einsetzen von geeigneten Kernen aus Holz hergestellt. Die Trocknung muß sehr langsam vonstatten gehen, und zwar zweckmäßig bei stets gleicher Temperatur. Es hat sich in der Praxis erwiesen, daß dieser Vorgang in Trockenstuben vorteilhafter ist als im freien Luftraum. Hohlgegenstände, wie Schüsseln u. dgl., neigen sehr leicht zum Platzen und verziehen sich, weshalb man sie in ihrer Form trocknen läßt, indem dieselbe stark erhitzt wird. Nach dem Trocknen werden sie poliert und mit wasserfestem Firnis und Lack behandelt.

Etuisstücke und dergleichen kleinere Sachen mehr sind verhältnismäßig leicht zu machen, dagegen gehört zu größeren Hohlgegenständen gute Erfahrung und Kenntnisse der Stoffeigenschaften und des Mischungsverhältnisses. Will man ganz harte Gegenstände herstellen, dann werden sie nach dem Trocknen mit Ölen getränkt und dann im Ofen gebacken.

Zusammenstellung der Verwendbarkeit von Pappen

Weiße Holzpappe

Diese eignet sich für billige Kartons in kleinerem Umfange, die nicht sehr in Anspruch genommen werden, sowie zu Gebäck- und Eistellern in Konditoreien, Einsteckkartons für Christbaumschmuck usw., ferner als Zwischenlagepappe und für billige Rundschachteln.

Braune Holzpappe bzw. Lederpappe

Diese findet in unbeklebtem Zustande, also roh, überall da Verwendung, wo es auf gute Biegefähigkeit, Zähigkeit und Festigkeit, aber weniger auf Stabilität ankommt. Sie findet vielseitige Verwendung in der Schachtelindustrie, zu Ziehharmonikas, Schuhindustrie, Kofferfabrikation, für Pappenziehzwecke, zur Herstellung von Kartuschen, zu Preß- und Prägezwecken, für die Knopfindustrie, für Mützenschirme, zur Röhrenfabrikation, für die Seide- und Zwirnindustrie zum Aufwickeln der Fäden, zur Spulenfabrikation, in der Zigarrenindustrie als Ersatz der teuren Holzschachteln, kurz, ihre Verwendbarkeit ist fast unbegrenzt. Auch als Dichtungsmaterial für Wasser und niedrigen Dampfdruck wird die Lederpappe mit gutem Erfolg verwendet.

Auf der Lederpappe können auch ganz schöne Brandmalereien ausgeführt werden. Die Wirkung wird noch bedeutend dadurch erhöht, daß die Sachen in geeigneter Weise geprägt werden.

Graupappe

Graupappen finden meist in der Buchbinderei Verwendung, weil sie hart und steif, also sehr stabil sind. Auch für einige der unter Lederpappen angeführten Industrien ist die Graupappe verwendbar.

Ihr Falzwiderstand nimmt bei zunehmender Dicke ab, wie dies bei allen Pappen der Fall ist. Wenn die Graupappe sorgfältig und unter Zuhilfenahme von festem Stoff hergestellt ist, eignet sie sich auch zur Herstellung von Schultafeln an Stelle von Holz und Schiefer und besitzt dem Schiefer gegenüber den Vorteil der Unzerbrechlichkeit. Da die Pappen schlechte Wärmeleiter sind, können sie mit Erfolg auch für Isolierzwecke verwendet werden, doch werden sie hierfür besonders angefertigt. Bei derartigen Aufträgen ist anzugeben, ob die Pappe gegen Hitze, Feuchtigkeit oder Kälte widerstandsfähig sein soll.

Zur Isolierung direkter Hitze werden nur Asbestpappen verwendet, da diese nicht verbrennen. Dagegen können diese Pappen zur Isolierung von Warmwasser und nicht überhitztem Dampf ganz gut verwendet werden. Auch gegen lästige Geräusche isoliert die Pappe vorzüglich. Werden Graupappen als Isolierpappen verwendet, so werden sie teilweise mit ineinandergreifenden Falzen versehen.

In Gebäuden, wo es gilt, großen Lärm zu dämpfen, werden mit gutem Erfolge in der Wirkung

Isolier-Pappziegel

verwendet. Sie werden in entsprechende Formen gegossen und dann getrocknet. Als Rohstoff dient meist mit Harzmilch geleimter weißer Holzstoff, damit die Feuchtigkeit nicht durch die Ziegel hindurchdringen kann. Die Ziegel werden direkt zum Aufführen von Wänden benutzt. Als Bindemittel wird Zement verwendet. Sollen vorhandene Steinwände isoliert werden, dann werden Falzisolierpappen so verwendet, daß diese zwischen die Wand und eine anzulegende Täfelung kommen. Besonders in Wohnungen, die in Fabrikräumen untergebracht sind, können derartige Ziegel nicht genug empfohlen werden. Die Herstellung kann nur fabrikmäßig, und zwar nur in Holzschleifereien, betrieben werden, da der nasse Holzstoff umständlich zu befördern ist.

Außer der Schalldämpfung haben die Isolierpappziegel noch den Vorteil, daß sie ihrer Leichtigkeit halber als Zwischenwände ohne Grundmauer verwendet werden können.

Gewehr- oder Patronenpfropfen

Hierzu wird eine besondere Pappensorte verwendet. Der Rohstoff besteht aus Wollabfällen, damit die Pappe einen filzähnlichen Charakter bekommt und weich wird. Verschiedener Umstände halber wird sie entweder einlagig auf der Langsiebmaschine oder als Gußpappe hergestellt, damit sie sich beim Stanzen nicht spalten kann. Für die Kartonnagenindustrie kommt sie nicht in Betracht, höchstens als Ersatz für Watte zum Einlegen in Etuis.

Holzstoffpappe

Die Holzstoffpappe findet in der Pappenverarbeitung mannigfache Verwendung, vornehmlich auch für Holzstoffkästen.[1])

[1]) In vorstehenden praktischen Ratschlägen, die ich einer entsprechenden Frage eines Interessenten im Fragekasten der Kartonnagen-Zeitung, Dresden (Nr. 18, 1921), entnehme, teilen Berufsspezialisten ihre Ansichten mit, die das fachliche Interesse in hohem Maße beanspruchen.

Holzstoffkisten können sowohl aus Zuschnitten gefertigt werden, d. h. aus flachen Tafeln von Holzstoff (Holzpappe) oder auch Lederpappen, aber auch aus feuchtem Stoff in einem Stück gepreßt sein. Der allgemein übliche Ausdruck „Holzstoffkiste" ist wohl eingeführt, aber nicht ganz richtig; die Kiste ist aus Holzstoff gefertigt, jedoch aus Zuschnitten, andererseits werden nach dem Naßpreß- und Formtrockenverfahren niemals Kisten hergestellt, das wäre viel zu teuer, da sind Holzkisten schließlich viel billiger. Was man heute unter „Holzstoffkisten" versteht, sind aus zumeist braunen Lederpappen hergestellte größere und kleinere Kisten, welche an den Kanten geheftet oder geleimt werden, oder auch mit Laschen überlappt, schließlich zur besseren Versteifung mitunter auch noch mit Holzrahmen ausgekantet werden. Es gibt vielerlei Ausführungsarbeiten. Aus *weißen Holzpappen* werden dieselben, weil dann zu spröde, seltener gemacht. Das Holz müßte vor dem Schleifen schon noch gedämpft werden, um die daraus entstehende Pappe zäher und bruchfester zu machen.

Man hat die Erfahrung gemacht, daß sich die Holzstoffpappe, wenn sie sehr dick ist, nur schwer verarbeiten läßt, weil sie bricht. Ein Vorbeugungsmittel ist das Feuchten vor der Verarbeitung, um das Brechen zu vermeiden.

Holzstoffpappe, welche zu Kasten und Kisten verarbeitet wird, darf erstens nicht zu dick sein, wenigstens dann nicht, wenn die Kanten und Ecken gebogen werden. Schon dünne Holzstoffpappe neigt zum Brechen, wenn sie gebogen wird; um dies zu verhüten, werden die Zuschnitte entweder geritzt oder gerillt, damit das Liegen an jenen Stellen glatt vor sich geht. Dicke Pappen werden vornehmlich in sogenannte Verkantmaschinen und in solchen, welche infolge einer sinnreichen und sehr praktischen Doppelvorbiegevorrichtung die Tafeln an den Biegestellen knicken, vorgebogen.

Ein vorheriges Anfeuchten der Pappen vor ihrer Verarbeitung ist nicht zu empfehlen, selbstverständlich dürfen dieselben nicht absolut ausgetrocknet sein, dann brechen sie wie Pfefferkuchen, sie müssen eine Luftfeuchtigkeit von etwa 7 vH aufweisen. Entsprechendes Einlagern in nicht zu trockenen warmen Räumen ist zu empfehlen.

Sobald die Tafeln die entsprechende Normalfeuchtigkeit wieder annehmen, lassen sie sich gut biegen, zumal bei der erwähnten Vorknickung. Das Lagern in Kellerräumen bietet einen Vorteil. Soll jedoch die Zuführung von Feuchtigkeit schneller vor sich gehen, so benetze man sie keineswegs direkt mit Wasser, sondern hänge über die Pappenstöße genäßte Tücher, alte Säcke oder dgl., und zwar so, daß oben auf den Pappenstoß eine Holztafel gelegt wird oder eine Eisenplatte, welche an allen vier Seiten etwa eine Handbreite übersteht; darüber erst hänge man die nassen Säcke, diese dürfen also die Pappen nicht direkt berühren.

In solchen Fällen, wenn Wasser direkt daran kommt, werfen sie sich und werden beutlig, der Stoß zieht aus den ringsum überhängenden Säcken genügend feuchte Luft an, 12—15 Stunden dieser Art Feuchtung genügen in den meisten Fällen. — Es ist ferner ratsam, die Pappen so zu biegen, daß der Biegebruch senkrecht zur Maschinenlaufbahn der Pappe zu liegen kommt, also sozusagen quer über die Fasern weg geht. Läuft er parallel mit den Fasern, also in der Laufrichtung, findet ein Brechen viel leichter statt. Die Laufrichtung stellt man leicht fest, indem man die vier Ränder vergleicht, die zwei gegenüberliegenden mit den meist flacheren abgeschrägten Kanten sind die Längslaufränder, die stumpfen, gleichmäßig abschneidenden die Trennränder, also diejenigen, welche die Querrichtung anzeigen, dies gilt hinsichtlich Lauffeststellung für Handpappen. Bei Maschinenpappen erkennt man die Richtung sehr leicht an der Filzmarkierung und Streifigkeit.

Ein anderer Fachmann empfiehlt hierzu folgende Behandlung:

Wenn keine Feuchtmaschine vorhanden ist, dann kann man auch die Pappe mittels eines Handfegers auf beiden Seiten kräftig besprengen und legt dann die Pappen auf Stapel und beschwert sie. Besser ist allerdings eine Presse, in welcher die gefeuchteten Pappen 5 bis 6 Stunden unter Druck stehen, damit die Feuchtigkeit Zeit gewinnt, um in den Pappenkörper einzudringen.

Je stärker die Pappe ist, desto mehr wird die Außenkante beim Biegen gedehnt. Wenn man die Pappe aber an der inneren Bruchstelle entweder auskerbt oder mehrfach ritzt, kann sich diese Seite mehrfach zusammenpressen und die Außenkante braucht sich nicht übermäßig zu dehnen.

Biberpappe[1])

In einer der größten Sägemühlen Kanadas wird aus Sägemehl, welches im Holländer einer 36stündigen Mahlarbeit ausgesetzt wird, ein außerordentlich zäher Papierstoff hergestellt, der sich besonders zur Herstellung von Pappkisten für Überseeversand eignen soll. Die Zähigkeit derselben ist so groß, daß eine schwer gefüllte Kiste aus großer Höhe herunterfallen kann, ohne zu platzen. Übrigens soll die ganze Erzeugung dieser Pappe von den Chikagoer Fleischausfuhrhäusern aufgekauft worden sein, wodurch diese vom Markt verschwunden ist.

K. M.

Verschiedenes über die Pappen und ihre Bearbeitung

Sollen Pappen zu Zwecken Verwendung finden, bei denen es darauf ankommt, daß sie mehr oder weniger hitzebeständig sind, dann ist es

[1]) Aus der Kartonnagen-Zeitung, Dresden.

nicht gleichgültig, welche Pappensorte zu verwenden ist. Weiße oder braune Holzpappen sind für derartige Zwecke ganz unbrauchbar, auch dann, wenn sie imprägniert sind, weil sie zu leicht brüchig werden. Die braune Lederpappe ist dazu wohl besser geeignet als die weiße Holzpappe, doch ist eine Graupappe entschieden als widerstandsfähiger zu empfehlen. Auf jeden Fall soll bei der Bestellung dem Pappenhersteller klargemacht werden, daß die betreffende Pappe entweder hitzebeständig geliefert werden oder aber, daß sie zu diesem Zwecke imprägniert werden soll. Im ersten Falle wird der Pappenmacher seine Stoffe dementsprechend zusammensetzen und im zweiten Falle eine geeignete Pappe liefern. Um Pappen schwer verbrennbar zu machen, gibt es mehrere Wege. Die Verfahren sind aber meistens patentiert, und es ist schwer, einen diesbezüglichen Rat zu erteilen. Um einen praktischen Wink geben zu können, müßte man schon den Verwendungszweck der Pappen kennen.

Eine Tränkung in Schmierseifenlauge unter Zusatz von ½ vH Kochsalz soll als Verhinderungsmittel der Brennbarkeit bekannt sein.

Jede Pappe für einen hitzebeständigen Verwendungszweck soll schon bei der Herstellung ziemlich beschwert werden, was das Verbrennen stark behindert. Es ist auch notwendig, die Pappen stark zu walzen und möglichst kurzen Stoff zu verarbeiten. Je mehr oder weniger Tonerde darin enthalten ist, desto schwerer bzw. weniger schwer wird die Pappe vom Feuer oder von der Hitze angegriffen. Sofern die Pappe der unmittelbaren Feuerwärme (nicht dem Dampf!) ausgesetzt ist, kann nur eine Asbestpappe zur Anwendung kommen. Für die Auskleidung von Ofenschirmen u. dgl. kann dagegen auch eine Halbasbestpappe oder eine sehr stark beschwerte Graupappe Anwendung finden, da in diesem Falle eine direkte Berührung mit dem Feuer weniger in Betracht kommt.

Will man eine Graupappe noch besonders für solche Zwecke vorbereiten, dann kann sie entweder auf der einen oder auf beiden Seiten mit Wasserglas bestrichen werden. Wasserglas brennt nicht und gibt der Pappe ein glänzendes Aussehen. Dem Wasserglas kann man nach Belieben irgendeine Erdfarbe zusetzen, um dem Anstrich eine gewisse Tönung zu geben. Wünscht man einen weißen Anstrich, dann vermische man das Wasserglas mit 10 vH Asbestine oder auch Schlämmkreide.

Für Dichtungszwecke von Wasserleitungen verwendet man derzeitig mit Vorliebe die braune Holzpappe. Diese ersetzt, richtig angewendet, vollständig den teuren Gummi. Selbst für niederen Dampfdruck und Warmwasserversorgung genügt die Pappe vollständig, doch soll sie zuvor in Leinöl oder Firnis getränkt werden. Keine Pappe sollte für derartige Verwendungszwecke trocken zur Verarbeitung kommen. Für Warmwasser, Kaltwasser, niedrigen Dampfdruck sowie für alle anderen Verwendungsarten, die die Pappe mit Flüssigkeiten in Verbindung bringt, genügt ein Eintauchen der Pappe in kaltes oder warmes Wasser, wodurch eine innige Zusammenpressung erzielt wird.

Wasserdichtmachen von Papier[1]) und Pappen

Um Pappen oder auch Papier wasserdicht zu machen, hat sich folgendes Verfahren gut bewährt: Man löse 1 Teil Zinnsalz in 6 Teilen Wasser, möglichst Flußwasser, und bestreiche damit die Pappe oder das betreffende Papier mittels eines weichen Schwammes, oder wenn es sich um größere Mengen handelt, tauche man sie in diese Lösung. Die noch nasse Pappe bzw. das Papier wird dann in eine konzentrierte Kernseifenlösung getaucht oder mit dieser Lösung bestrichen und dann langsam getrocknet.

Die so behandelte Pappe ist absolut geruchlos, behält ihre Naturfarbe und hat gegenüber den geölten Pappen den Vorzug, daß sie sehr schwer brennbar ist.

Zu erwähnen ist noch die Möglichkeit des Paraffinierens von Pappen. Die Firma Jagenberg, Düsseldorf, baut dafür eine Spezialmaschine für Ein- oder Zweiseitenparaffinierung. Auf dieser Maschine kann auch ohne weiteres dünner Karton und Papier paraffiniert werden.

Isolierrohrkarton

Isolierrohrkarton wird zur Herstellung der Isolierrohre für die Elektrotechnik verwendet. Es ergibt sich daraus, daß er auch gewissen Anforderungen gewachsen sein muß, die sich eben aus seiner Verwendungsart ergeben. Die Stoffzusammensetzung hat sehr viel Ähnlichkeit mit der guter Rohdachpappen. Es ist dabei aber doch zu beachten, daß man sowohl mit der Auswahl der Rohstoffe, als auch mit deren Verarbeitung vorsichtiger verfahren muß. Der Isolierrohrkarton wird meistens in den Gewichten von 180 bis 200 g/qm hergestellt, und zwar in Rollen. Mehr noch wie bei der Rohdachpappe ist daher auf vollkommene Knotenfreiheit zu achten. Daraus ergibt sich auch, daß man doch nicht so ohne weiteres alle Rohstoffe verarbeiten kann, die bei der Rohdachpappe zulässig sind.

Die sehr genaue mikroskopische Untersuchung eines bewährten Isolierrohrkartons ergab folgendes Bild:

30 vH Sulfitzellstoff, 10 vH Wolle,
30 vH Jute, 10 vH Holzschliff.
20 vH Baumwolle,

[1]) Zu empfehlen ist die kleine Schrift von H. Wandrowsky: „Wasserdichtmachen von Papier." Verlag der Papier-Zeitung, Berlin SW.

Sulfitzellstoff und Holzschliff rühren mit Bestimmtheit vom verwendeten Altpapier her. Auch bei dem Isolierrohrkarton ist eine absichtliche Zugabe von Zellstoff, Holzschliff, Strohstoff, Torf und von mineralischen Füllstoffen unzulässig. Es dürfen demnach also nur verwendet werden: Lumpen, Abfälle aus der Textilindustrie, soweit sie faseriger Natur sind, und dann Altpapier. Im übrigen ist die Auswahl und das Mischungsverhältnis dem Fabrikanten überlassen. Der fertige Isolierrohrkarton soll höchstens 12 vH Asche aufweisen und keinesfalls mehr als 12 vH Luftfeuchtigkeit haben. Von ganz besonderer Wichtigkeit ist das Aufnahmevermögen des Kartons, er soll genau wie die Rohdachpappe eine Aufnahmefähigkeit von mindestens 120 vH seines Gewichtes an Anthrazenöl haben. Es werden wohl auch gewisse Anforderungen an die Festigkeit gestellt, doch sind diese beim Isolierrohrkarton nicht von so großer Bedeutung wie bei der Rohdachpappe. Auf genaue Einhaltung der Aufnahmefähigkeit und auf gleiches Gewicht und größte Knotenfreiheit wird aber seitens der Verarbeiter, also der Isolierrohrfabrikanten scharf geachtet. Nebenbei sei noch bemerkt, daß die Imprägnierung natürlich nicht wie bei der Rohdachpappe mit Teer stattfindet, sondern mit Isoliermitteln, meistens Kunstharzen.

Um die erforderlichen Eigenschaften des Kunstharzes erzielen zu können, muß der Stoff, besonders die Lumpen, lang und rösch gemahlen sein. Die rösche Mahlung ist erforderlich, um dem Stoff eine ausreichende Saugfähigkeit zu erteilen, lange Fasern sind hingegen nötig, um dem an sich wenig festen Erzeugnis eine genügend hohe Reißfestigkeit zu erteilen. Wenn man nun auch als Lumpen nicht die besten Sorten verwenden wird, so soll man doch bei ihrer Auswahl darauf achten, daß sie nicht allzu große Mengen an Fremdkörpern enthalten, die die Ursache zu Knoten sein können und auch noch andere Nachteile für den Karton mit sich bringen. Es gilt daher bei den zu verarbeitenden Lumpen, wie auch ganz besonders bei dem verwendeten Altpapier, scharf darauf zu achten, daß keine Metallteilchen im Stoff vorhanden sind, da diese natürlich bei der Verwendung zu Isolierrohren für die Elektrotechnik von Schaden sein würden. Während nun dieser Umstand bei der Rohdachpappe ganz nebensächlich ist, ist er beim Isolierrohrkarton von sehr großer Bedeutung. Es macht sich demnach die weitgehendste Verwendung von Magneten schon bei der Vorbereitung der Lumpen und des Altpapieres erforderlich, noch mehr aber bei der Sortierung des maschinenfertigen Stoffes. Da aber diese Magneten nur Eisenteilchen ausscheiden und andere Metallteilchen, die ebenso schädlich sind, unberührt lassen, so muß ihnen durch einen sehr langen Sandfang, wie auch durch einen guten Knotenfang noch die Möglichkeit gegeben sein, sich auszuscheiden. Gut wirkende Sand- und Knotenfänge sind außerdem noch von großer Bedeutung für eine scharfe Nachreinigung des Stoffes von Sand und ähnlichen schädlichen, körnigen Verunreinigungen und zur Zurückhaltung der Knoten und der Katzen, zu deren Bildung der stark lumpenhaltige Stoff sehr neigt. Die Frage der Sandfänge und noch viel mehr der Knotenfänger, vor allen Dingen aber deren stete Reinerhaltung macht nun bei dem zur Verwendung kommenden Stoff außerordentlich große Schwierigkeiten und kann eigentlich noch nicht als zur vollen Zufriedenheit geregelt bezeichnet werden, man kommt bei beiden Organen bisher immer noch nicht ohne eine dauernde menschliche Nachhilfe aus, obgleich es sehr erwünscht wäre, auch hier, wie es in der Papierfabrikation sonst der Fall ist, nur eine gelegentliche Reinigung vornehmen zu müssen. Man ist immer noch geneigt, diesen lästigen Umstand als einen nicht zu vermeidenden Nachteil hinzunehmen.

Das Altpapier darf nur in gekollertem Zustande zugegeben werden, es ist sogar sehr von Vorteil, wenn man es vorher mindestens in einer Einweichtrommel weicht, besser ist eine vorherige Behandlung im Kocher, die übrigens nicht nur eine teilweise Entfernung der Leim- und Füllstoffe herbeiführt, sondern auch die Aufschließung im Kollergang beschleunigt. Das Altpapier, zu dem man vorteilhaft bedruckte und möglichst holzfreie Akten, Druckpapiere und ähnliche verwendet, muß gut und knotenfrei ausgekollert werden, damit es im Holländer nur noch aufgeschlagen werden muß. Der Holländer darf das Altpapier nicht mehr mahlen müssen, sondern soll es lediglich mit dem fertiggemahlenen Lumpenstoff gut mischen. Infolgedessen soll der Kollerstoff natürlich auch erst kurz vor dem Ableeren des Holländers zugegeben werden. Man wird aber auch immer gut tun, den Kollerstoff vorher durch einen besonderen Sortierer gehen zu lassen, der Fremdkörper ausscheidet. Größere Fremdkörper, wie z. B. Steine usw., die sich im Altpapier sehr oft finden, können dann nicht mit in den Holländer gelangen, ganz abgesehen davon, daß solche Fremdkörper natürlich der Bemesserung der Holländer und auch den anderen Maschinen schaden. Sie sind dann meistens die Ursache zu Metallsplitterchen, die durch sie von den Messern losgerissen werden. Bei der Rohdachpappe sind natürlich alle diese Umstände nebensächlicher, nicht aber eben beim Isolierrohrkarton. Es ist immer zu berücksichtigen, daß der stark lumpenhaltige Stoff, wie schon erwähnt, sehr stark zum Zusammenspinnen neigt, was natürlich wieder eine Knotenbildung zur Folge hat. Ganz besonders aber sind an dieser Knoten- und Katzenbildung die Büttenrührwerke und auch die Knotenfänger selbst beteiligt, aber auch die Stoffpumpen können hierauf einen nachteiligen Einfluß haben, so daß man das Pumpen des Stoffes vorteilhaft vermeiden sollte. Sehr gute Dienste können die Schnürrechen leisten, die man in den Sandfang einschaltet, wo man übrigens auch stets noch einen Magneten vorsehen sollte. Diese Schnürrechen halten etwa in der Bütte gebildete Katzen und zusammengesponnene Fasern, die als lange Fäden erscheinen, zurück, und entlasten so den Knotenfang ganz beträchtlich, sie erschweren die Bedienung in keiner Weise.

Der lange und rösche Stoff macht bei der Herstellung des Isolierrohrkartons bei weitem keine so großen Schwierigkeiten wie bei der Rohdachpappe, immerhin ist aber zu seiner Entwässerung ein Langsieb erforderlich. Da es sich um einen Karton von 200 g/qm handelt, so wird aber auf der anderen Seite ein so außerordentlich langes Sieb wie bei der Rohdachpappe nicht erforderlich, wenn sonst nur eine ausreichende Anzahl von gut ziehenden Saugern vorhanden ist, die man wenigstens zum Teil an eine Luftpumpe anschließt. Unter allen Umständen ist es aber erforderlich, daß man auch den Isolierrohrkarton mit einem Obersieb arbeitet. Das Obersieb ist hier weniger zur guten Entwässerung bestimmt, als vielmehr zur Erzielung einer guten und glatten Oberfläche. Man könnte es wohl in gewissen Fällen auch durch eine Vordruckwalze ersetzen, denn es hat im vorliegenden Falle in der Hauptsache deren Wirkung zu erfüllen. Das Arbeiten mit Obersieb bringt aber auch hier doch noch gewisse Vorteile mit sich, die für ein gutes Erzeugnis sehr von Bedeutung sein können. Man ist dann nämlich auch in der Lage, mit Vorpressen zu arbeiten, deren günstiger Einfluß auf Karton schon im allgemeinen und auf Rohdachpappe und den Isolierrohrkarton im ganz besonderen nicht erst erwähnt zu werden braucht. Gerade bei der verlangten hohen Aufnahmefähigkeit des Isolierrohrkartons für Imprägnierungs- und Isoliermittel ist nun nur ein mäßiges Pressen der Bahn auf der Gautsche und den Naßpressen zulässig. Durch die entsprechende Anwendung der Vorpressen ist man aber dann in der Lage, den Stoff, ohne ihn auch wieder zu stark pressen zu müssen, so auf die Gautsche zu bringen, daß er nicht mehr verdrückt werden kann. Man wird dadurch andererseits in die Lage versetzt, rascher zu arbeiten, weil der Stoff trotz geringerer Pressung auf der Gautsche und auf den Naßpressen stark genug entwässert auf die Trockenpartie kommt.

Trotzdem muß natürlich die Trockenpartie ausreichend groß sein, um eine rasche Trocknung durchführen zu können. Die Frage, ob die Trockenzylinder mit oder ohne Trockenfilze laufen sollen, ist noch umstritten. Es wird aber doch in den meisten Fällen vorzuziehen sein, mit Filzen zu arbeiten, weil man schon dadurch ein wesentlich besseres Erzeugnis erzielen kann, das namentlich auch eine höhere Glätte auf beiden Seiten aufweist. Eine Markierung des Trockenfilzes darf aber keinesfalls stattfinden, wie auch die Naßfilze natürlich nicht markieren dürfen, da der Isolierrohrkarton glatt sein soll. Aus diesem Grunde ist auch sowohl ein Naß- als auch ein Trockenglättwerk von großem Vorteil. Ganz ohne Glättwerk soll man den Karton jedenfalls nicht arbeiten, weil er dann stets zu rauh ausfällt.

Besonders für die Trocknung des Isolierrohrkartons wird aber auch die Einrichtung von Blasvorrichtungen zwischen den Trockenzylindern von gutem Nutzen sein, durch die man je nach dem angewendeten Verfahren vorgewärmte Trockenluft einbläst oder auch noch gleichzeitig die gesättigte Naßluft absaugt. Man erzielt dadurch nicht nur eine schnellere Trocknung, so daß man mit der Papiermaschine schneller fahren kann, oder spart bei gleicher Geschwindigkeit sehr an Dampf und kann milder trocknen, was auf die Güte des Erzeugnisses von sehr großem Einfluß ist. Diese Blaseinrichtungen können dann mitunter auch die Verwendung von Trockenfilzen entbehrlich machen. Wo man diese aber trotzdem hat, erreicht man neben den bereits aufgeführten Vorteilen noch eine wesentliche Schonung und somit natürlich auch eine längere Laufdauer der Trockenfilze, da diese schneller getrocknet werden, als es die Filztrockner vermögen, und nicht verbrennen oder durch die Feuchtigkeit faulen.

Der Rollapparat der Kartonmaschine soll in der Lage sein, gute und feste Rollen zu liefern, da der Karton nicht in Formate geschnitten wird. Infolge seiner Dünne und Weichheit läßt er sich aber sehr gut aufrollen. Wo aber die Herstellung guter Maschinenrollen nicht angängig ist, wird man Umrollmaschinen aufstellen müssen, was natürlich die Herstellung verteuert.

Was nun die Prüfung des Isolierrohrkartons anbetrifft, so erfolgt sie in der gleichen Weise wie bei den Rohdachpappen. Auch hier gelten die Normen für die Rohdachpappe. Die Prüfung hat sich demnach zu erstrecken auf Reißfestigkeit, Aschegehalt, Feuchtigkeit, Stoffzusammensetzung und Aufnahmefähigkeit. Sie erfolgt in der bekannten Weise.

Pappe, Karton und Papier für gezogene, gepreßte und geprägte Kartonnagen

Die Verwendung der Kartonnagen zu Massenverpackungen setzt Arbeitsverfahren voraus, die in der Lage sind, solche Erzeugnisse auf billigstem Wege in sauberster und gleichmäßigster Ausführung herzustellen. Zu diesem Zwecke ist nur die Maschinenarbeit geeignet, die alle diese Bedingungen im vollsten Maße erfüllt. Die Kartonnagenmaschinenindustrie hat nun die verschiedensten Maschinen geschaffen, die allen Anforderungen gerecht werden und auf denen man die verschiedensten Erzeugnisse herstellen kann, wie z. B. Rund- und Fassonschachteln gepreßt und gezogen, Pappbälle, Pappeier, Hohlkörper aller Art, die auch in der Elektrotechnik vielseitige Anwendung finden,

Pappteller, Papphülsen, Geschoßhülsen, Kappen usw. Vielfach sollen diese Erzeugnisse aber nicht nur in eine bestimmte Form gebracht werden, die sie auch unter allen Umständen, vor allen Dingen auch bei einer weiteren Behandlung durch Bekleben, Lackieren, Bemalen usw., behalten müssen, sondern werden auch mit Hoch- und Tiefprägungen versehen.

Es liegt nun auf der Hand, daß solche Verfahren einen besonderen Rohstoff verlangen, der diese Behandlung auch aushält und dabei nicht etwa platzt, reißt, springt, blättert und wie die Nachteile einer unzweckmäßigen Pappe alle heißen können, da sonst ein unverhältnismäßig hoher Anteil an Ausschuß entsteht, der natürlich die Wirtschaftlichkeit beeinträchtigen und die Vorteile der Verfahren aufheben kann. Eine weitere Hauptanforderung an die hierzu verwendeten Rohstoffe ist aber die Billigkeit, die es ermöglichen muß, die Gegenstände als wirkliche Massenartikel herzustellen. Eine weitere Forderung, die durch die Arbeit der immerhin komplizierten und feinfühligen Maschinen bedingt ist, besteht in vollkommener Gleichmäßigkeit des Rohstoffes in bezug auf Dicke und darin, daß er auch in Rollenform geliefert werden muß, da viele der Maschinen, besonders aber die mit großer Leistung, von der Rolle arbeiten.

Man hat also unter den Zieh-, Preß- und Prägepappen ganz besondere Erzeugnisse zu verstehen, obgleich sich nicht nur diese Sorten zur Verarbeitung nach diesen Verfahren eignen, sondern noch viele andere, die man für andere Zwecke der Kartonnagenindustrie verwendet, aber für Massenerzeugung zu teuer sind. Es wird dabei an die Kofferpappen, die Vulkanfiber und ähnliche hochwertige Erzeugnisse gedacht. Die Zieh-, Preß- und Prägepappen, zu denen auch die Kartuschpappen gehören, müssen aber bei voller Einhaltung der Festigkeitseigenschaften wohlfeil sein.

Die hauptsächlichsten Anforderungen, die man an eine allen Zwecken geeignete Ziehpappe stellen muß, sind nun die nachstehenden: Eine große Biegsamkeit und Zähigkeit bei nicht allzu großer Härte. Man kann nun diese Bedingungen mit den verschiedensten Stoffzusammensetzungen erzielen, denn diese sind in erster Linie bestimmend für die Eigenschaften einer Pappe, wenn auch die weitere Verarbeitung, also die Mahlung der Fasern, die Pappenbildung auf der Maschine, das Pressen und Trocknen nicht zu unterschätzende Einflüsse hat.

Als einfachste und dabei auch wohlfeile Stoffzusammensetzung kann man nun die Lederpappe bezeichnen, und zwar die sogenannte echte, die durch Schleifen von gedämpftem oder gekochtem Holz, höchstens mit etwas Zusatz von Abfällen gleichwertiger Pappen, erzeugt wird. In der Tat wird auch die Lederpappe am meisten für diesen Zweck verwendet, ganz besonders aber da, wo es sich darum handelt, geringere Stärken in endlosen Bahnen, die man dann in geeignete Rollen schneiden kann, herzustellen. Da nun durchaus nicht für alle Zwecke der Kartonnagenindustrie die braune Farbe der Lederpappe erwünscht ist, so muß man sie mit einer- oder beiderseitiger Decke aus anderen Stoffen überziehen, welche entweder farbig oder weiß sein können und sich für die weitere Ausstattung der Gegenstände eignen (Bedrucken usw.). Dieses Decken der Lederpappen kann nun auf verschiedene Weise erfolgen, und zwar einmal durch nachträgliches Bekleben oder Kaschieren der endlosen Bahnen oder der Bogen und durch unmittelbares Zusammengautschen der noch nassen Bahn in der Maschine in einem Arbeitsgange. Das Bekleben oder Kaschieren kann nun entweder in getrennten Maschinen an der fertigen Pappe erfolgen oder auch unmittelbar in der Pappenmaschine in einem Arbeitsgang mit der Fertigstellung der Pappe. Letzteres Verfahren ist aber nur möglich bei Maschinenpappen. Durch das Bekleben oder Kaschieren hat man den Vorteil, daß man den gleichen Grundstoff weiterlaufen lassen kann und nur die Decke zu wechseln braucht, indem man eben andere Rollen mit Beklebe- oder Deckenpapier einhängt. Man kann also ohne große Umstände auch kleinere Anfertigungen arbeiten. Das Zusammengautschen der nassen Stoffbahnen, das man je nach der Zahl der Decken (eine oder zwei) aus Duplex- und Triplexverfahren bezeichnete, ist dagegen nur für große Anfertigungen geeignet, hat aber den Vorteil, daß ein Loslösen der Decken ausgeschlossen ist, da sie nach dem Zusammengautschen mit der Einlage eine geschlossene Bahn bildet. Bei beklebten oder kaschierten Pappen besteht eher die Möglichkeit, daß ein Spalten beim Verarbeiten eintritt, da durch nicht geeigneten Kleister oder schlechte Klebefähigkeit der Pappe oder der Decken sich die Klebstellen mitunter wieder lösen, namentlich beim Heißpressen und -ziehen kann das eintreten.

Man kann aber sehr wohl auch Graupappen zu Ziehpappen verwenden, wenn sie in ihrer Stoffzusammensetzung und in deren Verarbeitung geeignet sind. Solche Graupappen müssen dann aber aus besseren Altpapierstoffen hergestellt sein, denn ein allzu hoher Füllstoffgehalt, wie er sich bei der Verwendung von Druckpapierabfällen oder Abfällen von stark beschwerten Papieren zeigt, macht die Pappen brüchig und zu wenig zähe. Ein Zusatz von billigen Hadernstoffen bis zu 20 vH wird die Eigenschaften einer solchen Pappe noch erhöhen können, aber auch leicht das Erzeugnis verteuern. Auch die für Ziehzwecke zu verwendende Graupappe muß eine besondere Zähigkeit aufweisen. Im übrigen erfolgt die Verarbeitung der Stoffe, also auch das Decken oder Bekleben, in der gleichen Weise wie bei den Lederpappen.

Eine besondere Art der Ziehpappen sind die Kartuschpappen, an deren Farbe man allerdings keine besonderen Ansprüche stellt, so daß ein Decken oder Bekleben fortfällt; man liefert sie in der Naturfarbe. Zu diesen Kartuschpappen kann man sehr wohl braune Pappen wie auch Graupappen mit geeigneter Stoffzusammensetzung, wie vorstehend erwähnt, verwenden.

Wesentlich höhere Anforderungen muß man an Zieh- und Prägepappen stellen, die für elektrotechnische Zwecke Verwendung finden sollen. Die Pappe wird heute weit mehr als früher als Ersatz, und zwar als ein vollwertiger Ersatz für viele Stoffe in der Elektrotechnik verwendet und hat sich auch bestens bewährt. Eine Unzahl von Gegenständen, die man früher aus Hartgummi, Vulkanfiber, Porzellan und ähnlichen Stoffen herstellte, macht man heute aus Pappe. Für diesen Zweck eignet sich am besten eine Stoffmischung, die der Zusammensetzung der Preßspäne entspricht. Da es sich bei dieser Stoffmischung in der Hauptsache um Hadern und Zellstoff handelt, so ist das Erzeugnis besonders zähe und widerstandsfähig und für die vorliegenden Zwecke bestens geeignet. Als ganz besonderer Vorteil ist dabei zu bezeichnen, daß man diese Pappen im Stoff durchfärbt, was man bei den anderen Sorten wohl auch tun kann, aber meistens wegen der höheren Kosten unterläßt. Es fällt also ein besonderes Decken oder Kaschieren fort und somit auch die Gefahr, daß die Decken sich loslösen.

Selbstverständlich werden für die in Frage stehenden Verarbeitungsverfahren auch Vulkanfiber und Hartpappen verwendet. Diese Erzeugnisse sind natürlich ohne weiteres den Anforderungen gewachsen, wenn sie ihren Namen auch wirklich verdienen. Die Verwendung dieser fertigen Erzeugnisse beschränkt sich aber nur auf ganz besondere Fälle, wie z. B. die Kofferfabrikation, und hat wegen des hohen Preises keine allgemeine Bedeutung.

Für ganz einfache Prägungen, wie z. B. Teller usw., die zur Aufnahme von nichtflüssigen Nahrungsmitteln bestimmt sind, verwendet man am vorteilhaftesten die einfache weiße Holzpappe, die für diesen Zweck alle erforderlichen Eigenschaften aufweist, denn sie ist verhältnismäßig billig und vor allen Dingen auch, da sie nur aus Holz besteht, vom hygienischen Standpunkt aus einwandfrei. Die Holzpappe weist für diesen Zweck eine vollkommen ausreichende Festigkeit auf und läßt sich sehr leicht prägen. Da die daraus hergestellten Gegenstände nur einen Augenblickswert haben, so sind hohe Anforderungen an die Festigkeit nicht zu stellen, es sind vielmehr nur die Sauberkeit und die Billigkeit ausschlaggebend. Wenn diese Erzeugnisse auch gegen Feuchtigkeit, z. B. Fett, widerstandsfähig sein sollen, dann kann man das vorteilhaft durch einen Überzug oder durch ein Tränken mit Paraffin erreichen, welches die guten Eigenschaften der Pappe in keiner Weise nachteilig beeinflußt.

Es wird nun oft die Frage aufgeworfen, ob Pappe oder Blech für diese Zwecke vorzuziehen sei. Tatsache ist ja, daß das Blech wieder langsam fast alle Fabrikationszweige erobert, in denen es vor dem Kriege verwendet wurde und in denen die Pappe nur Ersatzmittel war, da man Blech nicht vorteilhaft beschaffen konnte. Es unterliegt keinem Zweifel, daß Blech in vielen Fällen den Vorzug verdient, es ist aber auch erwiesen, daß gerade die Pappe sich für viele Zwecke als ebenso wertvoll und mitunter auch besser gezeigt hat, zumal es die Pappenindustrie verstanden hat, sich den Bedürfnissen und Verwendungszwecken besser anzupassen. In vielen Fällen zieht man heute das Blech vor, da man es in viel dünneren Stärken verwenden kann als die Pappe, und da es auch meist billiger zu stehen kommt, zumal auch die heutigen Blechdruckverfahren eine unerreichte Ausstattung ermöglichen. Niemals wird man allerdings damit solche Effekte erzielen können wie mit der Pappe oder dem Karton, der durch geeignete Decken in allen bekannten Drucktechniken zu behandeln ist und eine viel schönere Farbwirkung zur Folge hat als das immer kalt wirkende Blech.

Das Präparieren der Graupappe[1])

Die Graupappe dürfte wohl in der Pappenverarbeitung zu Artikeln des täglichen Gebrauches die häufigste Verwendung finden, und es gibt sehr viele Möglichkeiten zu ihrer Veredelung, um sie in verarbeitetem Zustande den gestellten Anforderungen hinsichtlich der äußeren Beschaffenheit anzupassen. Nicht ausschließlich wird die zugeschnittene Pappe den Ansprüchen ohne weiteres genügen, denen sie nutzbar gemacht werden soll. Wir wollen von den verschiedenen Möglichkeiten der Veredelung durch Kaschieren mit den verschiedensten Papiersorten absehen, was ja wohl die häufigste Form sein dürfte, in der wir der Graupappe begegnen.

Diese Papierkaschierungen mit entsprechenden und ansprechenden Phantasiepapiermustern werden am häufigsten auch bei fertigen Kartonnagen für Bijouterien, Bonbonnieren sowie überhaupt in der Etuis-, Luxus- und Nippeskartonnage mit sehr gutem Erfolge angewendet.

Wir greifen den Fall heraus, daß Graupappe zu Bilderrahmen für irgendwelchen Zweck verwendet werden soll, bei denen eine Beklebung nicht vorgesehen ist, und doch soll die äußere Pappenansicht durch irgendein Verfahren dem Auge des Beschauers gefälliger gemacht werden. Das wäre eine ästhetische Angelegenheit. Die praktische Seite ist die der Haltbarmachung und Widerstandsfähigkeit gegen äußere Einflüsse.

[1]) Nach der Kartonnagen-Zeitung, Dresden.

Ebenso wie man Papierflächen zu diesem Zwecke präpariert, lassen sich auch die Graupappen behandeln, so z. B. beizen oder lackieren, um zu verhüten, daß die Pappenoberfläche den Schmutz oder die Feuchtigkeit leicht aufnimmt, wodurch die daraus gefertigten Artikel sehr rasch unansehnlich werden.

In letzterem Falle muß sie indessen vorher mit dünnem Leim bestrichen werden, um ihr die Saugfähigkeit zu nehmen. Eine Beimischung von Erdfarbe (Wasserfarbe) (Beringer, Charlottenburg) in den Leim gibt ihr die gewünschte Färbung. Laktarinpulver, Kasein sind ebenfalls geeignete Mittel, um Pappe einseitig matt glänzend zu machen. Da die Graupappe sehr saugfähig ist, wenn sie nicht gut geleimt und satiniert ist, müßte andernfalls erst mit einer entsprechenden Deckfarbe gestrichen werden, bevor sie lackiert werden kann, da der farbige Anstrich die Pappe erst undurchlässig machen muß. Es ist auch empfehlenswert, nach erfolgter Bearbeitung durch Kaschieren und Stanzen in Eisen- oder Stahlformen heiß zu pressen und dann einzeln zu lackieren. Durch das heiße Pressen wird jede Pappe weniger durchlässig und sozusagen dicht gemacht. Es kann zudem ein besseres Aussehen erzielt werden, wenn die Formen entsprechend graviert werden, so daß, zumal bei Papierkaschierungen, die störenden Schnittkanten wegfallen.

Graupappe läßt sich in jedem Falle *lackieren* oder *beizen*. Um dieses jedoch bewerkstelligen zu können, ist es notwendig, die Pappen vorher in ganzen Bogen zu präparieren, so daß sie möglichst wenig Wasser aufsaugen. Dieses geschieht dadurch, daß man 1 Teil Zinnsalz in 8 Teilen Wasser auflöst. Diese Flüssigkeit wird dann unter Zuhilfenahme eines Pinsels auf die Pappen aufgetragen. Bevor die Pappen jedoch gänzlich trocken sind, werden sie noch mit einer konzentrierten Seifenlösung überpinselt und dann an der Luft getrocknet.

Es dürfte jedoch nach Lage des Falles jeweils zu überlegen sein, die zu verarbeitenden Pappteile, wie z. B. Rahmen oder dgl., vorher zu stanzen und dann mittels des Tauchverfahrens wasserdicht zu machen und mit einer Seifenlösung zu überziehen. Zum Schluß müßten dann die Stücke einzeln lackiert werden.

Ein anderes Herstellungsverfahren besteht darin, die ganzen Pappen erst wasserdicht zu machen, dann mit einer Seifenlösung zu überziehen und nach erfolgtem Trocknen zu lackieren. Erst dann werden die fertig präparierten Pappen gestanzt.

Welches von beiden Herstellungsverfahren bei der Beurteilung von Papperzeugnissen am zweckdienlichsten in der Praxis sein dürfte, müßte natürlich von Fall zu Fall erst sorgfältig ausprobiert werden.

Die Verwendung der Strohpappe[1])

Zur Herstellung von Schachteln können alle möglichen Pappensorten verwendet werden, nur ist es notwendig, um sich vor Schadenansprüchen zu sichern, zu wissen, welchem besonderen Zweck die fertigen Schachteln zu Verbrauchszwecken dienen sollen.

Für alle Schachteln, die zur Verpackung oder Aufbewahrung von Metallgegenständen dienen sollen, ist die Strohpappe am ungeeignetsten, weil darin alle verpackten Eisen- oder Stahlstücke, seien es Brief- und Musterklammern, Messer, Reißnägel, bis zu großen Gegenständen, leicht oxydieren. Um so eher ist diese sehr unangenehme Erscheinung nicht zu vermeiden, wenn die Schachteln innen nicht kaschiert und mit Deckel versehen sind, so daß keine Luft an Pappe und Metall gelangen kann. Die Oxydation rührt von den in den Pappen enthaltenen Spuren von Alkalien her, da die Aufschließung des Strohes zu Pappen unter Zuhilfenahme von Kalk und Natron (Soda) erfolgt, womit es gekocht wird, um die Fasern zu lösen und die in den Knoten der Halme vorhandene Kieselsäure zu binden.

Strohpappe enthält einen erheblichen Teil Kieselsäure, welche besonders in den Knoten des Strohes in verdichteter Form vorkommt und deren Ausstrahlung auf das Metall eine Oxydation sehr wohl herbeiführen kann.

Nur selten werden diese Kalk- und Sodaspuren nach dem Kochprozeß durch Auswaschen des Stoffes gänzlich beseitigt. Werden nun diese Alkalien nicht genügend aufgeschlossen, so verbleiben Reste derselben im Stoff. Diese alkalische Reaktion der Strohpappe vermag die Oxydation, d. h. das Rosten der in solchen Strohpappen bzw. Strohpapieren verpackten Eisen- und Stahlwaren zu begünstigen. Gelbmetalle und Kupfer werden weniger angegriffen; Silber wird ebenfalls beeinflußt und wird schwarz. Der geschilderte Mißstand ruft nicht nur ein Rosten von Metallteilen hervor, sondern übt auch einen schädigenden Einfluß aus auf die Farben der in Strohpappen verpackten Waren, z. B. Wollwaren, Strümpfe, Halstücher u. a. m., indem er die Farben z. B. an den Rändern verändert. Diese Erscheinung ist sogar beobachtet worden bei Kartons, zu denen kaschierte Strohpappen verwendet wurden. Das Beklebepapier wies einen rissigen Charakter auf und ließ zudem das in der Strohpappe noch vorhandene Alkali entsprechend vermehrt auf die Ware wirken. —

[1]) Interessenten für Strohpappen und Strohpapiere seien auf das 1929 erschienene Buch aufmerksam gemacht: „Die Strohzellstoffabrikation und die Herstellung von Zellstoffen aus grasartigen Pflanzen sowie die Herstellung der Strohpappen und Strohpapiere“ von Fritz Hoyer, Ingenieur. Beauftragter Dozent am Papiertechnischen Institut des Friedrich-Polytechnikums zu Köthen in Anhalt. Mit 195 Abbildungen im Text und 6 Tafeln. Preis brosch. M. 18.—, geb. M. 20.—.

Man kann das Stroh auch ohne diese Reizmittel kochen, doch dauert der Kochprozeß länger, und das Stroh bleibt steif. Wenn aus Strohpappen Schachteln hergestellt werden sollen, in die empfindliche Metallteile verpackt werden sollen -- gegen die Verwendung von Stroh liegen an und für sich keine Bedenken vor —, dann muß deren Verwendungszweck dem Pappenmacher bei Aufgabe der Bestellung bekanntgegeben werden, damit er die notwendigen Vorkehrungen treffen kann, d. h. den Stoff vor der Pappenbildung entweder genügend waschen oder ohne Kalk bzw. Soda kochen läßt.

Im ungewissen Falle müssen die Pappen vor der Verarbeitung beklebt werden, d. h. wenn bei der Herausarbeitung des Stoffes darauf vorher keine Rücksicht genommen werden konnte.

Zur Herstellung von weißem Holzschliff werden keinerlei Chemikalien verwendet, auch brauner Holzschliff wird so hergestellt, so daß die Holzpappen das Oxydieren infolge des Vorhandenseins von Kalk oder Alkalien nicht begünstigen können.

Alle anderen Pappen, wie z. B. weiße und braune Holzpappen, Lederpappen usw., weisen diesen Nachteil nicht auf, da sie ohne Anwendung von Alkalien oder Säuren hergestellt werden. Auch Graupappen können ohne Bedenken Verwendung finden.

Bei der Verwendung von weißen Holzpappen können nur insofern Schwierigkeiten der vorerwähnten Art auftreten, wenn die Schachteln nicht absolut trocken sind, sei es, daß die Holzpappe, die man dazu verwendet, noch Spuren von Fabrikationsfeuchtigkeit enthält, oder daß sonstwie Feuchtigkeit an dieselben gelangte. Weiße Holzpappen sind vollständig neutral, aber auch nur dann, wenn sie als Naturholzpappen hergestellt und verwendet werden.

Dasselbe gilt natürlich auch für Strohpappenschachteln: um so mehr tritt ein Oxydieren in beiden Fällen ein, wenn Feuchtigkeit vorhanden ist.

Auf jeden Fall wird aber auch beim Schleifprozeß des braunen Holzstoffes dieser so ausgewaschen, daß keine Spuren von Kalk in demselben zurückbleiben.

Selbst beklebte Pappen können die Oxydation hervorrufen oder begünstigen, da in allen Papieren Säurespuren enthalten sind. Alle geleimten Papiere enthalten schwefelsaure Tonerde. Wenn das auch nur in geringem Maße der Fall ist, so genügt es doch, darin verpackte Eisenteile anlaufen zu lassen. Weiße Papiere enthalten meist auch noch Spuren von Chlor. Nicht chlor- und wenig säurehaltig sind die stark holzhaltigen ungeleimten Druckpapiere. Da aber Beklebepapiere in ungeleimtem Zustande unbrauchbar sind, muß bei der Bestellung eigens darauf hingewiesen werden, daß das Papier chlor- und säurefrei sein muß, da selbst Spuren von Alkalien schädlich auf manche zarten Farben einwirken können.

Ferner können auch Säuren einwirken, die durch Klebstoffe, die sauer geworden sind und beim Aufkleben des Kaschierpapieres verwendet werden, in die Pappen gelangen, denn oft werden die Schachteln zum Teil auch außer der Heftung noch geklebt. Dieser Umstand übt erfahrungsgemäß auf darin verpackte Seidenwaren eine bleichende Wirkung aus.

*

Über den *Einfluß der Verpackung auf die Waren,* ein ganz außerordentlich interessantes Gebiet, brachte der Generalanzeiger für Pappe- und Papierverarbeitung, Dresden, in seiner Nr. 16 vom 22. April 1921 eine uns zum Thema interessierende Anfrage, die ich verkürzt nebst der darauf erfolgten Antwort hier folgen lasse, da derartige Fälle keine Seltenheit sind und daher verdienen, einmal in der Literatur festgelegt zu werden.

Die *Anfrage* lautete: „Ein Strumpfappreteur, für den ich sämtliche Kartons liefere, hat einen größeren Posten rehbraune Frauenstrümpfe nach London geschickt. Nun ist dieser Posten Strümpfe von dem Londoner Abnehmer zur Verfügung gestellt worden, weil die Strümpfe an den Bruchstellen einen *anderen Rand als rehbraun hatten.* Der Abnehmer erklärt in dem Briefe, daß *dieser Rand* durch die Kartons entstanden sei. Eine nähere Begründung dieser Behauptung gibt er nicht an, auch hat er einen Karton, aus dem man irgendwie Merkmale herausfinden könnte, nicht mitgeschickt.

Ich habe diese Anschuldigung zurückgewiesen. Ich verwende für meine sämtlichen Kartons nur weiß gefärbte Holzpappen und weiß kaschierte Strohpappen, die lange gelagert sind. Meiner Ansicht nach ist es überhaupt ausgeschlossen, daß Pappe oder Papier eine derartige Säure absetzt, daß dadurch der Inhalt der Kartons in der Farbe Mängel erlitte."

Die *Antwort:* „Über freie Säure im Papier ist schon viel in Papierfabrikantenkreisen debattiert worden, doch hat sich bis heute noch kein Chemiker gefunden, der freie Säure im Papier nachweisen konnte. am allerwenigsten in solchen Mengen, daß diese auf darin gepackte Waren aller Art reagierte! Das kann wohl mal bei Kupferdruckpapier vorkommen, oder durch Bronzemesser bei Holländerwalzen in Papierfabriken, die ganz feine Papiere herstellen, aber niemals bei Pappen oder gar Strohpappen. Aber natürlich soll immer das Papier schuld sein, wohl weil man sagt: ‚Papier ist geduldig!' Die Bemerkung des Strumpfappreteurs, daß die Strümpfe gerade an der *Bruchstelle* einen anderen Rand aufweisen, ist schon charakteristisch genug, dann liegt es aber an der *Farbe,* mit der die Strümpfe gefärbt sind, die nicht genügend gebeizt ist. Denn wenn überhaupt Säure von der Pappe da wäre — warum sollte diese denn gerade nur auf der *Bruchstelle* einwirken, und nicht auf den ganzen Strumpf?" A. M.

Ein weiterer Fall aus der Praxis über Packungen für Feuchtigkeit anziehende Waren dürfte uns interessieren, den ich Nr. 46 vom 18. November 1921 ebenfalls dem Generalanzeiger, Dresden, entnommen habe.

Die *Frage:* „Ich verpacke den von mir hergestellten Zwieback in Faltschachteln (zweifarbiger, etwa 250 g pro qm schwerer Karton) und wickle das Ganze noch in 30 g pro qm schweren Pergamentersatz, wobei dieses Einwickelpapier auf der ganzen Länge, sowie an beiden Kopfenden mit Mehlkleister zugeklebt wird. Nun zieht aber der scharf geröstete Zwieback trotz vorstehend beschriebener Packung aus der Luft Feuchtigkeit an und wird weich.

Gibt es einen Karton, welcher die Luftfeuchtigkeit nicht durchläßt oder gibt es etwa ein erprobtes Verfahren, um Faltschachteln mit Sicherheit luft- bzw. wasserdicht zu machen und wer liefert die Einrichtung hierzu?

Andererseits ist es vielleicht auch denkbar, daß eine gute Dichtigkeit durch besonderes Einwickelpapier erzielt werden könnte. Welches Papier usw. würden Sie eventuell vorschlagen?"

Die *Antwort:* „Alle Gebäckarten ziehen Feuchtigkeit aus der atmosphärischen Luft an, und dies um so mehr, je schärfer sie übertrocknet, also, wie im vorliegenden Falle, die erwähnten Zwiebäcke, geröstet wurden. Desgleichen besitzt jedes Papier und jede Pappe die gleiche Eigenschaft, Feuchtigkeit *aus der Luft aufzunehmen,* und zwar um so mehr, je ungeeignetere Einwickelpapiere und -pappen hierzu verwendet werden. Im allgemeinen genügt das Verpacken von Röstwaren in Faltschachtelkartons, welche nochmals umhüllt werden. Ich empfehle in der Wahl des Kartons vorsichtig zu sein und vor allen Dingen keinen grauen Faltschachtelkarton zu wählen, welcher immer, auch wenn er mit Beklebepapier kaschiert ist, weit hygroskopischer ist als z. B. reiner weißer Holzstoffkarton ohne Einlage. Wählen Sie also zunächst einen recht rösch geschliffenen dünnen Holzstoff-Faltschachtelkarton, Ihr Fabrikant wird schon wissen, was Sie damit meinen. Je feiner und schmieriger der Holzstoff ist, um so hygroskopischer ist derselbe, je röscher, um so weniger Feuchtigkeit anziehend. Graue Faltschachtelkartons, fast ausschließlich aus alten Papieren hergestellt, die noch gewisse, wenn auch geringe Mengen Leim enthalten, sind stets wasseranziehender als reine Holzkartons.

Dasselbe gilt für Einschlagpapier. Lassen Sie das imitierte Pergament zum Einschlagen fort. Gerade solches ist ein Papier, welches mit am meisten Wasser aus feuchter Luft anzieht, denn dasselbe stellt den schmierigst gemahlenen Papierstoff dar, den man sich denken kann. Wohl besitzt dieses Papier die Eigenschaft, Wasser direkt nicht durchzulassen, es ist also in gewissem Sinne wasserdicht gegen Berührung mit Wasser, und zwar weit wasserdichter als alle anderen Papiere, aber um so hygroskopischer ist es auch.

Wickeln Sie deshalb die Pakete in anderes Papier ein, z. B. in ein stark holzhaltiges weißes oder farbiges Einschlagpapier. Ferner sollte vermieden werden, allzuviel Kleister beim Einschlagen zu verwenden. Jede Leim- und Klebstoffart, ganz gleich, ob animalischen oder vegetabilischen Ursprungs, ist wasseranziehend aus der Luft. Ich glaube sogar, der Inhalt bleibt trocken, ohne daß Sie kleben. Wenn die Verschlußstellen mit Siegelmarken verschlossen werden, dürfte es genügen." R. L.

Das Gebiet der Verarbeitung von Strohpappen ist hinsichtlich der großen Verwendungsmöglichkeit in der Praxis ein sehr interessantes und erfordert ziemlich umfangreiche Kenntnisse hinsichtlich der Eigenschaften des zur Verarbeitung kommenden Materials.

Zu naß gelieferter Rollenkarton kann bei der Verarbeitung ganz unverhältnismäßig große Störungen und Abfälle mit sich bringen. Es taucht daher die berechtigte Frage auf, wieviel Prozent Feuchtigkeit darf eine gute Qualität Strohpappe enthalten und wieviel Prozent Wasser darf eine gute Qualität Strohpappe in Rollen mehr oder weniger enthalten als die entsprechende Strohpappe in Bogen bzw. ist die Frage berechtigt, ob zwischen diesen beiden Sorten überhaupt eine Differenz in bezug auf den Feuchtigkeitsgehalt besteht.

Eine Beantwortung dieser Frage finden wir in Nr. 7 vom 17. Februar 1922 des Generalanzeigers für Pappe- und Papierverarbeitung, Dresden, die ein Anonymus, gez. H. T., gibt.

Antwort: 1. Alle Papiere und Pappen haben normalerweise einen Luftfeuchtigkeitsgehalt von 5 bis 6 vH. Eine gute und normale Qualität Strohpappe darf gleichfalls nicht mehr Feuchtigkeit enthalten, im äußersten Falle sind unseres Erachtens 7 vH zulässig, mehr auf keinen Fall. Jedes Prozent ist entweder darauf zurückzuführen, daß die Pappe entweder schon zu naß von der Trockenpartie der Strohpappenmaschine kam, oder daß dieselbe durch ungeeignete Lagerung zu viel Nässe aus der atmosphärischen Luft aufsog, obgleich die gewöhnlich sehr rösche Pappe weniger hygroskopisch ist.

2. Es ist gleichgültig, ob Strohpappe in Bogen oder Rollen gehandelt wird, hinsichtlich des Feuchtigkeitsgehaltes gilt das oben Gesagte, Rollenpappe darf ebenfalls nicht mehr Feuchtigkeit aufweisen als Bogenpappe, eine unterschiedliche Grenze beider Sorten in bezug hierauf gibt es nicht.

Die Verwendbarkeit der Pappen in der Praxis des Verarbeiters

Die Verwendbarkeit der verschiedenen Pappen hängt einerseits von der Beschaffenheit der Pappen und andererseits von der Art des herzustellenden Artikels ab. Jede Pappensorte muß die für die jeweilige Verwendungsweise erforderlichen Eigenschaften besitzen. Dies ist von großer Wichtigkeit, und es würde von Vorteil sein, wenn der Pappenfabrikant wissen würde, zu welchen Zwecken die bestellten Pappen Verwendung finden sollen. Dies ist jedoch nicht nötig, wenn die Kartonnagenfabrik bei Aufgabe der Bestellung darauf hinweist, welche Haupteigenschaften unbedingt erforderlich sind. Eine ungeeignete Pappe ist nicht verwendbar, und wenn sie doch verarbeitet werden soll, erfordert ihre Verarbeitung mehr Zeit, man erhält mehr Abfall, und das hergestellte Fabrikat entspricht den Anforderungen nicht.

Zunächst seien nur einige Verwendungsarten der Pappen in der Kartonnagenindustrie herausgegriffen. Bei Kantschachteln kommen in der Hauptsache nur Grau- oder Lederpappen in Frage. Die Stärke ist verschieden, doch werden meistens 60—65er verwendet. Je nachdem die Kartons eine kürzere oder längere Lebensdauer haben sollen, wird auf die Güte mehr oder weniger Wert gelegt. Alle Pappen für diese Kartons müssen bruchfest sein, d. h. sie dürfen beim Falzen nicht brechen und mehrere Falzungen aushalten. Die weiße Holzpappe ist in dieser Beziehung sehr wenig geeignet, denn sie hält meistens kaum zwei Falzungen aus. Sie wird auch nur zu billigen Kartons verwendet, oder sie wird durch Überziehen mit gutem Papier verstärkt. Meist werden sogenannte Warenhauskartons, bei denen es nur darauf ankommt, daß die betreffenden Waren verkaufsfertig verpackt sind, aus weißen Holzpappen hergestellt, weil mehr Wert auf die Billigkeit als auf die Haltbarkeit gelegt wird. Für diese Zwecke genügt die weiße Holzpappe vollständig. Auch die Schuhfabriken verpacken ihre Waren meist in Holzpappkartons, und genügen diese ja auch, weil diese Kartons nur einen kleinen Umfang haben und nicht lange zu halten brauchen. Große Kartons, in denen schwere Gegenstände verpackt werden sollen und die noch großer Abnutzung oder langem Gebrauch unterworfen sind, können aus dieser Pappensorte nicht hergestellt werden. Die spröde Holzpappe ist geeigneter, je kleiner die aus ihr hergestellten Kartonnagen werden sollen; z. B. können die kleinen Schachteln für die Optiker, Uhrmacher, Apotheker und so weiter ganz gut aus weißer Holzpappe hergestellt werden, da sie nicht viel auszuhalten haben. Mit abnehmender Größe nimmt bei diesem Artikel die Festigkeit zu, und die Pappenstärke kann geringer gewählt werden.

Beklebte Pappen sind viel bruchfester als unbeklebte, weil das Papier, da es aus besserem, meist langfaserigem Stoff besteht, der Pappe größere Festigkeit gibt.

Nun kommt es sehr darauf an, wie und wo die Pappen lagern. Ist die Pappe trocken, dann hält sie meist keine Falzungen aus und bricht bei der ersten Biegung. Es kann daher auch eine weniger gute Qualitätspappe brauchbar sein, wenn sie genügend Feuchtigkeit besitzt. Ein längeres Lagern in feuchten Räumen hilft meist über diese Schwierigkeit hinweg. Ist die Zeit zum Lagern zu kurz, dann kann man sich auf folgende Art helfen. Die Pappen werden mit einem feuchten Tuch belegt, d. h. zwischen je zwei oder mehrere Pappen soll ein feuchtes Tuch gelegt und der ganze Stapel einige Stunden unter starkem Druck stehen gelassen werden. Die Feuchtigkeit zieht in die Pappen ein, und die Biegefähigkeit wird erhöht. Die Bruchfestigkeit nimmt mit der zunehmenden Pappenstärke ab. Der Kartonnagenfabrikant ist infolgedessen bei Verarbeitung dickeren Materials gezwungen, die Pappen zu ritzen. Hierbei stellt sich dann meist eine andere Unannehmlichkeit heraus. Durch das Ritzen wird die Oberfläche der Pappe gebrochen. und der innere Körper derselben muß dann die Biegung aushalten. Dies tut er ja auch, wenn die Pappe nicht zu trocken ist; aber nun spaltet sich die Pappe gerne, weil der äußere Zusammenhang fehlt. Aus diesem Grunde wird die Ritzung nicht auf der äußeren Seite vorgenommen, sondern man zieht es vor, die Innenseite statt des Ritzens auszukerben. Je nach der Pappenstärke wird die Tiefe der Kerbung gewählt.

Dadurch wird der innere Kantenwiderstand aufgehoben, weil der Körper weniger Zusammenpressung erfährt, da eben weniger Stoff vorhanden ist. Der ganze Vorgang des Brechens der Pappe beim Biegen beruht nur auf der Körperverdrängung innerhalb der Biegekante. Je mehr Körper dort zu verdrängen ist, desto höher muß die Dehnung der äußeren Biegekante sein, und da gerade Holzschliff eine sehr geringe Dehnungsfähigkeit besitzt, wird die weiße Holzpappe beim Biegen eher brechen. Man wird selten große Schachteln aus weißer Holzpappe herstellen, weil sie zu wenig widerstandsfähig ist.

Je härter die Pappe, desto fester die Schachtel, desto mehr liegt aber auch die Gefahr des Brechens nahe. Bei der Holzpappe gibt es allerdings nur eine Härte, weil sich Abstufungen sehr schwer erreichen lassen. Bei jeder Pappe nimmt die Biegefähigkeit bei zunehmender Stärke ab, wenn diesem Umstande nicht bei der Herstellung von vornherein entgegengearbeitet wird, was allerdings bei Holzpappen äußerst schwierig ist.

Bei der Rundschachtelfabrikation kommt es weniger auf Bruchfestigkeit als auf Steifheit der Pappen an. Allerdings ist eine gewisse Bruchfestigkeit, besonders bei kleinen Rundungen, notwendig, doch können in diesen Fällen Pappen, die für Kantschachteln zu spröde sind, ganz gut verwendet werden. Ovalschachteln bedingen wieder eine Pappe, die etwas steifer ist als die für Rundschachteln, weil die kurze Rundung eine größere Anforderung an Bruchfestigkeit stellt.

Der Schachtelboden muß fest sein, und spielt es hier keine Rolle, ob die Pappe in bezug auf Spaltbarkeit oder Bruchfestigkeit zu wünschen läßt.

Viele Schachteln, namentlich kleinere Rundschachteln, werden, wenn sie nicht mehr als 25—30 mm hoch sind, gerne in einem Stück gepreßt, weil so die Arbeitsweise viel einfacher und billiger wird. Hierzu eignet sich nur die Braunholzpappe; diese hat nämlich unter allen billigeren Pappen die größte Dehnungsfähigkeit.

Für die Kofferfabrikation werden gegenwärtig sehr viel Pappen verwendet. Von einem Koffer wird verlangt, daß er fest ist, und infolgedessen muß die Pappe diesem Umstand Rechnung tragen.

Billige Koffer stellt man wohl aus Braunholzpappe her, doch ist diese nichts weniger als geeignet, weil sie zu weich ist. Gar nicht geeignet ist die Weißholzpappe und auch die Strohpappe. Die Pappenindustrie stellt aber für die Kofferfabrikation eine eigene Pappe her, die allen Anforderungen Rechnung trägt und die auch den Namen „Kofferpappe" führt. Von dieser Pappe wird als Haupteigenschaft verlangt, daß sie bei nicht zu großer Dicke steif und hart ist, sowie dem Einfluß von Feuchtigkeit in gewissem Grade widersteht.

Ebenso werden die Schultornister heute fast ausschließlich aus Pappe hergestellt und erfordern ebenfalls eine eigene Pappensonderheit. Diese Pappen müssen gelenkig und steif sein. Diese beiden Eigenschaften sind nichts weniger als leicht zu vereinen.

Diesen trägt die Tornisterfabrikation dadurch Rechnung, daß sie nur harte Pappen verwendet und den aufzuklappenden Teil durch geeignete Längseinpressungen, sogenannte Längsriffeln, die scharnierähnliche Bewegung erleichtert und so den frühzeitigen Bruch dieses Teiles des Tornisters verhütet.

Weiter wären die gepreßten Unterlagkartons für Zucker- und Schokoladenwaren oder Konditoreiweichgebäck zu erwähnen. Diese Unterlagen haben nur vorübergehende Lebensdauer. Sie sollen billig sein und werden nur aus Weißholzpappen hergestellt, zum Teil auch der hellen Farbe wegen. Ansprüche an die Pappe werden nicht gestellt, da sie keine besonderen Eigenschaften erfordern.

Die Prüfung der Pappe

Wir werden jetzt der Frage nähertreten, ob eine *Pappenprüfung* in der Praxis unbedingt notwendig ist.

Als Antwort ist zu sagen, daß das nur in bestimmten Fällen erforderlich sein dürfte. Dem Pappenverbraucher genügt es im allgemeinen, wenn er folgende Eigenschaften der Pappen feststellen kann:

1. *Gleichmäßige Pappenstärke,* die mittels eines Mikrometers ermittelt werden kann.

2. *Falzwiderstand.* Dieser ist durch Biegungen zu ermitteln; man findet die Falzwerte durch die Anzahl der Biegungen, die die Pappe aushält bis sie bricht. Hierbei ist in Betracht zu ziehen, daß die Biegewerte respektive Falzwerte abnehmen, je dicker die Pappe ist. Das ist leicht erklärlich, wenn man in Betracht zieht, daß ein dicker Gegenstand durch das Biegen seine äußere Biegekante derart in Anspruch nimmt, daß schließlich jede Dehnung aufhören muß; sobald dieser Moment überschritten wird, muß ein Platzen eintreten. Bei dünnen Pappen reicht die Elastizität des Stoffes noch gerade aus, um ein Brechen zu vermeiden. Natürlich kommt es ganz und gar auf den Rohstoff an. Das Brechen wird noch dadurch erhöht, daß der Stoff an der Innenkante zusammengepreßt wird und so der Dehnungsweg der äußeren Kante noch länger wird. Würde man die dicken Pappen, statt sie auf der Rückseite zu ritzen, an der Innenseite auskerben, dann brauchte sich der Stoff auf der Rückseite nur umzubiegen respektive nur wenig zu dehnen, und das Platzen wäre ganz vermieden.

3. *Eine Pappenwaage* zum Ermitteln des Gewichtes. An Hand des Gewichtes kann festgestellt werden, ob diese oder jene Pappe die richtige Stückzahl hat.

Wenn z. B. 140er Pappen pro 50 kg = 1 Ztr. gekauft sind, und die Pappen stimmen einigermaßen, dann muß jede Pappe 350 bis 360 g wiegen, gleichgültig, ob im Format 75 × 100 oder 30 × 40. Allerdings muß dem Pappenmacher ein kleiner Spielraum nach oben und unten gelassen werden, da er so genau nicht arbeiten kann. Wenn aber erhebliche Abweichungen vorhanden sind, dann sind es keine 140er Pappen mehr, sondern ein gemischtes Durcheinander, und trotzdem können auf 50 kg 140 Stück fallen. Von 100er aufwärts werden meist Schwankungen von 10 zu 10, also 140er, 150er, 160er Pappen usw. gehandelt. Der Pappenmacher kann diese Nummern aber nicht immer einhalten, wenn er auch noch so genau arbeitet, so daß er z. B. 140er, 143er, 146er. 148er dazwischen hat. Er wird die 148er und 146er zu den 150ern nehmen müssen und umgekehrt. Eine 148er Pappe wiegt aber kaum 340 g, so daß schon ein Gewichstunterschied von 7 g auftritt, trotzdem nur ein Stückzahlunterschied von 2 Stück ist. (Genau wiegt nämlich die 150er Pappe 333,3 g.) Eine 148er Pappe ist aber noch immer als 150er zu bewerten, selbst die 154er noch.

Obwohl in solchen Fällen das Gewicht hohe Schwankungen zeigt, ändert sich die Dicke so wenig, daß es selbst das Makrometer kaum noch anzeigt.

Bei dicken Pappen, z. B. 10er oder 15er, ist die Sache anders. Eine 10er Pappe wiegt 5000 g, eine 15er 3333 g, eine 12er 4166 g.

Wenn z. B. 15er Pappen bestellt sind, müssen diese 50 kg wiegen, es können aber auch noch einige Nummern darunter oder darüber dabei sein, jedenfalls aber keine 10er und auch keine 20er. Bei so dicken Pappen ist es für den Pappenmacher schwierig, die 50 kg aufrechtzuerhalten. Wenn er bei dem 10er Pack nur eine 11er Pappe dabei hat, ist dies schon ein Gewichtsunterschied von 455 g, sind zwei derartige Pappen dabei, so sind es schon 910 g, also fast 1 kg. Der Pappenmacher darf aber dem Kunden nicht 49 kg liefern und 50 kg berechnen, er ist also gezwungen, dieses eine Kilogramm auf irdendeine Art hereinzubringen. 10 Stück sind aber schon verhanden, also muß er entweder 11 Stück liefern oder eine 11er durch eine 9er Pappe ersetzen.

Wir ersehen hieraus, daß schon das Auswiegen für den Pappenmacher eine heikle und sehr gewissenhafte Arbeit ist. Gerade bei so dicken Pappen ist es nicht immer leicht, absolut gleichmäßig im Stückgewicht zu arbeiten, darum müssen ihm entsprechende Grenzen bewilligt werden. Für den Pappenmacher ist es natürlich ein Verlust, wenn er für 50 kg auch nur 50 g Stoff zusetzen muß, und andernfalls wird der Käufer auf sein Recht bestehen. Dies gilt bei Lieferungen von kleinen Mengen. Bei größeren Posten ist die Aufrechterhaltung des Gewichtes mit der Stückzahl und deren Einzelgewicht bedeutend erleichtert.

4. *Der Veraschungsapparat.* Es kann vorkommen, daß z. B. eine 140er Pappe im Format 75 × 100 0,4 mm und eine solche im selben Format wieder 0,5 mm dick ist. Wenn das Gewicht mit der Stückzahl übereinstimmt, dann ist entweder die eine oder die andere dieser Pappentafeln nicht fehlerfrei. Es hat also die eine Sorte zuviel, die andere zuwenig Asche, oder es ist die eine fester gewalzt als die andere. Um dies genau zu ermitteln, werden Aschenproben gemacht.

5. *Der Klang der Pappe.* Dieser ist ohne Apparate durch rasches Schwenken derselben zu hören oder man klopft mit dem Knöchel auf die Pappe.

6. *Die Festigkeit.* Um Pappen auf ihre Festigkeit zu prüfen, muß an irgendeiner Ecke ein Längs- und Querriß gemacht werden, wobei auf die dabei zu verwendende Kraftanstrengung geachtet

werden muß. Zur Festigkeitsprüfung wird auch ein Reißapparat verwendet, der allerdings auch nicht genau arbeiten kann. Man muß da eben das Mittel suchen, das ausnahmslos im Laufe der eigenen Praxis gefunden wird.

Pappenprüfungsverfahren und die Apparate dazu[1])

Der Prüfung der Pappen hat man erst in letzter Zeit mehr Augenmerk zugewendet, während man sie früher als ganz nebensächlich betrachtete. Bei den Papieren ist eine Prüfung und eine Normalisierung schon seit langem eingeführt und zu einem wertvollen Hilfsmittel für den Erzeuger, den Händler und auch den Verbraucher geworden. Gerade letzterer hat das größte Interesse daran, einwandfrei feststellen zu können, ob eine Pappensorte sich für seinen Zweck besonders gut eignet, denn die wirtschaftliche Lage der Kartonnagenindustrie verlangt größte Sparsamkeit in den Rohmaterialien. Der Kartonnagenfabrikant muß es also unbedingt begrüßen, wenn er Mittel in der Hand hat, die Eignung der Pappen festzustellen. Ein gleiches Interesse hat aber auch der Pappengroßhandel, denn gerade der kleine Kartonnagenfabrikant, der gewissermaßen mit seinen Rohstoffen von der Hand in den Mund lebt, ist nicht in der Lage, eine Prüfung seiner bezogenen Pappen vorzunehmen, hier ist der Pappengroßhändler das berufene Glied, ihm beratend zur Seite zu stehen und ihm für den angegebenen Verwendungszweck das richtige Material zu liefern. Für den Pappenfabrikanten sind solche Untersuchungsmethoden ebenfalls von Wichtigkeit, denn er besitzt dadurch eine Handhabe, sich mit seinen Fabrikaten den Wünschen seiner Bezieher anzupassen. Befruchtend auf die weitere Ausbildung der Pappenprüfung war nun die weiter fortschreitende Verwendung der Pappen, namentlich gewisser Sonderpappen, zu Zwecken, für die man sie früher unverwertbar hielt und für die man andere hochwertigere Stoffe brauchte. Es wäre nun verfehlt, sagen zu wollen, daß die Pappenprüfung heute schon in der Weise ausgebildet wäre wie die Prüfung des Papieres. Bisher fehlten Apparate, die gewisse und besonders wichtige Eigenschaften der Pappen zahlenmäßig oder graphisch festlegen ließen. Wie sich weiter unten zeigt, sind wir heute in dieser Beziehung einen bedeutsamen Schritt weiter gekommen, und es ist eine Frage der Zeit, daß auch für die einzelnen Pappensorten und Verwendungszwecke Normalien aufgestellt werden können, denen sich Pappenfabrikanten, Händler und Verbraucher gern unterwerfen

[1]) Alle in diesem Beitrag besprochenen und bildlich veranschaulichten Apparate zur Pappenprüfung sind durch die Firma Louis Schopper, Leipzig, Bayersche Straße 77, zu beziehen.

werden, da sie ja allen Teilen die Möglichkeit gibt, sich den Anforderungen und Wünschen des anderen anzupassen und vor allen Dingen auch die Zahl der einzelnen Pappensorten auf ein geringeres Maß beschränken wird. Die Normalisierung wird zweifellos beweisen, daß sich viele Pappensorten für die verschiedensten Zwecke gleich gut eignen, wo man heute ganz besondere Sorten herstellt. Daß solche Normalien auch verbilligend auf die Fabrikation einwirken müssen, liegt auf der Hand. Zum Teil deckt sich ja die Prüfung der Pappen mit den bei der Papierprüfung üblichen Methoden, zum Teil sind aber auch Prüfungen auf besondere Eigenschaften erforderlich, die beim Papier nicht in Frage kommen.

Die Pappenprüfung erstreckt sich nun in der Hauptsache auf nachfolgende Gesichtspunkte, die im weiteren Verlauf der Abhandlung näher beschrieben werden sollen.

1. Auf Aschegehalt.
2. Auf Gewicht.
3. Auf Dicke.
4. Auf Zerreißfestigkeit.
5. Auf Berstfestigkeit.
6. Auf Glätte und Glanz.
7. Auf Neigung zum Spalten.
8. Auf Werfen oder Welligwerden.
9. Auf Ritz-, Rill- und Biegefestigkeit.

Die Kenntnis des Aschengehaltes der Pappen kann mitunter von großem Wert werden, da man daraus einen zuverlässigen Schluß auf den Gehalt an Füll- und Beschwerungsmittel ziehen kann, die besonders bei gewissen Sonderpappen von sehr nachteiligem Einfluß sein können, da sie die Eigenschaften der Pappen in mehr oder minder starkem Maße beeinflussen. Zu hoher Füllstoffgehalt kann mitunter die Pappen für gewisse Verwendungszwecke unbrauchbar machen, zum mindesten aber minderwertig, während der Füllstoffgehalt, wenn er in bestimmten Grenzen gehalten wird, auch eine Güteverbesserung zur Folge haben kann.

Besonders bei den Graupappen, die doch vorwiegend aus Altpapieren hergestellt werden, das an und für sich schon oft einen hohen Gehalt an Füllstoffen oder Beschwerungsmitteln hat, kann das von großer Bedeutung werden. Die Einflüsse, welche die Füllstoffe auf die Pappen ausüben können, sind sehr verschieden. Im allgemeinen sind sie nicht günstig, besonders aber nicht, wenn der Gehalt zu groß wird, während ein geringer und in gewissen Grenzen bleibender Gehalt an feinst geschlämmten Füllstoffen oder auch Erdfarben, die hierher zu rechnen sind, besonders bei besseren Sonderpappen einen günstigen Einfluß haben kann. Bei zu hohem Füllstoffgehalt werden die Pappen leicht brüchig und mürbe und infolgedessen für viele Zwecke der Kartonnagenindustrie ungeeignet. Bei gewissen Sonderpappen hingegen kann ein geringer Gehalt an geeigneten Füllstoffen die Güte erhöhen, indem die Pappen geschlossener werden, da der fein geschlämmte Füllstoff die Poren verschließt, auch bei Pappen, die durch irgendein Druckverfahren unmittelbar bedruckt werden sollen, wie es in der Faltschachtelfabrikation vielfach besonders auch durch Steindruck üblich ist, wird die Druckfähigkeit durch richtigen Füllstoffzusatz erhöht. Bei echten Lederpappen, die nur aus reinem Braunschliff hergestellt werden, und bei Weiß- oder Holzpappen ist die Feststellung des Aschegehaltes unnötig, da sie in den seltensten Fällen beschwert oder gefüllt sind. Bei den Stroh- und vielen Sonderpappen finden sich Beschwerungen weit häufiger, die teils absichtlich, teils unabsichtlich durch das Rohmaterial hineingekommen sind. Auf jeden Fall ist aber hier eine Untersuchung auf Aschegehalt am Platze.

Diese Feststellung erfolgt nun dadurch, daß man 1 g trockene Pappe in besonderen Apparaten oder in einem Porzellan- oder Platintiegel über einer Bunsenflamme verascht, bis der Rückstand keinerlei schwarze Flecke mehr zeigt. Meistens wird dann die Asche rein weiß sein, mitunter kann sie aber auch rot bis rostbraun werden, was auf die Verwendung von eisenhaltigen Farben oder Füllstoffen, z. B. Ocker, zurückzuführen ist. Diesen Glührückstand wiegt man dann wieder und kann dann aus dem Verhältnis des Gewichtes der Probe zum Gewichte der Asche auf den Füllstoffgehalt schließen, der in Prozenten ausgedrückt wird. Zeigt der Rückstand 1 bis 2 vH der Probe, so ist die Pappe als unbeschwert anzusehen, da dieser Aschegehalt von den Fasern der Pappe herrühren kann. Größerer Aschegehalt kann aber die Pappe minderwertig oder gar unbrauchbar machen, da Pappen mit hohem Füllstoffgehalt immer mehr oder weniger brüchig sind. Diese Brüchigkeit wird stets in einem ganz bestimmten Verhältnis zum Aschegehalt stehen.

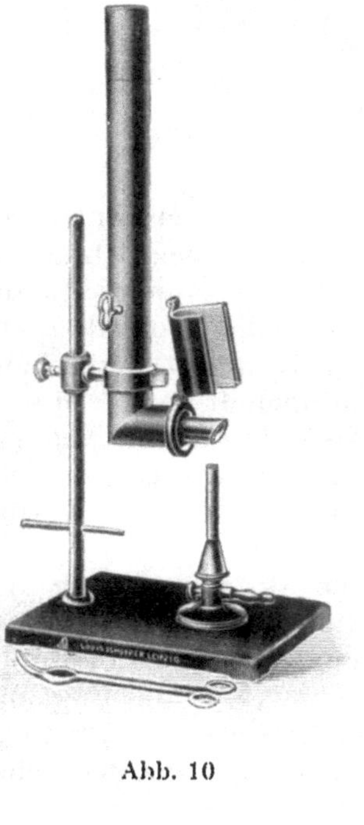

Abb. 10

Um nun diese Arbeit schnell und genau vornehmen zu können, verwendet man am besten besondere Apparate. Abbildung 10 zeigt ein Veraschungsgestell der Firma Louis Schopper in Leipzig mit Gasbunsenbrenner, an Stelle dieses Brenners kann man aber auch Benzin-

oder Spiritusbrenner verwenden, wenn man kein Gas zur Verfügung hat. Ganz besonders empfehlenswert ist aber der elektrische Veraschungsapparat der gleichen Firma, wie er in der Abbildung 11 gezeigt

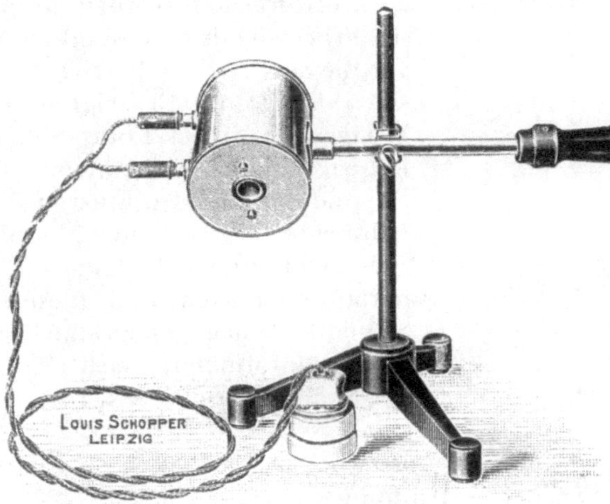

Abb. 11

ist. Ganz besonders empfehlenswert ist aber auch eine Präzisionsaschenwaage der Firma Louis Schopper in Leipzig nach Abbildung 12, welche ohne Gewichte arbeitet und ein sofortiges Ablesen des Aschegehaltes in Prozenten gestattet. Diese Waage kann auch für andere Wägungen bei der Pappenuntersuchung verwendet werden.

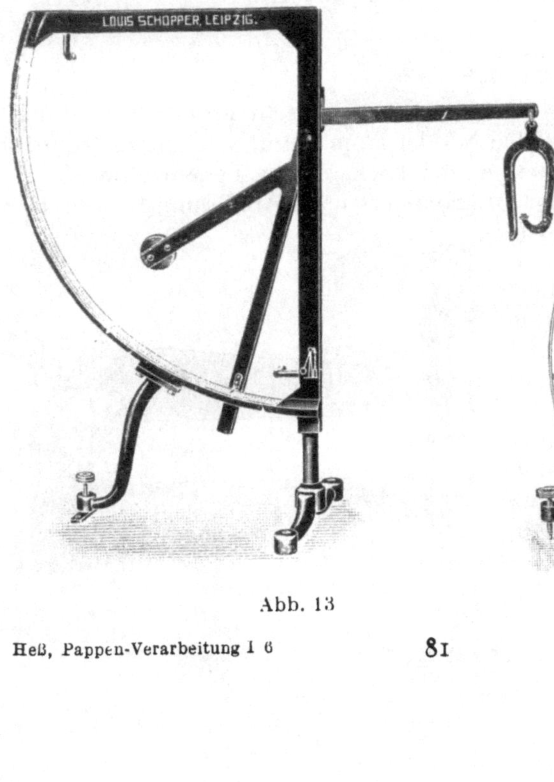

Abb. 13

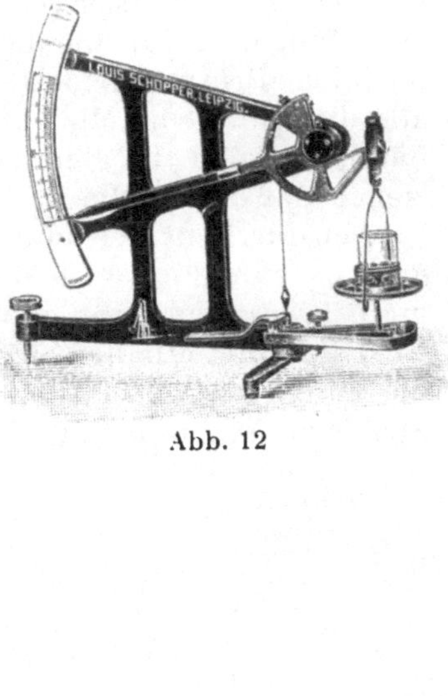

Abb. 12

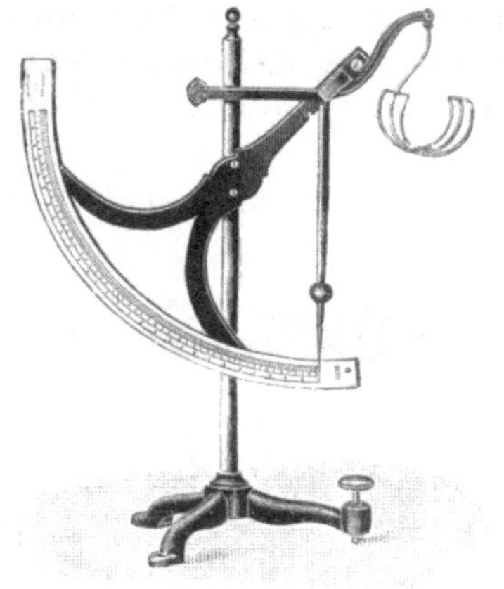

Abb. 14

2. Die Bestimmung des Quadratmetergewichtes ist zwar nicht von unbedingter Wichtigkeit, sie kann aber mitunter doch erforderlich werden. Man nimmt sie am besten mittels besonderer Waagen vor, die nach Art der Briefwaagen gebaut sind. Abbildung 13 zeigt eine solche Waage der Firma Louis Schopper in Leipzig. Um nun nicht allemal die ganze Papptafel wiegen zu müssen, wird mit Hilfe einer beigegebenen Meßplatte ein Stück von nur 5×10 cm aus der Pappe herausgeschnitten und dieses in die Schale der Waage gelegt. Man kann dann das Quadratmetergewicht direkt von der Skala ablesen (Abb. 14).

Raumgewicht

Das Raumgewicht ist das Gewicht eines Liters in Kilogramm. Es wird aus dem Quadratmetergewicht und der Dicke berechnet.

Bezeichnet man das Quadratmetergewicht in Gramm mit g, die Dicke in Millimeter mit d, so ist das Raumgewicht

$$R = \frac{g}{\delta \cdot 1000}.$$

3. Die Dicke der Pappe kann mitunter von sehr großer Bedeutung sein, besonders aber bei vielen Sonderpappen und solchen zu technischen Zwecken. Die Feststellung der Dicke erfolgt bei einzelnen Pappen vorteilhaft mittels eines Mikrometers nach Abbildung 15 und 16. Sie erfordert dann aber sehr viel Zeit, wenn man sie genau vornehmen will, für eine oberflächliche Prüfung genügt sie allerdings meistens. Man muß nämlich dabei in Betracht ziehen, daß die Oberfläche der Pappen durchaus nicht immer ganz gleichmäßig ist, so daß man, wenn man einen guten Durchschnitt erhalten will, die Tafeln an verschiedenen Stellen messen muß. Für zahl-

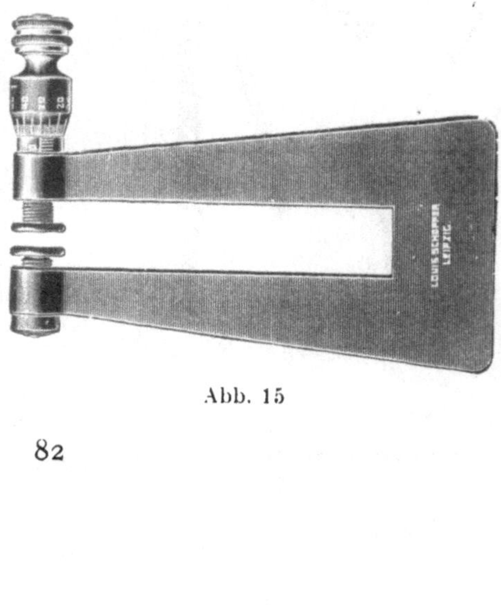

Abb. 15

reichere Messungen, z. B. auch beim Sortieren der Pappe nach der Dicke, verwendet man daher Dickenmeßmaschinen nach Abbildung 16 oder Schoppers Dickenmesser „Automatic" nach Abbildung 17. Dieser Apparat zeigt die Dicke selbsttätig an und arbeitet mit stets gleich-

Abb. 16

bleibendem Druck, so daß man ganz vorzügliche Meßergebnisse erhält. Besonders bei der Sortierung feiner Zieh- und Prägepappen, die möglichst ganz gleichmäßige Dicken haben sollen, leistet dieser Apparat gute Dienste.

4. *Bestimmung der Zugfestigkeit und Dehnung.* Die Prüfung auf Festigkeit und Dehnung erfolgt durch Zerreißen von Streifen aus den

beiden Hauptrichtungen (Längs- und Querrichtung). Es werden hierzu besondere Apparate verwendet, auf denen die Bruchlast in Kilogramm und die Dehnung in Millimeter und in Prozenten abgelesen werden kann. Das Prüfen der Streifen in beiden Richtungen ist deshalb notwendig, weil die Festigkeits- und Dehnungswerte in Längs- und Querrichtung verschieden sind. Da die Festigkeit außer von der Beschaffenheit der Pappe auch von der Dicke und Breite des Probestreifens abhängt, benutzt man als Vergleichswert nicht unmittelbar das Zerreißgewicht oder die Bruchlast des zerrissenen Streifens, sondern die Reißlänge. Man versteht darunter diejenige Länge, die ein Streifen der zu prüfenden Pappe haben müßte, um infolge seines Eigengewichtes abzureißen, wenn er frei aufgehängt würde. Die Reißlänge wird in Metern ausgedrückt und berechnet nach der Formel:

$$R = \frac{h}{g}\, k, \text{ worin}$$

R = Reißlänge in Metern.
k = Zerreißgewicht in Kilogramm.
g = Gewicht des Versuchsstreifens in Milligramm.
h = Länge des Versuchsstreifens in Millimetern bedeutet.

Zur Bestimmung der Festigkeit und Dehnung von Pappen hat sich der

Abb. 17

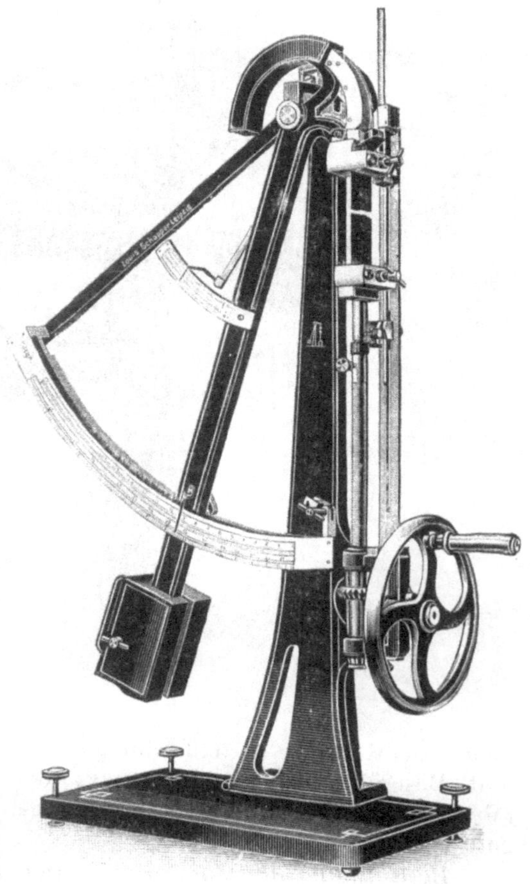
Abb. 18

in Abbildung 18 veranschaulichte Festigkeitsprüfer vorzüglich bewährt. Als Kraftmesser dient bei diesem Apparat eine Neigungswaage, die eine sehr genaue Kraftmessung ermöglicht. Die Neigungswaage besteht aus einem Gewichtshebel, der in Kugellagern spielt und oben ein Segment trägt. Mit dem Gewichtshebelkopf ist durch eine Kette, die auf dem Segment aufliegt, die obere Einspannklemme verbunden. Je nach der Größe der Zugkraft, die auf den Probekörper ausgeübt und durch die Einspannvorrichtung übertragen wird, erfährt der Krafthebel eine Ablenkung aus seiner senkrechten Lage. Die Größe des Ausschlages und damit die Größe der Zugkraft kann auf einer Bogenskala abgelesen werden. Um möglichst genaue Messungen durchführen zu können, sind die Festigkeitsprüfer (Bauart Schopper) im allgemeinen mit 2 Kraftmeßbereichen ausgestattet, wobei das gewöhnlich fünffach größere Meßbereich durch Anstecken eines Zusatzgewichtes eingestellt werden kann. Damit beim plötzlichen Bruch der Probe der Krafthebel nicht zurückschlägt, ist ein Zahnbogen vorgesehen, in den Sperrklinken, die am Krafthebel befestigt sind, eingreifen. Es ist damit gleichzeitig der Vorteil verbunden, daß die erreichte Höchstzugkraft nach dem Bruch des Probekörpers noch abgelesen werden kann.

Die Dehnung wird in der Weise bestimmt, daß die Änderung der Entfernung der Einspannklemmen während des Versuches gemessen wird. Die Größe der Dehnung wird auf einer Bogenskala durch einen Zeiger angezeigt. Sobald die Probe bricht, wird die Dehnungsmeßvorrichtung automatisch ausgekuppelt, so daß Falschmessungen nicht möglich sind, auch wenn der Antrieb weitergeht.

Der Antrieb der Schopper-Apparate erfolgt mit der Hand oder durch hydraulischen Druck einer Wasserleitung oder auf elektrischem Wege.

Zur Prüfung von Pappe, starken Aktendeckeln usw. werden Apparate bis 100 kg Reißkraft benutzt. Die Klemmen, in welche der Versuchsstreifen eingespannt wird, sind 15 oder 50 mm breit.

Die größte freie Einspannlänge des Streifens, das ist der Abstand der Einspannklemmen, beträgt 200 mm. Es lassen sich jedoch auch kleinere Einspannlängen einstellen. Dies geschieht durch Herausziehen der Verlängerungsstange, an welcher die untere Einspannklemme sitzt, aus der hohlen Schraubenspindel. Durch einen Steckstift wird die Verlängerungsstange bei der betreffenden Einspannlänge festgelegt.

Die senkrechte Anordnung der Schopper-Apparate, welche bequemeres Arbeiten gestatten als wagerecht aufgestellte, sowie die Vermeidung von Spiralfedern machen diese Apparate gerade für die Praxis besonders wertvoll.

Das Entnehmen der Versuchsstreifen geschieht aus der Längs- und Querrichtung, und zwar entnimmt man, um einen guten Durchschnitt zu erhalten, aus jeder Richtung wenigstens je fünf Streifen. Aus den ermittelten Einzelwerten wird das arithmetische Mittel gebildet.

Das Schneiden der Streifen ist mit großer Sorgfalt auszuführen. Beschädigungen, namentlich an den Rändern, können die Versuche ungünstig gestalten.

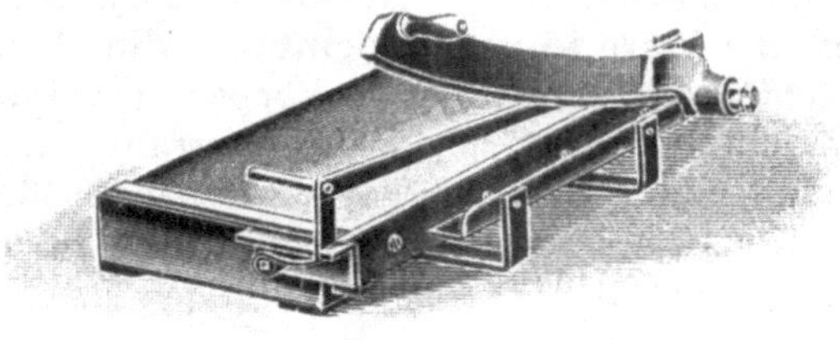

Abb. 19

Zeitsparend und daher zweckmäßig ist die Anschaffung einer Vorrichtung (siehe Abbildung 19) zum Schneiden der Versuchsstreifen, mit der man die Streifen sauber und in der erforderlichen Breite mit parallel verlaufenden Rändern genau schneiden kann. — Von erheblichem Einfluß auf die Versuchsergebnisse ist der Feuchtigkeitsgehalt der Luft im Prüfraum. Als Norm hat man den Feuchtigkeitsgehalt von 65 vH gewählt, und es ist dafür zu sorgen, daß die Streifen genügend lange Zeit im Versuchsraum ausgelegt werden, damit ein völliger Ausgleich stattfinden kann.

Zur Bestimmung des Feuchtigkeitsgehaltes der Luft dient unter anderem das Prozenthygrometer nach Dr. Koppe.

Die Schwankungen der normalen Luftfeuchtigkeit von 65 vH, die unter anderem in den Witterungsverhältnissen begründet sind, können bei zu trockener Luft durch Verdampfen von Wasser, Aufhängen nasser Tücher, Sprengen des Fußbodens, bei zu hohem Feuchtigkeitsgehalt durch Heizen des Prüfraumes ausgeglichen werden.

Man tut gut, das Hygrometer neben dem Zerreißapparat aufzustellen und die Streifen neben dem Hygrometer auszulegen.

Zum Auslegen der Versuchsstreifen dient die Vorrichtung Abbildung 20, welche gleichzeitig bequemes und sicheres Ergreifen derselben gestattet.

5. *Bestimmung der Berstfestigkeit.* Zur Bestimmung der Berstfestigkeit dient der auf Abbildung 21 dargestellte Berstdruckprüfer. Die Prüfung wird so ausgeführt, daß der Probekörper auf dem durchbohrten Deckel eines Hohlzylinders festgespannt und durch Druckluft bis zum Zerplatzen belastet wird. Die zum Zerplatzen nötige Luftpressung wird gemessen und unter Angabe der Größe der geprüften Fläche als Berstfestigkeit in kg/qcm angegeben.

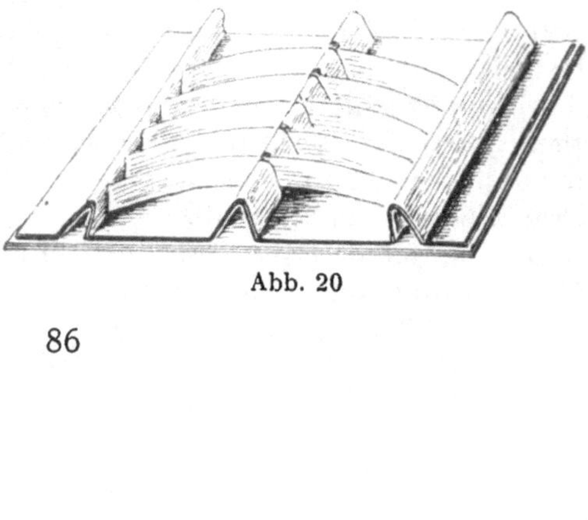

Abb. 20

Der Apparat besteht, wie die Abbildung zeigt, aus einer Grundplatte, einer Säule, die gleichzeitig als Luftbehälter dient, der Einspannvorrichtung und zwei Manometern. Die Grundplatte ist kräftig ausgeführt und verleiht dem Apparat einen sicheren Stand. Der Luftbehälter ist mit der Grundplatte fest verbunden und faßt eine für viele Versuche ausreichende Luftmenge. Der Behälter wird durch eine Handpumpe gefüllt.

Besondere Aufmerksamkeit ist der Einspannvorrichtung des Probekörpers zugewendet worden. Um ein vollkommen sicheres Einspannen zu ermöglichen, wurde der Halter für die obere Spannglocke als geschlossener Bügel ausgebildet, so daß Auffederungen ausgeschlossen sind. Außerdem wurde zwischen der unteren Einspannfläche und der Grundplatte eine elastische Zwischenlage vorgesehen. Diese Zwischenlage bewirkt, daß der durch das Handrad und die mit ihm verbundene Spindel erzeugte Druck gleichmäßig über die ringförmige Einspannfläche verteilt wird, ohne daß der Probekörper durch zu hohen Druck beschädigt werden kann. Um zu vermeiden, daß bei stark luftdurchlässigen Proben ein beträchtlicher Druckluftverlust eintritt, wird zwischen den Probekörper und die untere Einspannfläche eine luftdichte Membrane gelegt. Durch eine besondere Einrichtung ist dafür Sorge getragen, daß die Membrane unverrückbar festliegt und nicht nach jedem Versuch geglättet werden muß. Für die Prüfung von Pappen wird eine Prüffläche von 100 qcm verwendet.

Abb. 21

Das Manometer ist ein Präzisionsmanometer und so empfindlich, daß der Berstdruck mit genügender Genauigkeit bestimmt werden kann. Es besitzt einen Schleppzeiger, um den erreichten Größtwert auch nach dem Versuch noch ablesen zu können. Für die Prüfung von Pappen wird ein Röhrenfedermanometer zum Messen von Drücken bis 10 kg/qcm vorgesehen. An dem Apparat ist noch ein zweites Manometer, das den im Luftbehälter herrschenden Druck anzeigt, angebracht.

6. Die Feststellung der Glätte und des Glanzes der Pappen kann mitunter ebenfalls von Bedeutung werden, und zwar ganz besonders auch für die Beklebefähigkeit. Eine zu beklebende Pappe darf weder zu saugfähig noch zu glatt sein, denn bei großer Saugfähigkeit dringt die Feuchtigkeit des Klebemittels zu schnell in die Poren der Pappe ein, so daß die klebende Wirkung nicht zur Geltung kommen kann. Aber auch bei harter und dicht geschlossener Pappe kann der Klebestoff nicht wirken, da er oft gar nicht in die Pappe eindringen kann und so auf der Oberfläche der Pappe eine dünne Haut bildet, die mit dem Körper der Pappe keinerlei Zusammenhang hat, so daß man sie mühelos wieder ablösen kann. Eine gut klebefähige Pappe muß einen Teil der Feuchtigkeit des Kleisters aufsaugen, aber nicht zu schnell, damit auch zugleich ein gewisser Teil des Klebestoffes mit eindringt und sich innig mit dem Pappenkörper verbindet. Bei Pappen mit zu großer Glätte ist das aber nicht der Fall, da durch das starke Satinieren die Oberfläche oft so geschlossen ist, daß sie überhaupt so gut wie keine Feuchtigkeit aufnimmt. Bei Maschinenpappen zeigt sich mitunter ein großer Unterschied in der Glätte zwischen Ober- und Unterseite, der von der Markierung der Siebe und Filze herrührt. Es gibt aber keine geeigneten Apparate, um die Glätte der Pappen einwandfrei festzustellen und daraus einen zuverlässigen Schluß auch auf die Beklebefähigkeit ziehen zu können. Am besten wird man das immer durch Augenschein tun und die Beklebefähigkeit durch eine Probebeklebung feststellen.

7. Eine der unangenehmsten Erscheinungen bei den Pappen ist das Spalten, das seinen Ursprung in unrichtiger Mahlung des Stoffes, zu trockenem Arbeiten auf der Maschine, zu starkem Pressen und zu raschem Trocknen bei zu hohen Temperaturen haben kann. Dieser Übelstand zeigt sich allerdings meistens nur bei Hand- oder Wickelpappen, seltener bei Maschinenpappen, die auf dem Langsieb hergestellt wurden, mitunter aber bei Maschinenpappen, die auf Mehrrundsiebmaschinen erzeugt wurden, also in der Hauptsache bei mehrlagigen Pappen. Auch die einzelnen Pappensorten und Stoffmischungen verhalten sich in dieser Beziehung sehr verschieden. Am meisten tritt das Spalten bei Holzpappen auf, mitunter auch bei Strohpappen, seltener bei Grau- und Hartpappen. Das hat seinen Grund zum Teil darin, daß die ersteren vollkommen ungeleimt sind, die letzteren aber einen unwillkürlichen oder willkürlichen Zusatz von Leim enthalten. Bei den Holzpappen kann man mitunter die einzelnen Lagen ganz leicht voneinander abschälen. Es ist nun immer von Bedeutung, feststellen zu können, ob die Pappen zum Spalten neigen, denn meist zeigt sich dieser Übelstand erst beim Verarbeiten. Man stellt diese Neigung fest, indem man einen schmalen Streifen der betreffenden Pappe anbrennt, wenn die Pappe zum Spalten neigt, dann krümmt sich jede Lage für sich.

8. Eine andere unangenehme Eigenschaft, welche die Pappen oft minderwertig oder unbrauchbar macht, ist das Werfen oder Welligwerden. Auch dieser Übelstand hat seine Ursachen schon in der Fabrikation und in unsachgemäßer Behandlung bei der Herstellung oder auch im schlechten Zustande der Pappenmaschinen. Im ersteren Falle ist der Nachteil oft noch zu beseitigen, indem man die Pappen nochmals feuchtet und in 2 m hohen Stapeln aufsetzt, die man beschwert, oder solche Stapel in feuchten, aber keinesfalls nassen Räumen lagert. Nach dem Stapeln müssen die Pappen dann noch einmal durch das Glättwerk gehen. Bei solchen Pappen kann auch durch Lagerung und Aufbewahrung viel gebessert und verdorben werden. Man lege die Pappen kühl, luftig und vor allem nicht zu trocken, aber ganz flach. Das Aufstellen auf die Kante ist zu unterlassen, da es je nach der Dicke der Pappen ein mehr oder minder starkes Krümmen der Tafeln zur Folge hat. Ein Mittel, die Neigung der Pappen zum Werfen oder Welligwerden festzustellen, gibt es nicht, der Übelstand zeigt sich oft erst nach einiger Zeit.

Abb. 22

9. Die Feststellung der Ritz-, Rill- und Biegefestigkeit ist ebenfalls von allergrößter Bedeutung und bei vielen Pappensorten die wichtigste Untersuchung überhaupt. Bisher hatte man noch keinen geeigneten Apparat und mußte die Tauglichkeit der Pappe durch Versuche feststellen. Heute besitzt man aber in dem Biegefestigkeitsprüfer: Bauart Naumann-Schopper, der von der Firma Louis Schopper in Leipzig gebaut wird, einen Apparat, der einwandfreie Ergebnisse zeitigt und vor allen Dingen auch die Aufstellung von Normalien ermöglichen wird. Dieser Apparat ist in der Abbildung 22 gezeigt. Gerade die Feststellung der Biegefestigkeit ist für die in der Kartonnagenindustrie verwendeten Pappen von allergrößter Bedeutung; ein früherer Versuch, einen solchen Apparat zu bauen, kann nicht als einwandfrei gelungen be-

zeichnet werden; deshalb ist dieser Apparat (nach Kirchner) wohl auch nicht zur Einführung und Verwendung gekommen.

Die Feststellung der Zerreißfestigkeit und Dehnung, die wohl gute Schlüsse auf die Festigkeitseigenschaften einer Pappe zuläßt, genügt aber nicht in allen Fällen, besonders aber nicht bei vielen Sonderpappen, die heute vielfach an Stelle anderer Stoffe verwendet werden (Kofferpappe, Schuhpappe usw.). Der Naumann-Schopper-Apparat gestattet aber einwandfreie Feststellungen unter Berücksichtigung aller in Frage kommenden Faktoren. Der Apparat besteht aus einer Einspannvorrichtung, die so angeordnet ist, daß die äußere Einspannweite abhängig von der Pappendicke wird, so daß für alle Pappendicken dieselben Bedingungen gegeben sind. Das Biegen der Pappe erfolgt in der Weise, daß der Einspannbacken um einen Punkt mit dem zwischen der inneren und äußeren Platte festgeklemmten Versuchsmaterial gedreht wird.

Der Erfinder sagt in seiner Beschreibung des Apparates und seiner Wirkungsweise: „Die an Pappen verschiedenen Materiales mit dem Naumann-Schopperschen Biegeprüfer angestellten Biegeversuche in Verbindung mit Kontrollzerreißversuchen ergaben die Brauchbarkeit des entworfenen Apparates, so daß es möglich wird, durch Berechnen der auf 1 mm Pappenstärke bezogenen Biegungsbruchkraft für bestimmte Pappensorten Normalien festzulegen. Zu gleicher Zeit wurde der Beweis erbracht, daß aus den Ergebnissen des Zerreißversuches (Festigkeit und Dehnung) von Pappen verschiedener Stoffzusammensetzung nicht auf die Biegefestigkeit und den Biegewinkel geschlossen werden darf.

Der Apparat bietet nicht nur die Möglichkeit, Vergleichswerte zu schaffen, um einzelne Pappensorten ihrer Güte nach zu beurteilen, er gestattet auch, die Versuche so auszuführen, daß durch Beilagen eine genaue Anpassung an den späteren Verwendungszweck (Scharf- und Rundbiegen) gewährleistet ist und der für die Verarbeitung wichtige Biegebruchwinkel ermittelt werden kann. In den folgenden Punkten 1 bis 8 sind einige Fälle der praktischen Anwendung des Biegeprüfers für Erzeuger und Verbraucher von Pappen angedeutet.

1. Laufende Betriebskontrolle.
2. Ermittlung des Einflusses der Lagendicke und des Pressendruckes auf Biegungsfestigkeit und -winkel für Rundsiebpappen, so daß die hieraus sich ergebenden Erfahrungen für den Betrieb nutzbar gemacht werden können (Güte und Wirtschaftlichkeit).
3. Kontrolle bzw. Prüfung des Einflusses des Dämpfdruckes und der Dämpfzeit für Braunholzschliff.
4. Für Hartpappenfabriken leistet der Apparat vorzüglichen Dienst, um die Einflüsse von Füllstoffen und Leim festzustellen.

5. Laufende Kontrolle der Güte des Rohmateriales für die Kartonnagenindustrie.

6. Ermittlung des für die Verarbeitung der Pappen (Ziehen, Biegen usw.) wichtigen kleinsten Biegebruchwinkels. Der Apparat zeichnet einwandfrei den Unterschied des Biegewinkels für Längs und Quer auf, so daß bereits beim Vergleich der Werte für verschiedene Pappenlieferungen vorausgesagt werden kann, welche Lieferung sich zur Verarbeitung besser eignet.

7. Bei der Pappenverarbeitung handelt es sich in erster Linie um die Bestimmung des Biegebruchwinkels einer gewöhnlich nicht scharf abgebogenen Pappe (Koffer usw.). Es läßt sich das durch den Apparat einwandfrei durch Beilegen von Blechen erreichen.

8. Bestimmung des Gleichförmigkeitsgrades der Pappe, der bei der Pappenverarbeitung insofern eine Rolle spielt, als der Prozentsatz des Arbeitsausschusses von ersterem abhängig ist."

Es ist wohl anzunehmen, daß es dieser Apparat ermöglicht, die Pappenherstellung unter ganz anderen Grundsätzen zu betreiben als bisher, wo man immer nur auf Erfahrungswerte angewiesen war und keine Möglichkeit besaß, die Einflüsse der Stoffmischungen, der Arbeit auf den Pappenmaschinen und auch der Mahlung zahlenmäßig und einwandfrei festzulegen. Vor allen Dingen besteht auch die Möglichkeit für einzelne Pappensorten, besonders aber bei hochwertigen Sonderpappen, Normalien aufzustellen, wie man sie für die Papiere schon seit langem hat und wie sie auch für Rohdachpappen bestehen.

Die Herstellung der Wellpappe und ihre Ausstattung[1])

Der in der ersten Ausgabe dieses Buches erschienene Artikel über die Wellpappenfabrikation ist in der Zwischenzeit natürlich überholt, da die Fabrikation dieses Artikels sich in den letzten Jahren wesentlich umgestaltet hat, und die Maschinen sind dementsprechend bedeutend verbessert worden. Die Leistungsfähigkeit der Maschinen hat sich bedeutend erhöht, und auch in dem Bekleben von Pappen sind weitere Fortschritte zu verzeichnen.

Soweit beispielsweise die Fabrikation dieses Artikels in Frage kommt, kann überhaupt von einer bestimmten Norm, die Verwendung der Rohmaterialien angehend, nicht mehr gesprochen werden. Es werden heute Papiere jeder Qualität für Wellpappe verwendet, und ist

[1]) Die diesem Beitrag beigegebenen Abbildungen von Maschinen zeigen sämtlich Erzeugnisse der Maschinenfabrik Friedrich Müller, Potschappel bei Dresden.

heute die Verwendung von Natronzellulose bis zu 400 g Schwere das in Deutschland gebräuchlichste Material für die Fabrikation von Panzerwellpappe.

Das Ausland, Schweden und die nordischen Länder, bedienen sich eines Duplex-Kartons zur Herstellung einer Schachtelform, die aus Amerika zu uns gekommen ist.

Auch die deutschen und übrigen europäischen Wellpappenfabriken haben sich diese Normung zunutze gemacht und sind hier ganz besonders auf Spezialmaschinen, die der raschen Herausarbeitung dieser Schachteln dienen, gekommen, wofür die dem Artikel beigegebenen Abbildungen der Maschinen, die teils in Deutschland, teils im Ausland zur Aufstellung gekommen sind, den besten Beweis erbringen.

Dasselbe gilt für die Verwendung des Klebstoffes; auch hier hat die Zeit insofern Wandel geschaffen, als tatsächlich in allen Fällen, wo die Fabrikation dieses Materials durchgeführt wird, Wasserglas Verwendung findet.

Nur in ganz besonderen Fällen, wo es sich um die Herstellung von Pergamyn und weißen Wellpappen handelt, verwendet man noch einen aus Kartoffelprodukt hergestellten Kleister, da das Wasserglas auf weißes Material reagiert und gelb durchschlägt.

*

Die Wellpappe hat als Verpackungsmittel heute eine außerordentlich große Verbreitung erlangt und eignet sich ja auch tatsächlich für fast jeden Zweck. Zur Herstellung der Wellpappen verwendet man in erster Linie die Strohpapiere, die sich gerade für diesen Zweck ganz besonders gut eignen, da sie einmal neben einer großen Billigkeit, die für solche Massenerzeugnisse erforderlich ist, eine große Härte und Steifigkeit aufweisen, die zum großen Teil die hohe Widerstandsfähigkeit mit ausmachen und ihr daher ihre hervorragende Eignung als Verpackungsmittel geben. Es ist nun allerdings durchaus nicht ein jedes Strohpapier für diesen Zweck gleich gut verwertbar, es muß auch hier darauf geachtet werden, nur gute Erzeugnisse zu verwenden, die nicht mit der Zeit brüchig werden und dann bei der Weiterverarbeitung in den Wellen brechen und so natürlich keinen großen Wert als Verpackungsmittel mehr haben können. Der Strohstoff, der zu solchen Wellpappen verwendet wird, soll unter allen Umständen gut und vollkommen ausgewaschen werden, damit er vor allen Dingen keine Kalkreste mehr enthält, durch die nämlich chemische Einwirkungen auf die darin verpackten Waren eintreten können, welche deren Verderben oder Minderwertigwerden zur Folge haben würden. Die in modernen Strohpapierfabriken hergestellten Erzeugnisse entsprechen aber diesen Anforderungen im höchsten Maße, so daß man auch in der Lage ist, erstklassige Wellpappen von größter Festigkeit herzustellen.

Für besondere Zwecke können nun aber auch andere billigere oder bessere Papiere, namentlich aber Packpapiere der verschiedensten Art für diesen Zweck in Frage kommen. Es richtet sich das ganz nach dem späteren Verwendungszweck des daraus herzustellenden Erzeugnisses und nach den Anforderungen an seine Reinheit und sein äußeres Aussehen.

Nun ist ja die Wellpappe im eigentlichen Sinne des Wortes keine Pappe, sondern nur ein pappenähnliches Erzeugnis, das man dadurch herstellt, daß man ihm eine eigentümliche wellenartige Gestalt gibt, auf der auch die große Festigkeit und vielseitige Verwendbarkeit beruht. Die Wellpappe besteht nun aus einer Lage von Stroh- oder anderem geeigneten Papier, das man durch besondere Maschinen wellenförmig geprägt hat und je nachdem auf einer oder beiden Seiten mit je einer Lage von stärkerem Papier überzogen hat. Diese Überklebung hat den Zweck, die Wellen zu fixieren. Man hat also je nach der Beklebung auf nur einer oder beiden Seiten zu unterscheiden in einseitige und doppelseitige Wellpappen. Namentlich zur Beklebung verwendet man nun mitunter sehr oft an Stelle des Strohpapieres andere billige oder auch feste Papiere, besonders aber Packpapiere wie Schrenzbund-Zellulosepackpapiere. In weitaus den meisten Fällen bevorzugt man jetzt aber Strohpapier, das für diesen Zweck besonders hergestellt wird und dann auch bestens geeignet ist.

Für die Wellen wird nun meistens ein Papier mit einem Quadratmetergewicht von 100 bis 150 g verwendet, für die Decklagen meistens schwächere Sorten von etwa 80 bis 120 g auf den Quadratmeter, nur bei doppelseitigen Wellpappen nimmt man für die Außenseite stärkeres Papier, und zwar, wie schon erwähnt, besonders oft das billige Zellulosepackpapier.

Zur Herstellung dieser Wellpappen werden nun besondere Maschinen verwendet, die diese in einem Arbeitsgang fertigmachen. Man unterscheidet da nach der Art der herzustellenden Pappen auch ein- (Abb. 23) und zweiseitige Wellpappenmaschinen (Abb. 24). Diese Maschinen werden neuerdings mit einem getrennten Aufrollständer ausgeführt, da man sich dadurch besser den Raumverhältnissen anpassen kann. Wenn man zwei solcher Aufrollvorrichtungen verwendet, dann ist sogar ein fast ununterbrochenes Arbeiten mit der Maschine möglich. Den Hauptbestandteil der Maschine bilden natürlich die Riffelwalzen, deren Ausführung mit der größten Sorgfalt erfolgen muß. Sie werden aus bestem Stahl geschmiedet, aus dem Vollen gebohrt, sauber abgedreht und dann gefräst. Die Fräsung oder Riffelung der Walzen läßt sich ganz den Anforderungen anpassen.

Bei Fehlern im Papier kann die Maschine schnell ausgerückt werden, auch das Kleisterwerk ist mit einer Momentausschaltung versehen, damit es in solchen Fällen schnell abgestellt werden kann. Zur sicheren Papierumleitung ist ein praktischer Blechrechen vorgesehen. wodurch die Papierbahn gegen die Riffeln gehalten wird. Weiter ist noch eine Beschneidevorrichtung eingebaut, damit man die Wellpappen auch gleich in der Maschine beschneiden kann. Durch die Anordnung von mehr als zwei Messerpaaren kann man die Pappenbahn auch noch in der Mitte teilen oder auch mehrere Bahnen schneiden; zu diesem Zwecke sind die Messer natürlich verstellbar angeordnet, wie es bei den Langschneidern der Papiermaschinen der

Abb. 23. Einseitige Hochleistungs-Wellpappenmaschine

Fall ist. Um die Länge der fertiggestellten Pappen messen zu können, wird auch ein Zählwerk eingebaut.

Der Fabrikationsgang ist folgendermaßen: die zu wellende Papierbahn wird zwischen die genau eingestellten Riffelwalzen eingeführt, die mit Dampf geheizt werden, und erhält damit die gewellte Form. Durch die Hitzeeinwirkung der geheizten Walzen werden die Wellen widerstandsfähig. Durch die Kleisterauftragevorrichtung wird, während sich das Papier noch in den Riffelwalzen befindet, die Spitze der Papierwelle mit Klebstoff versehen und dann die von der zweiten Abrollung kommende Papier- bzw. Beklebebahn angeklebt. Die Beklebebahn läuft um eine geheizte, ebenfalls aus Stahl hergestellte Walze. Diese drückt während der Fabrikation gegen die Riffelwalzen, um eine gute Klebung herbeizuführen. Die einseitig geklebte Wellpappe ist nun fertig und kann aufgerollt werden.

Der Kraftbedarf einer solchen Maschine beträgt etwa 5 PS, die Leistung 15—60 m gut trockene Pappe in der Minute je nach dem Maschinenmodell. Die Arbeitsbreiten der Maschinen richten sich ganz nach den Anforderungen und betragen bis zu 2000 mm und mehr.

Wenn man doppelseitig beklebte Wellpappen herstellen will, dann muß man eine Wellpappenbeklebemaschine (Abb. 24) mit Trockeneinrichtung verwenden. Hierbei hat einseitig beklebte Wellpappe zur Verarbeitung zu kommen, bei welcher auch die zweite gewellte Seite noch mit einer glatten Papierbahn bedeckt wird.

So wie die einseitige Wellpappenmaschine ein fix und fertiges Erzeugnis liefert, ist das auch bei der Herstellung der zweiseitig beklebten Wellpappe auf dieser Maschine der Fall. Nach dem Passieren des Kleisterauftragwerkes gelangt die einseitige Wellpappenbahn mit der nunmehr auf der anderen Seite angeklebten glatten Papierbahn über ein wirksames Heizkörpersystem mit größtmöglicher Wärmeausstrahlung mittels Transport- bzw. Beschwerwalzen und einem Trockenfilz. Die doppelseitige Wellpappe ist beim Verlassen dieser

Abb. 24. Kombinierte Schnellweller Wellpappenmaschine

Heizeinrichtung fertig. Zum Beschneiden und Teilen der Bahn ist dann noch ein Langschneider eingebaut, wie er bei der vorhergehenden Maschine erwähnt wurde.

Direkt anschließend an die Maschine wird ein doppelt rotierender Querschneider angeordnet, damit die fertige doppelseitige Wellpappe in Tafeln geschnitten werden kann, da sie sich nicht wie die einseitige aufrollen läßt. Diese Schneidmaschine ist einstellbar, damit man die Formate ganz nach Bedarf herstellen kann, sie arbeitet vollkommen selbsttätig.

Es empfiehlt sich bei der Herstellung der zweiseitigen Wellpappe, die einseitige nicht erst aufzurollen, sondern direkt auf die Beklebemaschine zu überfahren. Man hat dann eine kombinierte Arbeitsweise, welche die zweiseitige Wellpappe in einem Arbeitsgang (Abbildung 24) herstellt und viele Vorteile mit sich bringt. Man kann trotz dieser Vereinigung aber auf der Maschine auch nur einseitige Pappen herstellen. Die Leistung und der Kraftverbrauch ist etwa wie bei der einseitigen Wellpappenmaschine.

Als Fertigungsarbeiten kann man nun noch das Dessinieren, Masern und Bedrucken der Wellpappen bezeichnen.

Die Maseriermaschinen haben den Zweck, die Pappen mit Korbgeflecht- oder Holzmaserdessin oder mit einem anderen Untergrund, aber auch mit Schriften und sonstigen Drucken zu versehen.

Die Maschine arbeitet folgendermaßen: In einem Kupferbehälter befindet sich eine mit Wasser angerührte Maserierfarbe. Eine Gummiwalze nimmt nun aus diesem Behälter die Farbe heraus, überträgt sie an eine nächste Gummiwalze, und diese wieder überträgt sie an die eigentliche Gummidessinierwalze. Unter dieser Dessinwalze befindet sich eine Gegendruckwalze. Die Pappe wird nun zwischen die Dessinwalze und die Gegendruckwalze hineingeschoben und an der Unterseite mit dem gewünschten Dessin, Druck usw. versehen, deren Muster sich auf der Dessinwalze befinden. Die Handhabung und die Bedienung der Maschinen wird durch einen Anlegetisch erleichtert. Handelt es sich um dünnere Pappen, die von der Rolle verarbeitet werden, dann wird mit Vorteil eine Maschine dazu verwendet, bei der die Bahn in einem endlosen Band durch das Dessinierwerk läuft und fortlaufend bedruckt wird.

Abb. 25. Angehängte Rill- und Schneidemaschine

Die Gummidessinwalzen, mit denen gedruckt wird und von deren Zweckmäßigkeit und sauberen Ausführung natürlich der Erfolg zum großen Teile abhängt, bestehen aus Eisenkernen, auf die eine Schicht Hartgummi aufgebracht wird. Auf diese Hartgummischicht kommt dann erst eine Weichgummischicht und darüber dann die Stempelplatte mit dem Klischee, das gedruckt werden soll.

Wenn man in einem Arbeitsgang mehrfarbig drucken will, dann muß in die Maschine ein weiteres Farbwerk eingebaut werden. Es druckt dann erst die eine Dessinwalze die eine Farbe und dann die zweite Dessinwalze die zweite Farbe, und zwar in einem Arbeitsgang. Da Anilinfarben zur Verwendung kommen, die sehr rasch trocknen, so tritt ein Verschmieren oder Ineinanderlaufen nicht ein.

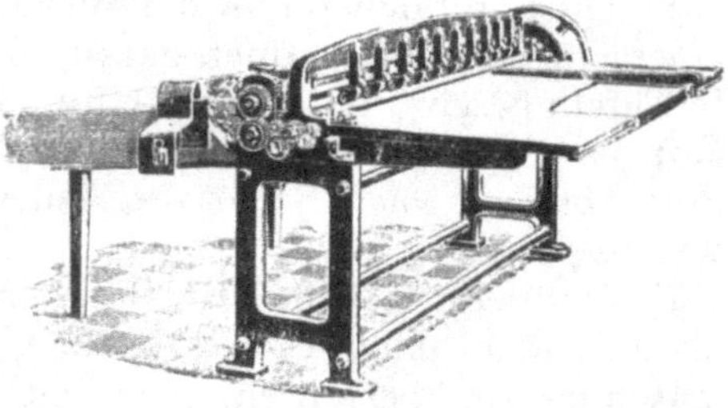

Abb. 26. Kombinierte Pappenschneid- und Rillmaschine

Nachstehend sei noch auf die Spezialmaschinen zur Weiterverarbeitung der Wellpappe hingewiesen und folgen nachstehend darüber wissenswerte Erklärungen. Die Abbildungen der betreffenden Maschinentypen sollen die textlichen Ausführungen verständlicher machen.

Einseitige Wellpappe, welche auch in der Praxis oft in kleineren Formaten verlangt wird, findet die beste und rationelle Verarbeitung durch die in Abbildung 25 wiedergegebene Längs- und Querschneidmaschine. Diese Maschine arbeitet mit Tellermessern und einem rotierenden Querschneidemesser und läßt die Herausarbeitung aller in der Praxis vorkommenden Formate zu. Auch diese Maschine ist für Spezialzwecke mit einer Rilleinrichtung auszurüsten. Ein besonderer Vorteil ist in der in dieser Maschine mit angeordneten Wiederaufrollvorrichtung zu suchen. Diese Einrichtung gestattet das Einlegen einer breiten Rolle, wobei der für das Format nicht bestimmte Teil zu Weiterverwendungszwecken wieder aufgerollt werden kann. Die Einstellung der Formate bei diesem Modell geschieht durch Wechselräder und ist in kurzer Zeit durchzuführen.

Abb. 27. Kombinierte Rill- und Schneidmaschine

Für die Verarbeitung von Starkwellpappe ist es selbstverständlich erforderlich, eine besonders kräftige Maschine zu haben, und ist die in der Abbildung 27 wiedergegebene schwere Rill- und Schneidmaschine die bestens geeignete. Die Maschine besitzt neben einer Anzahl verstellbarer Tellermesser auch Rillringe, die so zusammenarbeiten, daß eine biegewulstähnliche Rillung erzielt wird. Diese Maschine ist für den modernen Betrieb unerläßlich.

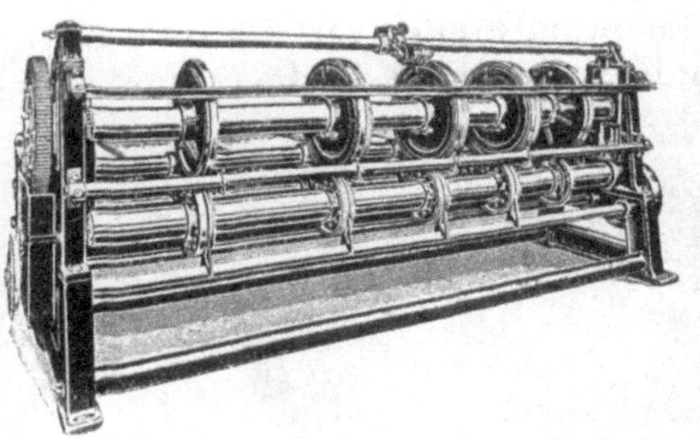

Abb. 28. Rotierende Rill- und Schlitzmaschine mit Heftrandausschneider und Stempeldruck-Einrichtung

Die Herstellung von Formaten normaler Art aus doppelseitiger Wellpappe wird am günstigsten unter Verwendung einer Pappenschneid- und Rillmaschine durchgeführt. Diese Pappenschneid- und Rillmaschine besitzt sowohl eine Anzahl von verstellbaren Tellermessern als auch eine Anzahl von Rillapparaten. Es kann also die Wellpappe beim gleichzeitigen Schneiden auch mit Rillungen versehen werden.

Wird die Herausarbeitung von Wellpappfaltschachteln vorgenommen, dann ist die in der Abbildung 28 erscheinende rotierende Rill- und Schlitzmaschine das gegebene Modell. Diese Maschine, welche in größten Breiten bis zu 3500 mm gebaut wird, gestattet das Herausarbeiten der Schachtelzuschnitte in einem Arbeitsgange. Es werden

Abb. 29. Wellpappentafel-Druckmaschine für 1 oder 2 Farben

beim Durchgang des Materials sowohl die Schlitze eingebracht als auch die Schlitze durch eine Rillung zusammen genau rechtwinklig abgebogen und verbunden werden.

Eine besondere Einrichtung ist getroffen, um zur Drahtheftung vorgesehene Schachteln mit dem Heftrand zu versehen.

Werden die Schachteln durch Leinwandstreifen verschlossen, dann sind Längsschneidmesser angeordnet, die das Schachtelformat auf das sauberste beschneiden.

Abb. 30

Um die Wellpappschachteln für besonders gut wirkende Reklame zu benutzen, ist das Bedrucken der Schachtelzuschnitte mit Buchdruckfarben eingeführt worden. Dieses Bedrucken wird am günstigsten ausgeführt mit der in der Abbildung 29 wiedergegebenen Wellpapptafeldruckmaschine. Bedruckt wird unter Verwendung von

Gummiklischees, die auf reichlich dimensionierten Druckzylindern auf das bequemste befestigt werden können.

Der Vorteil, den diese Maschine dem Hersteller bringt, ist die Möglichkeit, jeden beliebigen Reklamedruck an eine genau gewünschte Stelle aufzubringen.

Neben dieser Druckmaschine wird neuerdings ein Modell gebaut, welches in einem Arbeitsgange das Rillen, Schlitzen und Drucken der Wellpappschachtel durchführt, und sei auf dieses neue Modell ganz besonders hingewiesen (Abb. 30).

Die Veredelung der Pappen durch das Bekleben von unbedrucktem und bedrucktem Papier von Hand und auf Maschinen

Das Aufkaschieren glatter und welliger Papiere auf Pappen, Kartons und Stoffe

Das anstandslose Aufkaschieren welliger oder faltig gewordener Druckarbeiten oder unbedruckter Papiere bereitet in der Praxis stets verschiedene Schwierigkeiten, denn durch die Feuchtigkeit der Klebstoffe treten die Unebenheiten während des Aufziehens noch mehr hervor, erschweren in den meisten Fällen die Arbeit, und nur bei dickeren, ebenen Unterlagen (Pappen, Kartons) kann ein nachträglicher Ausgleich zustande kommen. Während des Kaschierens machen sich besonders bei welligen Papieren fast immer neue Dehnungen bemerkbar, und wenn diese dünnen Pappen, Kartons oder Stoffe mit solchen bedruckten oder unbedruckten Papieren bezogen werden, dann geben die letzteren in der Regel nach und krümmen sich ebenfalls, weil ihnen die entsprechende Widerstandskraft fehlt. Gewöhnlich handelt es sich bei derartigen Pappen oder Kartons um ganz geringe Sorten, oder sie sind nicht genügend ausgelagert bzw. haben nicht flach gelegen, sondern waren in Stapeln, d. h. verpackt aufgestellt. was niemals mit Aufziehpapieren geschehen sollte. Selbst Pappen bester Sorte vertragen das Aufgestelltsein nicht, denn sie werden durch die aus dem Boden aufsteigende Feuchtigkeit verkrümmt und wellig, während minderwertige Pappen beim flachen Lagern mit der Zeit vielfach etwa vorhandene Wellen mehr oder weniger verlieren. Bei dieser Gelegenheit sei auf ein kleines Hilfsmittel aufmerksam gemacht, welches sich bei billigen und teuren welligen Pappen recht gut bewährt hat, ohne daß hierbei wesentliche Arbeitskosten entstehen. Der

Pappenstapel wird umgelegt in der Weise, daß z. B. die unterste Pappe so liegen bleibt, wie sie liegt, wogegen die nächste Pappe umgekehrt auf diese zu legen ist, und so fährt man fort, bis die letzte, also die oberste Pappe an die Reihe kommt. Durch dieses Umlegen tritt eine ziemliche Einebnung der Pappen ein, die sie auch in der Folge beibehalten, so daß sie sich leichter verarbeiten lassen.

Hat man dünne Pappen, Kartons usw. mit Drucken zu beziehen, die sich aller Wahrscheinlichkeit nach werfen oder krumm ziehen, dann müssen möglichst ausgelagerte und wellenfreie Papiere zum Bedrucken verbraucht werden, um dem Übelstande vorzubeugen. Sind dagegen harte, starke und schwer nachgiebige Pappen zu beziehen, dann kann eine geringe Welligkeit der Druckpapiere nicht viel schaden, weil beim Kaschieren die Wellen von selbst verschwinden. Werden andernfalls dickere, wellige Abdrücke oder Papiere in kleineren Lagen in einem feuchten Keller ausgelegt und öfters umgelegt, so daß sie etwas anziehen, d. h. weicher und geschmeidiger werden, dann kann sich das Papier beim Kaschieren leichter dehnen und wellenfreier trocknen. Nach der Kellerfeuchtung muß indessen das Kaschieren alsbald erfolgen. Vorteilhaft ist es ferner, wenn die kaschierten Pappen in noch nicht ganz trockenem Zustande gut eingepreßt werden und so bei nicht zu großer Wärme trocknen können. Es ist in diesem Falle auf ein ziemlich wellenfreies Aussehen sicherer zu rechnen. Es soll nicht unerwähnt bleiben, daß bei besseren Arbeiten das Hinterkleben der dünnen Pappen und Kartons mit einem guten, wellenfreien Papier das Welligwerden ganz wesentlich verhindert. Dabei muß aber das Bekleben der Vorder- und Rückseiten der Pappen in einem Arbeitsgange geschehen, wodurch das Welligwerden sicher vermieden wird. Im übrigen ist noch darauf zu achten, daß die Abdrücke bei nicht zu hinterklebenden Pappen stets auf die etwas nach oben gewölbte Pappenseite aufkaschiert werden, auch wenn diese Seite etwas rauher und unansehnlicher sein sollte, denn beim Trocknen tritt die völlige Ebnung der Pappen ein, während man im umgekehrten Falle krummgezogene Kaschierungen erhält.

Als Klebstoff für Handkaschierung verwendet man am vorteilhaftesten Stärkekleister oder, wenn dessen Beschaffung Schwierigkeiten bereiten sollte, Kleisterersatz oder Kaltleim, den jede Fabrik, welche Klebstoffe anfertigt, liefern kann. Wo es sich um das Kaschieren [1]) besonders empfindlicher oder widerspenstiger Papiere handelt, empfiehlt es sich, stets ein Papiermuster einzusenden. Der Lieferant wird dann

---

[1]) Über die Klebetechnik sowohl in bezug auf das Rohmaterial sowie dessen Verarbeitung von Hand und auf Maschinen finden Interessenten alles Wissenswerte auf Grund praktischer Erfahrungen in dem Buch des Herausgebers: „Die Buchbinderei in der Papierverarbeitung“, Verlag des Allgemeinen Anzeigers, Stuttgart. Preis M. 7.50 und 30 Pf. Porto.

jederzeit in der Lage sein, einen geeigneten Klebstoff dafür anzubieten. Auch Kartoffelmehl eignet sich vorzüglich zum Kaschieren. Hierbei tut man jedoch gut, dasselbe vor dem Gebrauch durch ein engmaschiges Sieb durchzusieben, um etwa im Mehl vorhandene Klümpchen und sonstige Fremdkörper zu entfernen. Wo sich beim Anrühren des Kleisters Knollen oder Klümpchen gebildet haben, muß man denselben vor der Verarbeitung durch ein Tuch seihen oder drücken, damit alle Unreinigkeiten beseitigt werden. Diese beeinflussen den glatten Fortgang der Arbeit ungemein und verteuern das Kaschieren dadurch wesentlich. Das Kaschieren von Hand geschieht in folgender Weise: Das zu veredelnde Papier wird in kleinen Stößen von etwa 100 Bogen übereinandergelegt. Das Papier wird um einige Millimeter in Länge und Breite kleiner als der Pappbogen zugeschnitten und von einer Arbeiterin unter Zuhilfenahme eines großen Pinsels oder einer weichen Bürste auf der Rückseite möglichst gleichmäßig mit Klebstoff versehen. Dabei wird der Klebstoff, je nach der Beschaffenheit des Papiers, mehr oder weniger mit Wasser verdünnt. Die angeschmierten Bogen läßt man nun einen Moment weichen, um die angeschmierten Bogenseiten alsdann auf die bereitliegenden Bogen aufzulegen, und reibt dann mit dem Handballen oder mit einer Bürste auf der Oberfläche glatt.

Selbst diese augenscheinlich nebensächlichen Arbeiten erfordern eine gewisse Genauigkeit und Geschicklichkeit seitens des Personals.

Es empfiehlt sich also im Interesse des raschen Fortschreitens bei der Aufarbeit eines größeren Qantums, zum Kaschieren drei Arbeiterinnen zu verwenden, von denen eine zum Anschmieren benötigt wird, während die beiden anderen Mädchen das Kaschieren einschließlich des Glattstreichens bewerkstelligen. Dabei ist es wichtig, daß die Arbeiterinnen genügend Raum zur Verfügung haben, so daß sie bei der Arbeitsausübung nicht beengt sind.

Die fertig kaschierten Pappen läßt man nunmehr eine kurze Zeit an der Luft trocknen und legt sie dann in Stapeln übereinander. Eine praktisch angelegte Aufhängevorrichtung leistet dabei gute Dienste. Diese muß jedoch derart angelegt sein, daß die Luft von allen Seiten bequem Zutritt hat. Vor allen Dingen dürfen die Pappen nicht zu lange hängen, weil sie sonst anfangen, sich zu werfen. Sie sollen vielmehr nur leicht abtrocknen, um dann in übereinandergeschichteten Stapeln allmählich nachzutrocknen.

Wenn bedruckte Papiere zu kaschieren sind, so ist in erster Linie darauf zu achten, daß der Druck nicht zu frisch ist, weil derselbe sonst leicht abfärbt oder beim Reiben verwischt wird. Oft geht man dazu über, derartige Drucke vor dem Kaschieren entweder mit Federweiß oder Magnesia abzureiben. Dieses Verfahren ist jedoch nicht immer zu empfehlen, da der Druckausfall in den meisten Fällen darunter leidet und dadurch viel von seiner ursprünglichen Ansehnlichkeit verliert.

Das beste ist in solchen Fällen, wenn man Makulaturbogen zwischen die kaschierten Pappen legt und diese dann in nicht zu hohen Stapeln übereinanderschichtet.

Mit der fortschreitenden Technik war man mit Erfolg bestrebt, die Handklebearbeit nur den ganz kleinen Betrieben zu überlassen, für gesteigerte Anforderungen indessen den Vorgang des Aufstreichens des Klebestoffes, ferner das Glattstreichen des angeschmierten Bogens auf dem Pappbogen vollständig Maschinen besorgen zu lassen.

Man hat dadurch einerseits ein genaueres und schnelleres Arbeiten, andererseits eine wesentliche Verbilligung durch sparsameren Verbrauch von Klebstoff und den teuren Arbeitslöhnen erreicht. Beide Faktoren sind von ungeheurer Bedeutung im Wirtschaftsprozeß.

Bei der Aufarbeitung großer Posten, die alle mit demselben Papier kaschiert werden sollen, wobei das Format nicht gewechselt wird, empfiehlt es sich daher ausnahmslos, die *Pappenbeklebemaschine* zu verwenden.

Wesentlich wirtschaftlicher und sauberer als Handarbeit gestaltet sich natürlich das Kaschieren mit Maschinen. Wenn es sich darum handelt, Papiere in Bogen zu kaschieren, so empfiehlt sich die Anschaffung einer Bogen-auf-Bogen-Kaschiermaschine. Das gleiche gilt auch, wo es sich darum handelt, Papiere verschiedener Qualitäten und in wechselnden Formaten zu kaschieren.

Bei der Bauart dieser Maschine ist man nach jahrelangen Versuchen von der alten Ansicht, daß das Papier vor dem Aufziehen erst gründlich aufgeweicht und von dem Kleister durchzogen sein muß, abgegangen, es wird somit der Bogen maschinell unmittelbar nach dem Klebstoffauftrag unter sofortiger Pressung kaschiert. Bedingung ist natürlich hierbei, daß kaschierfähige Papiere zur Verwendung gelangen.

Die Bogen-auf-Bogen-Kaschiermaschine wird in zwei Typen gebaut, und zwar für einfachere Arbeiten, wobei der Papierbogen der Maschine von einem Mädchen durch Hand zugeführt, selbsttätig mit Klebstoff versehen und gewendet wird, während ein anderes Mädchen den Pappbogen im Moment des Wendens dem angekleisterten Papierbogen zuführt, worauf sich beide Bogen selbsttätig verbinden bzw. unter Druck durch ein Walzen-

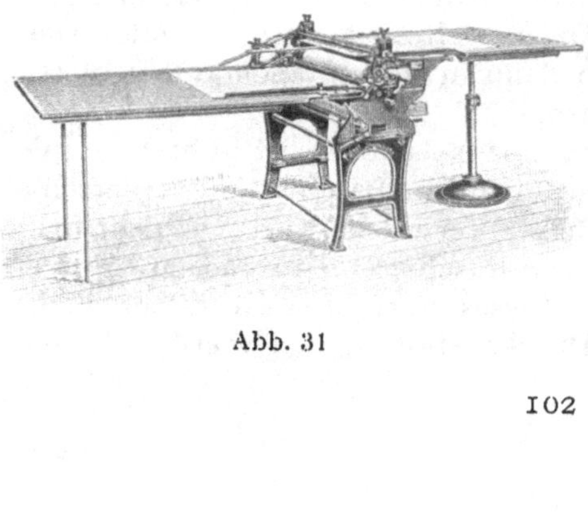

Abb. 31

paar zusammen kaschiert werden (Abb. 31).[1]) — Mit diesen Kaschiermaschinen können nur Papierbogen, bedruckt oder unbedruckt, auf glatte Pappen geklebt werden, wobei kleine Registerdifferenzen sowohl seitlich als auch in der Länge, bis zu 5 mm, mit in Kauf genom-

Abb. 32

men werden müssen. Die Arbeitsweise der durch Abbildung 32 veranschaulichten Maschine ist ungefähr die gleiche wie vorher beschrieben, nur geschieht der Vortransport des Papier- und Pappbogens nach Anlegung beider Bogen an einen Winkel selbsttätig, so daß eine genaue Kaschierung auf die gewünschte Stelle gewährleistet ist.

Die Erfahrung hat jedoch gelehrt, daß nicht alle Papierschweren auf der Bogen-auf-Bogen-Kaschiermaschine sich den zu beklebenden Pappen glatt anschmiegen. Ein mit Kleister oder Kaltleim aufgetragener Bogen dehnt sich bekanntlich mehr, je leichter er ist. Da die mit dem Klebstoffauftrag versehenen Bogen unmittelbar der Pappe zugeführt werden, fehlt die Zeit, um sich genügend dehnen zu können. Es entstehen daher Falten trotz der Preßwalze in der Maschine.

Es ist deshalb notwendig, daß man Papiere bis 120 g pro Quadratmeter Schwere vor der Kaschierarbeit zwischen feuchte Makulatur legt, damit die unvermeidliche Dehnung vorher stattfindet.

Wird das Papier von der endlosen Rolle verarbeitet, so wird es mittels der Auftragwalze mit Klebstoff versehen, dann mit der Pappe zusammengeführt und kaschiert. Nach erfolgter Kaschierung wird das Papier durch eine Abschneidevorrichtung scharf an der Kante der Pappe getrennt oder abgeschnitten. Die kaschierte Pappe läuft hierauf zwischen geheizten Walzen hindurch und gelangt von hier aus fix und fertig getrocknet in den Auffangtisch der Maschine, um von hier aus dann sofort in großen Stößen aufgestapelt zu werden. Wo Papiere und Pappen unter Zuhilfenahme der hier erwähnten Kaschiermaschine kaschiert werden. erfolgt die Auftragung des Klebstoffes natürlich viel gleichmäßiger und sparsamer als beim Kaschieren von Hand. Da derartige Maschinen jedoch erhebliche Anschaffungskosten erfordern, kann ihre Verwendung nur dann in Frage kommen, wenn täglich mindestens einige tausend Bogen zu kaschieren sind. Wo das nicht zutrifft, wird man sich nach wie vor eben mit der Handkaschierung begnügen müssen.

Für große Auflagen kaschierter Pappen, wie solche in den größeren Kartonnagenfabriken, von Pappengroßhändlern usw. benötigt werden,

[1]) Die Abb. 31—34 stellen Pappenbeklebemaschinen dar, die von den Jagenberg-Werken A.-G. in Düsseldorf erbaut werden.

und da, wo alle möglichen Sorten von Papieren, welche womöglich weniger kaschierfähig, d. h. stark zellulosehaltig sind, und wo viele Formate in Frage kommen, ist die Pappenbeklebemaschine mit selbsttätiger Abschneidevorrichtung unübertroffen. Die Maschine verarbeitet sämtliche Sorten Stroh-, Holz-, Grau- und Lederpappen in Bogen mit Papier jeder Art, weiß oder farbig, von der Rolle.

Der Vorzug dieser Maschine besteht insbesondere darin, daß das Papier nach dem selbsttätigen Ankleistern je nach Beschaffenheit kurz oder lang bis zu 5 m bis zum Moment des Zusammenkaschierens geführt werden kann, so daß also selbst das zellulosehaltigste Papier Zeit und Gelegenheit genug hat, sich auszudehnen, wodurch ein durchaus faltenfreies und erstklassig kaschiertes Klebeerzeugnis erzielt wird.

Die Maschine ist mit 5 Paar federnd gelagerten Anpreß- und Heizwalzen ausgestattet, wodurch ein vorzügliches Anreiben und Trocknen des geklebten Papieres erzielt wird. Der Abtrennmechanismus vor dem

Abb. 33. Modell PC 54. Pappenbeklebemaschine der Jagenberg-Werke A.G., Düsseldorf

letzten Walzenpaar ist mit einem Fühler ausgestattet, so daß es möglich ist, sowohl bei dünnen als auch bei dickeren Pappen ohne jede Umstellung von Wechselrädern das Beklebepapier in jeder Länge der Pappen selbsttätig und sicher zu trennen. Die Pappen verlassen die Maschine genügend angetrocknet, so daß dieselben ohne weiteres in großen Stapeln zusammengelegt und nicht mehr wie bisher zum Trocknen einzeln ausgehangen zu werden brauchen.

Die Bedienung der Maschine ist die denkbar einfachste. Die Papierbahn wird über die Kleisterauftragung geführt und gelangt, mit der Kleisterseite obenliegend, auf den Anlegeteil des Tisches. Die Pappen werden am Tischwinkel angelegt und durch die rotierenden Einführwalzen in die Maschine befördert. Das Einlegen kann ein Arbeiter oder ein Mädchen bequem besorgen.

Es wird ohne weiteres jedem Fachmann einleuchten, daß die Vorteile der Maschinenklebung durch die große Ersparung an Lohn, Zeit,

Raum und Kleister ganz bedeutend sind. Ferner erzielt jeder größere Pappenverbraucher durch Verwendung der Maschine eine bedeutende Verbilligung des Pappenmaterials, weil bekanntlich die Pappen durch die Beklebung 10—20 vH schwerer werden (Abb. 33).

Auf Wunsch kann an diese Maschine auch noch ein Dampftrockenzylinder angebaut werden, wie die Abbildung 34 zeigt, und sind die Pappen nach Passieren des Trockenzylinders klanghart geworden.

Abb. 34. Diese Abbildung ist insofern nicht mehr ganz verbindlich, als der Trockenzylinder derselben etwa mit einem Durchmesser von 2 m gewählt wird

In nachstehendem wollen wir uns noch mit der Bogenkaschiermaschine beschäftigen,[1]) die eingerichtet ist zum Kaschieren für Papier von der Rolle, kombiniert mit automatischer Zuführung der Pappen; die Pappen werden nach dem Bekleben völlig automatisch voneinander getrennt. Es kann nun vorkommen, daß die mit Preßwalzen für Gas- oder Dampfheizung eingerichtete Maschine an einer Arbeitsstätte montiert werden soll, wo weder die Einrichtungen für die eine noch die andere Heizungsart vorhanden ist. In solchen Fällen ist die Anlage einer Karbidgasanlage zu empfehlen.

Es ist nicht so einfach, wie es auf den ersten Blick erscheinen mag, auf einer solchen Maschine ein einwandfreies Arbeitsergebnis zu erzielen. Es ist eine Notwendigkeit, vor allem einen geübten Arbeiter an die Maschine zu stellen, weil davon viel von dem Arbeitsergebnis abhängt.

Auf kaltem Wege gelingt es trotz aller Versuche mit Kartoffelstärke nicht immer, die Pappen aus der Maschine glatt ohne Falten heraus zu bekommen. Das Faltenwerfen rührt nämlich nur von der Papierbahn her, wenn die Pappe nicht an und für sich schon wellig und krumm ist. Wenn das Papier nicht blasig oder gar ungleich stark und die Pappe zum Bekleben geeignet ist, sowie die Maschine den Verhältnissen entsprechend genau eingestellt ist, kann man auch ohne Heizung arbeiten. Es müssen aber die Pappen langsam trocknen.

Die Heizung hat viel Einfluß auf die Glättung, da die geklebte Pappe unter dem Pressen trocknet, also das Papier unbedingt flach anliegt.

Die Heizwirkung, welche die Stoßwalzen auf die Bahn ausüben, ergibt neben gleichmäßiger und rascher Trocknung auch noch besonders gute Glättwirkung. Wenn weder Gas noch Dampf zur Verfügung stehen, ist es zu empfehlen, einen ganz kleinen Niederdruck-

[1]) Nach einer Fragekastenbeantwortung aus Nr. 16, 1921, der Kartonnagen-Zeitung, Dresden.

kessel aufzustellen und die Walzen mit heißem Wasser zu erwärmen, eventuell kann dieses auch elektrisch geschehen, sofern nicht allzu teurer Strom zur Verfügung steht. Das warme bzw. heiße Arbeiten begünstigt das anstandslose Kaschieren in hohem Maße und beseitigt das Faltenwerfen und den Ausschuß. Selbstverständlich muß die Rolle gut faltenfrei laufen, d. h. sie muß richtig gebremst werden, darf nicht stellenweise feucht sein, wie dies bei vorherigem ungeeigneten Lagern öfters der Fall ist. Ebenso muß die Pappe über das ganze Format hinweg durchaus gleichmäßig trocken sein, darf keine Falten, Beutel oder Blasen zeigen, also auch hier gut lagern. Bei Heißkaschierung muß eine gute Glättung und flachliegende Tafeln erzielt und ausschußfrei gearbeitet werden können.

Wir werden uns noch an dieser Stelle mit Rücksicht auf die Wichtigkeit dieses Fabrikationsvorganges mit einem anderen Modell der Pappenbeklebemaschinen zu befassen haben, wie es die Sächsische Cartonnagen-Maschinen A.-G. in Dresden für die Praxis in verschiedenen Ausführungen baut.

Diese Maschinen dienen dazu, Pappen in Bogen mit Papier von der Rolle zu verbinden. Der Klebstoff wird auf das Papier aufgetragen und durch verschiedene Walzenpaare eine tadellose Anreibung an die Pappe bewirkt, so daß ein faltenloses, der Handarbeit erheblich überlegenes Erzeugnis erzielt wird. Die Abrollung des Papiers erfolgt natürlich selbsttätig; auch die mit der Hand auf den Einlegetisch zu legenden Pappen werden durch eine selbsttätig wirkende Bogenzuführung automatisch der Verarbeitungsstelle zugeführt. An den Stoßstellen der Pappen wird durch eine genau arbeitende und für verschiedene Formate verstellbare Abschneidevorrichtung das Überzugpapier selbsttätig getrennt. Für Großverbraucher kaschierter Pappen ist diese Maschine unentbehrlich. Gegenüber Handarbeit gewährt sie erhebliche Ersparnisse an Arbeitslohn, Raum und Kleister. Im übrigen weisen die hier abgebildeten Pappenbeklebemaschinen noch folgende Vorzüge auf:

1. Abrollen der Papierbahn von oben, wodurch dauernde Übersicht derselben möglich ist.
2. Garantiert faltenlose Beklebung selbst welliger Pappen.
3. Selbsttätige Zuführung des Kleisters nach dem Auftragewerk und automatischer Rücklauf nach dem Kleisterbehälter.
4. Selbsttätige Zuführung der Pappen.
5. Automatische Abtrennung des Überzugspapiers an den Stoßstellen.
6. Anordnung des Gebläses der Pumpe und des Kleisterbehälters unter der Maschine, daher geringer Raumbedarf.
7. Es ist die Verarbeitung eines jeden Papiers möglich.

Wo die Maschine ohne Heizvorrichtung gewählt wird, ist ein Trocknen der Pappen durch Aufhängen nötig. Bei dünnen Papieren genügt auch die Ausführung mit Heizwalzen (Abb. 35), um das kaschierte Material fast trocken aus der Maschine zu erhalten. Wo aber Wert darauf gelegt wird, bei allen Papiersorten die Gewähr für durchaus trockene und sofort stapelfähige Ware nach Herauskommen aus der Maschine zu erhalten, wird unbedingt die Ausführung mit Trockenzylinder zu bevorzugen sein. Jegliches Nachpressen und Aufhängen ist bei dieser Ausführung überflüssig, auch ist Fleckigwerden von Papieren infolge zurückgebliebener Feuchtigkeit ausgeschlossen. Die Leistung beträgt bei der Bauart Abb. 35 in 10 Arbeitsstunden ungefähr 6000 Bogen und bei der Maschine mit Trockenzylinder ungefähr 8000 Bogen.

In großen Pappenfabriken finden ziemlich umfangreiche Anlagen, teilweise mit mehreren Trockenzylindern ausgestattet, zum ein- und gleichzeitig zweiseitigen Bekleben von Pappen Anwendung.

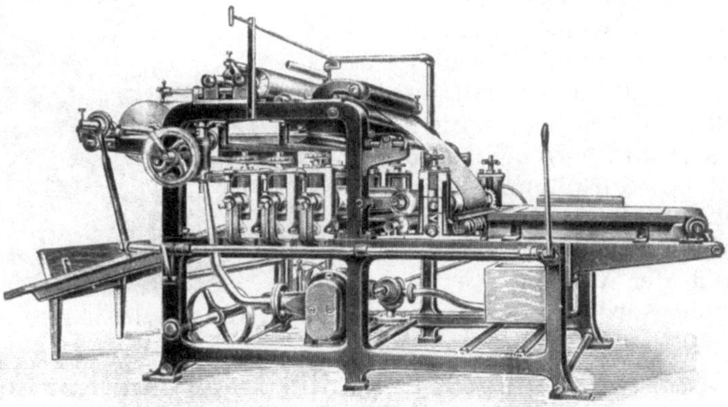

Abb. 35

Bevor wir daher den Abschnitt über die Pappenbeklebemaschinen abschließen, sei noch einiges über die Hochleistungs-Pappenbeklebemaschinen für einseitige und doppelseitige Klebung, wie sie von der Firma Friedrich Müller, Maschinenfabrik, Freital-Potschappel, gebaut werden, gesagt.

Die bildlich veranschaulichten Maschinen stellen Klebemaschinen dar, wie solche heute in der Industrie in reichem Maße Verwendung finden. Die Maschinen sind geeignet zur Verarbeitung aller überhaupt in der Branche zur Verwendung kommenden Papiere und arbeitet das Modell PKT (Abb. 36) einseitig beklebtes Material heraus, während das Modell PKD (Abb. 37) gestattet, die Pappe gleichzeitig doppelseitig mit Kaschierpapier auch verschiedener Qualität zu versehen.

Die Maschinen arbeiten dergestalt, daß das Kaschierpapier in jedem Falle von der Rolle arbeitet, während die Pappe in beliebigen Formaten zugeführt wird. Eine neuerdings an dieser Maschine angebrachte Spezialeinrichtung gestattet das Verarbeiten verschieden langer Bogen ohne Umstellung, wobei eine mittels Fühler arbeitende Auslösevorrichtung die Trennvorrichtung in exakter Weise bedient.

Abb. 36. Modell PKT

Die über den Trockenzylinder zur Trocknung führenden Bogen sind nach Verlassen desselben sofort weiterverarbeitungsfähig bzw. stapelfähig. Die Leistung der Maschine beträgt in 8 Stunden für das Modell PKT etwa 5000 Bogen einseitig beklebten Materials, für das Modell PKD etwa 5000 Bogen doppelseitig beklebten Materials oder aber 8000 einseitig beklebte Bogen, wobei bei einem Arbeitsgang durch die Maschine gleichzeitig 2 Pappen aufeinanderliegend gegeben werden.

Als Klebstoff wird bei diesen Maschinen Kartoffelmehlkleister verwandt, der wohl in allen Fällen vom Bedienungspersonal der Maschine selbst zubereitet werden kann.

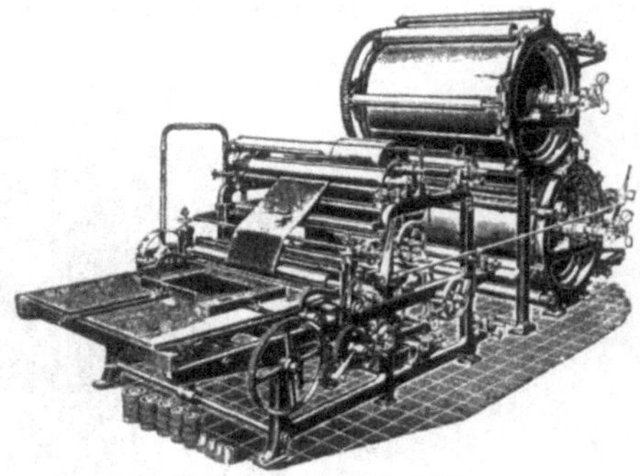

Abb. 37. Modell PKD

Klebstoffauftragmaschinen für Pappe und Karton

Die üblichen Anleim- bzw. Klebstoffauftragmaschinen sind in der Hauptsache aus rotierenden Walzen konstruiert, die den Klebstoff aus einem angebauten Leimkasten entnehmen und auf das Material übertragen. Dabei ist es gleichgültig, ob sich die Klebstoffbehälter oberhalb oder unterhalb der Leimwalzen befinden. Die Anzahl und Anordnung der Walzen ist ebenfalls verschieden. Wir unterscheiden daher Klebstoffauftragmaschinen nach dem Ein-, Zwei- oder Dreiwalzensystem. Die Einwalzenmaschinen, die für kleinere Arbeitsbreiten und besonders für die Verarbeitung von Kaltleim sehr zweckmäßig sind, besitzen ein sogenanntes Abstreiflineal, das regulierbar ist, während bei den Mehrwalzenmaschinen die Stärke des Leimauftrages durch die Entfernung der Walzen zueinander reguliert wird. Das zu beleimende Papiermaterial wird durch Einführungswalzen vom Anlegetisch aus nach der Leimauftragwalze geführt und durch die Adhäsion des Leimes so lange auf der Auftragwalze festgehalten, bis es durch die Abstreifer von der Leimauftragwalze wieder abgehoben wird. Bei diesem Vorgang des Klebstoffauftrages schmiegt sich das Papiermaterial eng an die Auftragwalze an.

Ganz anders spielt sich der Vorgang ab, wenn starkes Material, wie Karton und Pappe, mit Klebstoff versehen werden soll. Derartig starkes Material läßt sich nicht in der gleichen Weise an die Auftragswalze heranbringen, wie beispielsweise Papier; denn es ist nicht biegsam genug. Aus diesem Grunde müssen Klebstoffauftragmaschinen für Pappen so eingerichtet sein, daß das Material gerade ohne Biegung durch die Maschine laufen kann. Um dieses zu ermöglichen, besitzen die Klebstoffauftragmaschinen für Pappen ein sogenanntes Druck-

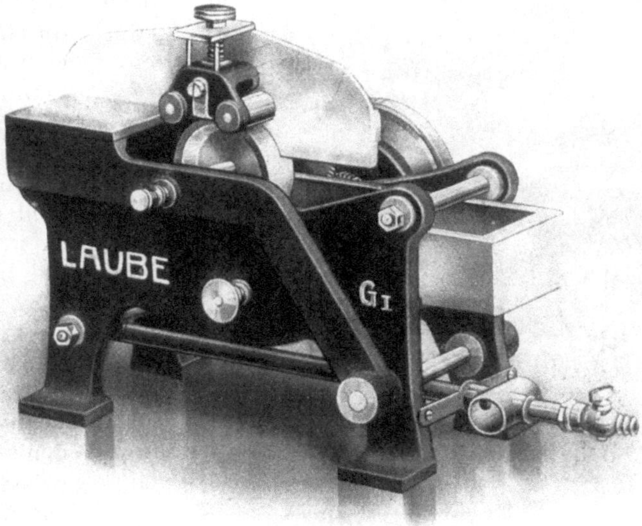

Kantenbeleimmaschine für Pappen („Laube" Type „G I")

oberteil, wodurch das starke Material auf die Auftragwalze aufgedrückt wird. Dieses Druckoberteil muß einstellbar sein, um die Entfernung zwischen Auftragwalze und Druckoberteil je nach der Materialstärke genau regulieren zu können. Damit das Material gut erfaßt und schnell an die Auftragwalze geführt wird, besitzt das Druckoberteil gewöhnlich geriffelte Walzen. Nachstehend zeigen wir eine Reihe von Klebstoffauftragmaschinen, die speziell für das Beleimen von Pappe eingerichtet sind, und zwar handelt es sich um Maschinen für Flächen-, Rand- und Streifengummierungen auf einer oder beiden Seiten des Materials.

Die obenstehend abgebildeten Kantenanleimmaschinen „Laube" Typen „G I" und „G II" zeigen das charakteristische regulierbare Druckwalzenoberteil. Die Maschinen werden verwendet zum einseitigen Kanten- oder Randgummieren von Kartonzuschnitten. Derartige Gummierungen werden benötigt bei Faltschachteln, Wiegekarten und im allgemeinen zum Beleimen der Kanten von Boden- und Seitenteilen bei getrennt zugeschnittenen Schachteln. Auch zum Anleimen offener Hälse oder sonstiger Ansatzteile oder Einlagen für Schachteln leisten diese Maschinen sehr gute Dienste. Die Maschinen können für Kalt- oder Warmleim verwendet werden und beleimen in einer Arbeitsbreite bis zu 150 mm. Die Doppelkantenanleimmaschine „Laube" Type „G III" arbeitet im Prinzip in der gleichen Weise wie die oben beschriebenen Kantenanleimmaschinen Typen „G I" und „G II", jedoch mit einem oberen und einem unteren Leimwerk, wodurch ermöglicht wird, daß Pappstreifen, insbesondere Halszargen für Kappenschachteln, schnell und sauber in einem Arbeitsgange doppelseitig beleimt werden können. Ein besonderes Druckoberteil besitzt die Maschine nicht, weil die obere Leimwalze zusammen mit dem daran anschließenden Leimbehälter gewissermaßen als Druckoberteil ausgebildet ist. Diese obere Leimwalze kann durch eine besondere Momenteinstellung von und zu der unteren Leimwalze bewegt werden, so daß die Entfernung zwischen den beiden Leimwalzen je nach der zur Verarbeitung kommenden Pappstärke genauest und schnellstens eingestellt werden kann. Die Maschine ist auch für einseitiges Beleimen von Pappe zu verwenden, indem lediglich ein Leimwerk in Tätigkeit gesetzt wird. Die beleimten Teile fallen auf ein Transporttuch und können auf diese Weise zu dem jeweiligen Arbeitsplatz befördert werden.

Kantenbeleimmaschine für Pappen
(„Laube" Type „G II")

Die Automatisierung und Rationalisierung in den Pappen verarbeitenden Industrien hat zu der Notwendigkeit geführt, Anleimmaschinen wie die oben beschriebenen Typen vollautomatisch arbeiten zu lassen. Dadurch wurde es notwendig, die Maschine mit einer vollautomatischen Materialzufuhr und einem vollautomatischen Materialabtransport auszustatten. Eine solche vollautomatische Pappstreifenbeleimmaschine ist der untenstehend abgebildete Halszargenbeleimautomat „Laube“ Type „G V“. Ohne daß bei dieser Maschine irgendwelche Teile ausgewechselt werden müssen, können Halszargen in einer Länge von 100—300 mm und 10 bis

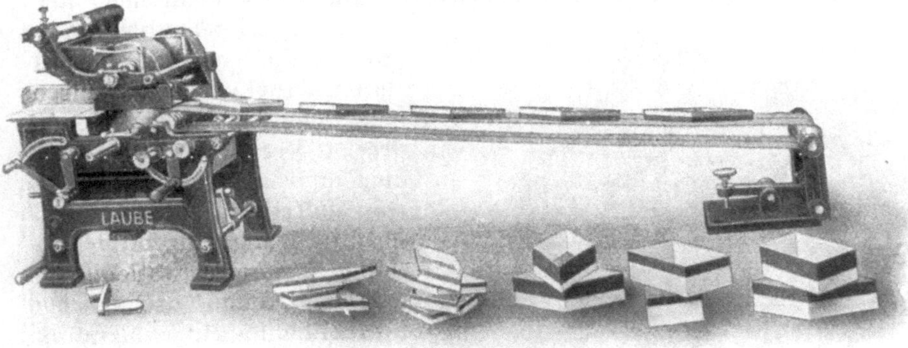

Doppelseitige Kantenbeleimmaschine für Pappen („Laube“ Type „G III“)

45 mm Breite mit Klebstoff bestrichen werden. Die Maschine wird hauptsächlich für sogenannte Kappenschachtelfließanlagen verwendet, mit denen Schachteln in großen Mengen hergestellt werden. Je nach

Automatische Kantenbeleimmaschine für Pappen („Laube“ Type „G V“)

Länge der zu beleimenden Pappstreifen können in 8stündiger Arbeitszeit bis zu 100000 Teilen ein- oder doppelseitig beleimt werden.

Für Vollgummierungen werden Pappenanleimmaschinen nach dem Ein- oder Zweiwalzensystem verwendet. Die nachstehend abgebildete Type „E" zeigt deutlich das mit zwei geriffelten Walzen ausgestattete Druckoberteil, das durch eine Momenteinstellung je nach der zur Verarbeitung kommenden Pappstärke regulierbar ist. Das Material läuft nicht durch die Einführungswalzen der Maschine, sondern wird lediglich zwischem dem Druckoberteil und der Leimauftragwalze durch die Maschine geführt. Die Maschinenausführung mit einer Walze ist zweckmäßig und sehr gut verwendbar für Arbeitsbreiten bis ca. 400—500 mm und für Kaltleim. Sofern Warmleim zur Verarbeitung kommt und für größere Arbeitsbreiten bis zu 1250 mm ist es empfehlenswert eine Zweiwalzen-Pappen-Anleimmaschine mit Druckoberteil zu verwenden. Eine solche Maschine ist die nebenstehend abgebildete Type „H", ein außerordentlich kräftiges Modell, das für stärkste Beanspruchung geeignet ist. Der Leimauftrag wird durch eine sogenannte Momenteinstellung über die ganze Walzenbreite reguliert. Die Einführungswalzen der Maschine, die Walzen des Druckoberteiles, die Leimwalzen sind aus allerbestem Messing hergestellt, so daß selbst bei Verarbeitung von Warmleim ein Rosten

Universal-Klebstoffauftragmaschine („Laube" Type „E")

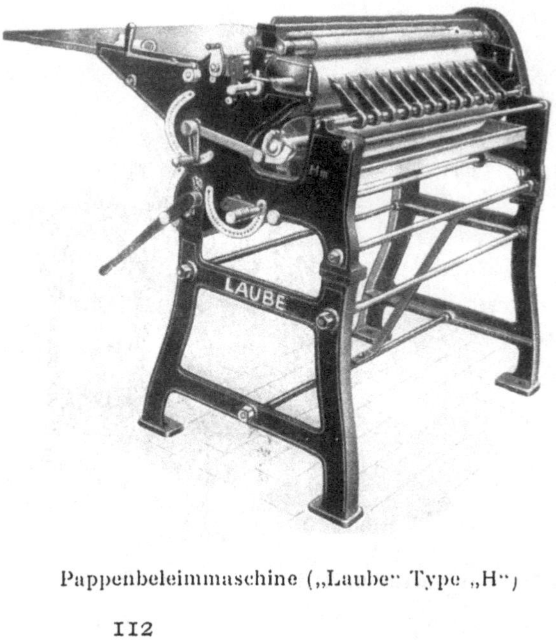

Pappenbeleimmaschine („Laube" Type „H")

dieser Teile nicht möglich ist. Das Druckoberteil kann so eingestellt werden, daß Material in einer Stärke bis zu 12 mm auf der Maschine beleimt werden kann. Die Maschine wird geliefert für Transmissionsantrieb oder auch für direkten Antrieb durch Elektromotor. An Stelle der Messingwalzen kann die Maschine auch mit Gummiwalzen geliefert werden, wodurch nicht nur ein Beleimen, sondern auch ein feines Lackieren der Pappen möglich ist. Die beleimten oder lackierten Pappen werden entweder auf Horden oder unter Zuhilfenahme eines sogenannten Heißluft-Schnell-Trockenapparates getrocknet.

Sollen Beleimungen besonderer Art ausgeführt werden, so gibt es für diesen Zweck Spezialmaschinen, bei denen die Auftrags- oder Leimwalzen je nach der Anordnung und Einstellung der Leimstreifen eingebaut sind.

Beklebefähigkeit der Buchbinderpappen

Von allen Pappensorten wird die Buchbinderpappe am meisten, ja fast stets geklebt. Die Klebefähigkeit hat aber eine bestimmte Grenze, und es gibt Pappen, die in dieser Hinsicht viel zu wünschen übrig lassen. Trifft es sich nun, daß das zu verwendende Papier ebenfalls eine schlechte Klebefähigkeit besitzt, dann ist die Verbindung desselben mit der Pappe keine dauernde. Man findet oft Bücher oder auch andere Gegenstände, die eine elegante Aufmachung zeigen, aber in bezug auf Beklebung nichts weniger als dauerhaft sind. Wer Erfahrung hat, wird deshalb stets gut klebefähige Pappe und ein ebenso geeignetes Papier verwenden.

Eine Pappe ist dann als geeignet zu bezeichnen, wenn sie einesteils nicht zu saugfähig und anderenteils nicht zu glatt ist. Ist die Saugfähigkeit eine zu große, dann dringt die Feuchtigkeit der Klebemasse zu rasch in den Körper ein, und der eigentliche Klebstoff kann nicht zur Wirkung kommen, da er sozusagen vertrocknet.

Ist die Pappe sehr hart und dicht geschlossen, dann wird der Klebstoff ebenfalls nicht wirken können, weil er nicht in den Stoff eindringen kann. Es bildet sich sozusagen eine dünne Klebstoffhaut, die nirgends verankert ist und sich infolgedessen leicht wieder lösen kann. Manchmal genügt schon eine geringe Biegung zur Trennung der beiden Schichten. Es ist für eine gute Buchbinderpappe notwendig, daß sie wohl Wasser in sich aufnehmen kann, das Saugen aber nicht zu rasch vor sich geht, sondern das eindringende Wasser Zeit gewinnen kann, einen gewissen Prozentsatz des Klebstoffes mit in das Innere der Pappe mitzunehmen. Dadurch entsteht eine feste Verankerung der Klebemasse. Hat nun das Papier die gleiche Eigenschaft, kann eine Trennung nur durch längere Einwirkung von Feuchtigkeit erfolgen. Wollte man z. B. Preßspäne mit Pergamyn bekleben, würde man nur vorübergehenden Erfolg haben, denn der Klebstoff kann weder in die Pappe noch in das Papier eindringen. Eine gewisse Klebung erfolgt wohl, aber sie ist nicht von Dauer, namentlich bei Gegenständen, die oft in die Hand genommen werden oder gar Biegungen ausgesetzt sind.

In allen Fällen, außer den letzterwähnten, kann man eine Besserung erreichen, wenn man die Konsistenz des zu verwendenden Klebstoffes entsprechend wählt. Wenn man eine stark saugende Pappe hat, kann man die Klebfähigkeit bedeutend verbessern, wenn die Klebemasse ziemlich dickflüssig ist. Dadurch wird die Einsaugung des Wassers verlangsamt, und der Klebstoff dringt mit ein. Ein anderes gutes Verfahren ist, derartige Pappen zuerst mit einem feuchten Schwamm oder Lappen vorzufeuchten, wodurch das Aussaugen des Klebstoffes vermindert wird. Dasselbe Mittel wendet man gerne bei zu glatter Pappe oder Papier an, nicht etwa, wie im obigen Falle, zwecks Sättigung mit Wasser, sondern um die Poren zu öffnen, damit die Klebemasse eindringen kann. Durch die Befeuchtung verschwindet die Glätte, weil die Fasern quellen und infolgedessen aufstehen. Auf diese Weise werden künstliche Poren erzeugt, die dann dem Klebstoff als Verankerungsplatz dienen.

Bei Preßspänen ist dies natürlich wieder anders. Bei diesen wird die Glätte bzw. der Glanz durch Auftragen von Wachs oder Fettteilen durch Verstopfung sämtlicher Poren erzeugt. Die fetten Substanzen nehmen das Wasser schlecht auf, und zudem sind die Poren alle verstopft. Man kann nur zum Ziele kommen, wenn man eine Mischung von zirka 10 Teilen Wasser von etwa 30 ° C und 1 Teil Alkohol verwendet und die zu beklebende Stelle einmal, leicht reibend, befeuchtet.

Die Härte des Stoffes spielt bei der Pappe keine Rolle, wohl aber beim Papier. Es ist erwiesen, daß eine harte Pappe für Beklebezwecke sehr geeignet ist, solange sie eine etwas rauhe Beschaffenheit hat, also ungeglättet ist. Die Pappe ist ein starrer Körper und hat in bezug auf Dehnung und Zusammenziehung günstigere Eigenschaften als das Papier. Ist letzteres aus harten Stoffen hergestellt, z. B. aus reiner Zellulose, dann dehnt es sich stark, wenn es mit Wasser in Berührung kommt. Diese Dehnung wird für Beklebezwecke um so unangenehmer, als die Befeuchtung durch Auftragen des Klebstoffes nur auf einer Seite erfolgt. Ist das Papier auch noch gut geleimt, dann wirkt die Feuchtigkeit nur auf dieser Seite, und es neigt zum Sicheinrollen. Dieser Vorgang ist leicht erklärlich, denn durch die Befeuchtung dehnt sich das Papier nur auf dieser Seite, wird also länger, und es muß ein Zusammenrollen eintreten. Wird nun ein derartiges Papier für Beklebezwecke verwendet, ist nicht nur das Sicheinrollen eine unangenehme Eigenschaft, sondern man läuft auch Gefahr, eine beutelige und faltenreiche Beklebung zu erzielen. Der Grund hierfür ist ebenfalls ein sehr einfacher. Da das Papier durch die Befeuchtung auf einer Seite länger wird und gerade diese Seite auf der Pappe festgeklebt wird, die andere Seite aber unbeeinflußt bleibt, kann es sich nicht mehr zusammenziehen, und es entstehen nun ungleiche Dimensionen, wodurch Falten auftreten.

In Fällen, wo derartiges Papier unbedingt verwendet werden muß, soll man dasselbe erst auf der anderen Seite mit Wasser befeuchten und dann erst auf der anderen Seite die Klebemasse auftragen. Dadurch entsteht eine gleichmäßige Dehnung des ganzen Körpers. Das Papier zieht sich beim Trocknen wieder zusammen und erlangt seine Straffheit wieder.

Für alle Beklebezwecke wird holzstoffhaltiges Papier den Vorzug haben, da es obenerwähnte Eigenschaften nicht besitzt. Es kann sich nicht in dem Maße dehnen, weil die Holzstoffteilchen längere Zeit benötigen, um sich vollzusaugen, und dann die Feuchtigkeit leichter eindringt, da das Papier poröser ist.

Nicht unerwähnt soll bleiben, daß alle sehr saugfähigen Pappen neben einem ziemlich konsistenten Kleister eine rasche Vereinigung der zu beklebenden Schichten erfordern. Auch die schon genannte Vorfeuchtung soll nicht unterlassen werden.

Da sich jedes Papier in beleimtem Zustand mehr oder weniger dehnt. so ist es, um eine tadellose Beklebung, bei der auch nachträglich keine Flecken oder Streifen sichtbar sind, zu erzielen, vor allem wichtig. den Klebstoff ganz gleichmäßig aufzutragen. Das vorteilhafteste ist die Verwendung einer Anleimmaschine, und zwar am besten einer solchen mit einem Transportband. Die vorstehend abgebildeten Maschinen eignen sich für die Verarbeitung von Kalt- und Warmleim und jede Sorte Stärkekleister. Das Transportband ist durch einen Hebel unabhängig von der Maschine abstellbar, was insofern von großem Vorteil ist, als man die angeleimten Bogen eine bestimmte Zeitlang auf dem Transportband liegen lassen kann, bis sich der Dehnungsprozeß vollzogen hat. Ein gut ausgedehntes Papier läßt sich außerordentlich leicht auf die Pappe auflegen, wobei man darauf achten soll, den Bogen an einer Kante beginnend, gewissermaßen auf die Pappe gleiten zu lassen. Auf diese Weise entstehen keine Luftblasen zwischen Papier und Pappe und die Kaschierarbeit geht schnell vor sich. Ist das Papier mit einem Pinsel ungleichmäßig bestrichen, dann findet natürlich auch eine ungleichmäßige Dehnung statt und es ist meistens sehr schwierig, besonders bei empfindlichen Papieren, den Bogen glatt aufzuziehen. Jede einseitig beklebte Pappe hat die Neigung, sich zu krümmen, und zwar je stärker, je mehr sich das Papier in angeleimtem Zustand gedehnt hat. Aus diesem Grunde müssen Pappbogen, die absolut flach bleiben sollen, zweiseitig kaschiert werden, und zwar mit zwei Papieren, die sich gegenseitig in der Spannung ausgleichen. Zum maschinellen Kaschieren bauen die Jagenberg-Werke eine ganz neuartige Bogen-auf-Bogen-Klebmaschine mit einer sehr hohen Leistung, wobei die absolute Gewähr für genaues Registerhalten nunmehr gegeben ist. Damit das Papier auch hier Gelegenheit hat, sich vor dem Aufkleben genügend zu dehnen, läßt man es auf einem längeren Weg über einige Führungswalzen in dem Untergestell des Pappenauflegetisches laufen. Die Länge des Weges kann man durch die Ausschaltung der einen oder anderen Walze verkürzen. Das Trennen des Papieres jeweils zwischen zwei Pappbogen erfolgt automatisch durch ein gezahntes Messer. Die Messerpartie wird durch einen Fühler ausgelöst, der gegen die Pappkante arbeitet. Bei großem Bedarf in beklebten Pappen werden diese Maschinen mit einem oder mehreren Trockenzylindern verbunden, so daß sofort verarbeitungsfähiges Material abtransportiert werden kann.

Die Veredelung der Pappen durch Druck und Prägeausstattung[1])

a) Gummidruckmaschinen

Unter den mannigfachen Arbeits- und Hilfsmaschinen in der Kartonnagenindustrie haben sich die Walzendruckmaschinen mit elastischen Gummi-Dessin-Walzen oder wie man kurz sagt, Gummidruckmaschinen in den letzten Jahren immer mehr eingebürgert. Dies mag einerseits in der verhältnismäßig großen Billigkeit, Anspruchslosigkeit an Bedienung, Raum und Fläche, andererseits in der hohen Leistungsfähigkeit bei geringem Kraftverbrauch zu suchen sein. Der Zug der heutigen Zeit, auch dem Verpackungsmaterial — gleichgültig ob es sich um Einwickelpapier, Schachteln, Kisten oder sonstwie geartete Kartons oder Emballagen handelt — ein zeitgemäßes, geschmackvolles und farbenfreudiges Äußeres zu geben, hat gerade viel zur Verbreitung dieser Maschinen beigetragen.

Jedenfalls gebührt dem im Jahre 1924 verstorbenen Herrn Oscar Sperling, dem früheren Inhaber der Gummiwalzen- und Maschinenfabrik Oscar Sperling & Co, in Berlin, wohl das Verdienst der Erfindung dieser Art von Maschinen, deren Fabrikation er zuweilen unter schwierigen Verhältnissen bis zum Jahre 1917 selbst geleitet und betrieben hat. Von ihm übernahm zu jener Zeit die Warmbrunner

[1]) Die diesem Beitrag beigegebenen Abbildungen von Maschinen zeigen sämtlich Erzeugnisse der Ostdeutschen Gummiwerke Dr. C. Neubert, Giersdorf, Rsgb.

Gummiwalzenfabrik Dr. C. Neubert in Bad Warmbrunn respektive deren Nachfolgerin, die Firma Ostdeutsche Gummiwerke Dr. C. Neubert in Giersdorf im Riesengebirge, den Bau und Vertrieb seiner Erzeugnisse unter gleichzeitigem käuflichen Erwerb seiner maschinellen Einrichtung, doch haben sich später auch noch andere, zum Teil heute nicht mehr existierende Werke, wie z. B. die Germa-Werke in Altona um die Vervollkommnung dieser Maschinen verdient gemacht. Von diesen letzteren rührt, soviel uns bekannt ist, auch der Gedanke her, selbige mit sogenannten Konuswalzen auszurüsten, um einmal den Preis der Walzen überhaupt und zum anderen auch das Gewicht der Eisenkerne für den Versand herabzusetzen. Sie bestehen also aus Rohren mit an beiden Seiten eingedrehten Konen, in die beim Schleifen und Arbeiten eine durchgehende Welle eingeschraubt wird. Ob dies freilich eine Verbesserung und Verbilligung der Maschine an sich vorstellt, bleibt dahingestellt, gibt diese Ausführung doch leicht zu Fehlerquellen Veranlassung, die

1. in der Bohrung des Konus in der Walze,
2. im Außendurchmesser des Konus auf der Welle und
3. in seiner Bohrung

bestehen können.

Eine besondere Konstruktion einer Konuswalze für Gummidruckmaschinen hat sich übrigens Herr Karl Friedrich Dietrich in Leipzig-Reudnitz und Herr Franz Wilhelm Hermann Dietrich in Altona-Ottensen im Jahre 1911 durch Patent schützen lassen, das die Herstellung einer Walze mit lösbarer Welle oder lösbarem Zapfen zum Gegenstand hat, wodurch gegenüber einer gewöhnlichen Zapfenwalze der Vorteil erreicht werden soll, daß bei einem neuen Muster nicht eine vollständig komplette Walze, sondern lediglich eine Hülse mit aufgezogenem Gummidessinmantel beschafft zu werden braucht. Dabei hätte allerdings jedes neue Muster den gleichen Rapport zu ergeben wie das vorherige, andernfalls eine etwaige Rohrverstärkung auch wiederum die Neuanschaffung von Einsatzböden erforderlich machen würde. Ob sich daher diese Art der Ausführung von Walzen einbürgern dürfte, erscheint fraglich, da auch die Dietrichsche Walze genau denselben Fehlerquellen unterliegt wie eine gewöhnliche Konuswalze und unbedingt den Nachteil besitzt, daß, wenn die Wellenkonen stark angezogen werden, was ja notwendig ist, der geschlitzte Walzenboden die Walze an den Enden unrund drückt, weil eben der Konus nicht starr ist, sondern vermöge des Schlitzes auseinanderfedert.

Alle diese Maschinen werden in verschiedenen Modellen auf den Markt gebracht, und zwar hauptsächlich für Ein-, Zwei- und Dreifarbendruck, wobei der Druck entweder von Bogen oder von der Rolle erfolgt, mit einer bei den beiden ersteren Modellen dahingehenden

Kombination, daß auf Wunsch eventuell für eine Bogendruckmaschine die An- und Abrollvorrichtung, für eine Rollendruckmaschine dagegen der Anlege- und Falltisch später nachgeliefert werden kann.

Abb. 38

Beide Arten haben das gemeinsam, daß sie mit drei hintereinandergelagerten Farbwalzen, der sogenannten Farbwalze, Übertragwalze und Farbauftragwalze, einer Gummidessinwalze und einer Gegendruckwalze ausgerüstet sind, während die Zweifarbendruckmaschinen natürlich die doppelte Anzahl Walzen und außerdem eine sogenannte Spritzwalze über der Farbwalze am zweiten Farbwerk angeordnet aufweisen (Abb. 38). Unter der am äußersten Ende befindlichen Farbwalze befindet sich der Farbkasten, aus dem die flüssige Farbe der nächsten und von dieser wieder der dritten Farbwalze zugeführt wird, die die Farbe dann an die ihr vorgelagerte Dessinwalze abgibt. Unter letzterer ist die sogenannte Andruck- oder Führungswalze angebracht, welche durch Hebeldruck beim Durchpassieren des Bogens oder der Rolle an die Dessinwalze herangerückt wird. In allen Fällen liegt die Dessinwalze in unveränderlicher, fester Lagerung, so daß sowohl die einzeln verstellbaren Farbwalzen als auch die Führungswalze so gegen die Dessinwalze bewegt werden können, daß eine Schiefstellung oder gar ein Verquetschen der Gummibezüge nicht befürchtet zu werden braucht. Auch das Auswechseln der Dessinwalzen ist äußerst bequem und schnell zu bewerkstelligen, nicht minder das Herausnehmen der Farbwalzen infolge aufklappbarer Deckel ohne großen Zeitaufwand und besondere Geschicklichkeit auszuführen.

Das Arbeiten mit diesen Maschinen geht nun in folgender Weise vor sich: man stellt die Farbwalzen sowie die Führungswalze durch die in den Lagersteinen der Walzen angebrachten Stellschrauben so ein, daß zwischen den Walzen nur noch Platz für eine Papierstärke verbleibt, danach gießt man die Farbe in den Farbtrog, bringt ihn mittels Hebel in die richtige Höhenlage und setzt nun erst die Maschine in Gang, wobei man die drei Farbwalzen mittels der schon erwähnten Stellschrauben in der Weise reguliert, daß die Farbe überall gleichmäßig auf den Walzen sich verteilt. Hat man dann schließlich noch die Druckeinstellung zwischen Führungs- und Dessinwalze so vorgenommen, daß die auf beiden Seiten befindlichen Exzenter in ihrer Höhenstellung gerade den richtigen Druck zwischen Führungs- und Dessinwalze ergeben, kann mit der Bogendruckmaschine zu arbeiten begonnen werden, während es dazu bei der Rollendruckmaschine erst noch einiger weiterer Vorbereitungen bedarf, die in erster Linie darauf hinauslaufen, daß das Papier von der abzuwickelnden Rolle über die Spannwalzen zwischen Führungs- und Dessinwalze bis zur Aufwickelhülse geführt, dort gestrafft und gerade gerichtet wird (Abb. 39).

Bei Außerbetriebsetzung sind sofort die Führungswalze von der Dessinwalze, sowie die 3 Farbauftragwalzen voneinander abzurücken. Das Reinhalten der Walzen bei Verwendung verschiedener Farben ist eine Hauptbedingung für das gute Funktionieren einer Walzendruckmaschine. Bei etwaigem Farbwechsel müssen Dessinwalzen sowohl als auch Farbwalzen mit heißem Wasser abgewaschen werden, dem man etwas Spiritus oder Ätznatron zusetzt. Des weiteren ist die Dessinwalze, falls sich durch längere Benutzung oder Stillstand Farbe in die Vertiefungen des Musters eingesetzt hat, in gleicher Weise mittels einer Bürste zu reinigen. Unter keinen Umständen dürfen die Dessin- und Farbwalzen mit Benzin, Terpentinöl oder sonstigen ölhaltigen Flüssigkeiten in Berührung kommen, da hierdurch der Gummi leiden und verquellen würde. Überhaupt sind sie während des Stillstandes durch Zurückdrehen der Griffschrauben auseinanderzustellen, damit kein unnötiger Druck auf ihnen lastet, wodurch sie nur unrund werden.

Bogen- und Rollendruckmaschinen sind für Hand- und Motorbetrieb eingerichtet, in letzterem Falle beansprucht die Maschine keine be-

Abb. 39

sondere Person zur Wartung und Bedienung, da nur eine zeitweilige Beaufsichtigung und das Einlegen der zu bedruckenden und das Abnehmen der fertig bedruckten Rollen sich als notwendig erweist, so daß eine Person mehrere Maschinen zu bedienen vermag. Der Kraftbedarf für eine Bogendruckmaschine von 1000 mm Arbeitsbreite beträgt etwa 2 PS, für eine Zweifarbendruckmaschine 2½ PS, die Tourenzahl in ersterem Falle 120, in letzterem 100 bis 110 pro Minute. Die Leistung einer Rollendruckmaschine belief sich früher pro Stunde auf 1800 m, doch ist diese durch entsprechende Verstärkungen der Maschine neuerdings auf 4000—4500 m gesteigert worden, während die einer Bogendruckmaschine in gleicher Zeit sich auf

Abb. 40

850—1200 Bogen und die einer Zweifarbenwalzendruckmaschine auf 3000—3500 m beziffert. Die mit der Maschine verbundene selbsttätige Aufrollvorrichtung besaß früher Friktionsantrieb in Kugellagerung, um eine gleichmäßige Geschwindigkeit bei schwachen und starken

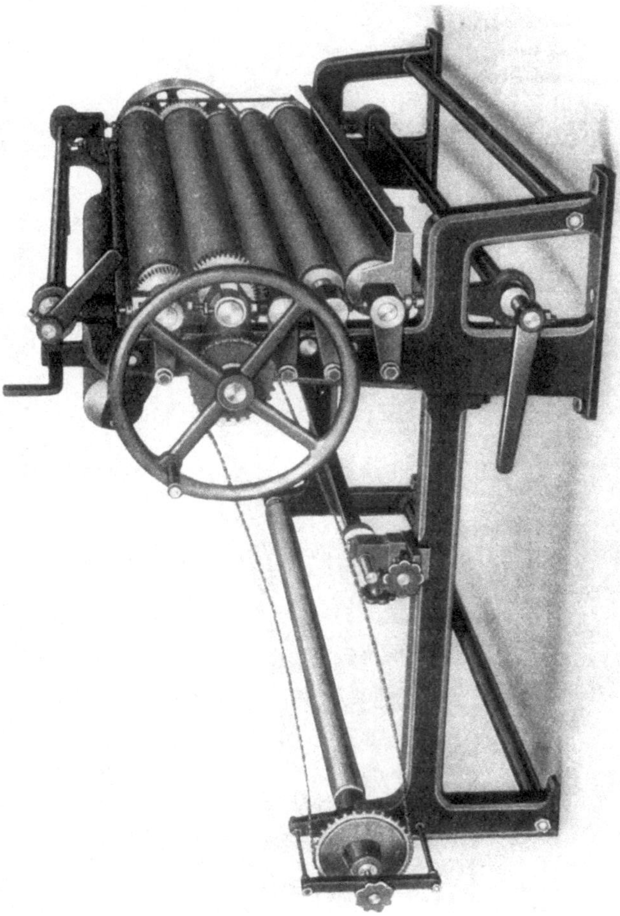

Abb. 41

Rollen zu erzielen, besteht aber neuerdings, wenigstens bei den Fabrikaten der Ostdeutschen Gummiwerke Dr. C. Neubert, aus einer die Papierrolle antreibenden Walze mit einer darüber befindlichen Druckrolle, wodurch eine fast klangharte Wickelung erreicht wird und die

Regulierung an der Friktionskuppelung in Wegfall kommt. Die Dessinwalzen haben Mustersteller, die so konstruiert sind, daß man mit denselben die Druckwalzen ganz herumdrehen kann. An Raum erfordert

Abb. 42

eine Bogendruckmaschine von 1000 mm Arbeitsbreite 2,20 × 1,70 m, eine Rollendruckmaschine der gleichen Abmessung 2,90 × 1,70 m und eine Zweifarbendruckmaschine 3,20 × 1,90 m.

Außer in der beschriebenen gewöhnlichen Konstruktion wird die Bogendruckmaschine neuerdings auch in einer verstärkten Konstruktion gebaut, wobei die drei Farbwalzen und Dessinwalzen nicht hintereinander in einer Ebene gelagert, sondern übereinander angeordnet sind, durch welchen Umstand vor allem ein Betropfen der Bogen auf den Rückseiten verhindert wird. Beifolgende Abbildung 41 zeigt den Unterschied dieser Konstruktion gegenüber der üblichen bereits oben unter Abb. 39 abgebildeten Bogendruckmaschine. Was die Ausführung der Dreifarbendruckmaschine anbelangt, so ist dabei vertikale Anordnung der einzelnen Walzenpartien vorgesehen, deren jede mit 3 kompletten Farbwerken, bestehend aus je 4 Farbauftrag- und Verreibewalzen, sowie je einer Dessinwalze zur Hervorbringung des gewünschten Musters ausgestattet ist, während zwischen den Farbwerken zur Erzielung eines genauen Transportes 2 Paar Transportwalzen laufen (Abb. 42).

Zum Unifärben aller Arten von Papier, Pappen, Kartons usw. bediente man sich bisher sogenannter Spezialfärbemaschinen, doch kann diese Arbeit auch auf einer der vorerwähnten Bogen- bzw. Rollendruckmaschinen ausgeführt werden, wenn an geeigneter Stelle Vorkehrungen zur Beseitigung der überschüssigen Farbe getroffen und die Dessinwalzen gegen glatte Farbwalzen ersetzt werden. Auf diese Weise gelingt es ohne weiteres, das Färben schon bei einmaligem Durchgange in gleichmäßig einwandfreier Weise auszuführen. Das Bedrucken und Färben der Papier- und Pappbogen erfolgt mittels wasser- oder spirituslöslicher Anilinfarben, über deren Zusammenstellung dem Interessenten beim Kauf einer Maschine Rezepte gewöhnlich überlassen werden.

Unter den vielen anderen Vorzügen, wodurch sich die Walzendruckmaschinen auszeichnen, verdient nicht zuletzt die Dauerhaftigkeit der Gummidessinwalzen hervorgehoben zu werden, die bei sachgemäßer Behandlung die viel teureren geätzten oder galvanisch erzeugten Metallwalzen weit übertreffen, dabei aber immer noch die Möglichkeit des billigen Ersatzes eines Musters durch Auflegen einer neuen Dessinplatte zulassen, wenn dasselbe veraltet, unmodern oder sonstwie während des Betriebes beschädigt worden sein sollte. Da vielfach auch schmälere Muster gedruckt werden sollen, in welchen Fällen sich die Anschaffung einer Gummidessinwalze in der ganzen Breite der Maschine nicht lohnen oder zu kostspielig stellen dürfte, möge hier noch darauf hingewiesen sein, daß es sich in solchen Fällen empfiehlt, sich durchgehend genutete Spindeln oder Wellen mit zu den Lagern passenden Zapfen anzuschaffen, auf die sich dann schmälere Rollen in den Ausmaßen der Muster aufstecken und durch Keile befestigen lassen. Auf diese Weise ist es möglich, durch Kombination und Zwischenschaltung glatter Gummirollen eine Menge der verschiedensten Dessins ohne erhebliche Kosten zu erzeugen.

Jedenfalls sind auch damit die Verwendungsmöglichkeiten von Walzendruckmaschinen noch lange nicht erschöpft, vielmehr bietet sich hier dem Konstrukteur sowohl als dem Fabrikanten noch ein ausgiebiges Feld für die Ausnutzung dieser so überaus praktischen Maschinen auf dem Gebiete der Pappen- und Papierverarbeitung.

b) Die Vierfarben-Pappendruckmaschinen

Mit der Maschine (Abb. 43) können bis zu 4 Farben in einem Arbeitsgang gedruckt oder auch mit dem ersten Farbwerk gefärbt und mit den übrigen Farbwerken bis zu 3 Farben in einem Arbeitsgang

Abb. 43. Vierfarben-Pappendruckmaschine Modell W.U. (Maschinenfabrik Max Kroenert G. m. b. H., Altona-Bahrenfeld)

Muster aufgedruckt werden. Die Färbung der Pappen ist sehr intensiv zu erzielen.

Das Kaschieren der Pappen ist durch direktes Färben und Bedrukken gänzlich überflüssig geworden, wodurch eine erhebliche Verbilligung der Pappen erzielt wird.

Welchen Zwecken die Pappen auch dienen mögen, ob für Kisten. Papp- oder Faltschachteln, oder Hutschachteln usw., so hat dieses für die Veredlung durch Färben oder Bedrucken keine Bedeutung. Wichtig ist, daß die Pappen in der Stärke nicht unter 0,6 mm sein dürfen, da alsdann die Färb- bzw. die Dessinwalzen ihre Gegenwalze berühren, wenn die Pappe die Maschine passiert hat und die Farbe an die Gegenwalze gegeben wird, was zur Folge hat, daß die Rückseite der zu bedruckenden Pappe verschmiert wird. Um Pappen in einer Stärke von 0,6 mm bedrucken zu können, wird die Maschine mit Ab- und Aufrollvorrichtung ausgerüstet und das Material in endloser Bahn bedruckt. Es können im übrigen Pappen in jeder beliebigen Stärke bedruckt werden, jedoch ist zu beachten, daß bei einer Pappenstärke von 5 mm aufwärts die Zahnräder der Druckzylinder der Stärke der Pappen entsprechend vergrößert werden müssen.

Je nach der Oberflächenbeschaffenheit der Pappen kann man Ansprüche an die Feinheit der Muster stellen. Der Druckausfall auf einseitig geglätteten Pappen ist genau so gut, wie auf glattem Papier, dahingegen wird man in der Wahl der Muster bei rauhen oder welligen Pappen Rücksicht auf die Feinheit der Muster nehmen müssen. Feine Schriften und kleine schwache Figuren sind hier zu vermeiden. Färben der ganzen Pappen und Drucken von stärkeren Konturen fallen auch auf rauhen Pappen gut aus. Beim Färben rauhester Pappen wird man vorteilhaft mit 2 Farben färben.

Für das Bedrucken wird wasserlösliche Anilinfarbe verwandt und ist die Farbe sofort nach dem Verlassen der Druckmaschine getrocknet, so daß es der Anordnung einer besonderen Trockenvorrichtung nicht bedarf. Die in der Maschine befindlichen Gummiwalzen sind mit einer Ia Gummiqualität ohne Beimengung von Regeneraten, bezogen, so daß auch eine lange Haltbarkeit der Walzen gesichert ist.

c) *Das Pappen-Prägewalzwerk*

Die mit Hilfe dieser Maschine (Abb. 44) geprägten Pappen finden in der Pappenverarbeitung immer mehr Eingang, insbesondere für die moderne Kartonnagenindustrie, da aus solchen hergestellte Packungen sehr vornehm wirken, während andererseits das Gaufrieren den Preis der Pappen nur ganz unwesentlich erhöht, denn die Maschine kann mindestens 600 Bogen in der Stunde prägen. Vielfach wird die Maschine auch zum Einprägen von Fabrikmarken in Pappen benutzt.

Dem Durchmesser der Dessinwalze entsprechende Zahnräder, die sogenannten Rapporträder, sind dann erforderlich, wenn das Dessin der gravierten Stahlwalze durchgeprägt wird, d. h. auch auf der Rückseite des zu prägenden Pappen- oder Kartonbogens erscheinen soll. In diesem Falle ist auch zu jedem wechselnden Gravurdessin, also zu jeder verschieden gravierten Stahlwalze eine besondere Papierwalze erforderlich, in welch letztere das Gegenstück zur Gravur, also gewissermaßen die Matrize, eingewalzt wird. Für grainierte Pappen, also solche, bei denen die Prägung nur auf einer Seite des Materials zu erscheinen hat, genügt aber eine einzige Papierwalze, auch bei Verwendung mehrerer gravierter Dessinwalzen, da erstere dann ja glatt ist.

Die Maschine ist der von ihr zu leistenden Arbeit entsprechend in allen Teilen kräftig erbaut, wirkt mit kombiniertem Spindel- und Hebeldruck und liefert daher scharf ausgeführte Prägungen. Der

Druck der Walzen kann durch die Gewichte leicht und schnell reguliert werden. Da die Ständer nach vorn offen sind, geht auch das Auswechseln der Walzen überaus rasch vonstatten. Für Bogengaufrage eingerichtet, ist die Maschine mit Vorder- und Hintertisch ausgestattet.

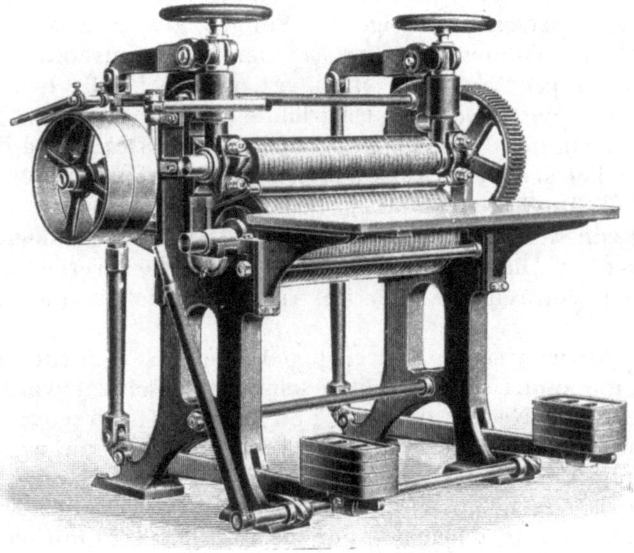

Abb. 44. Erzeugnis der Sächsischen Cartonnagen-Maschinen Act.-Ges., Dresden

für Rollen- und Bogenauftrag außerdem mit Vorrichtung zum faltenlosen Durchführen des Papiers.

In vielen Fällen ist es vorteilhaft, die Stahlwalzen zu heizen, und zwar kann dies mit Gas oder Dampf geschehen.

Das Prägen und Stanzen der Pappe sowie ihre Veredelung durch koloristische Hilfsmittel[1])

Unter den Pappe verarbeitenden Gewerbezweigen nimmt die Prägerei und die damit verbundene Stanzerei der Pappe insofern eine gewisse Ausnahmestellung ein, als hier mittels mechanischer Bearbeitung eine unmittelbare Veredlung der Pappe vor sich geht. Außerdem aber kann die Pappe als Nachahmungsmöglichkeiten von Metall, Leder, Holz usw. hergerichtet werden.

[1]) Die Einführung dieses Beitrages entnahm ich der Kartonnagen-Zeitung, Dresden (Nr. 4 vom Jahre 1916).

Obwohl das neuere Kunstgewerbe solche Nachahmungstriebe verpönt und mit der Begründung gern beschneiden möchte, daß bei gewerblichen Gegenständen auch die stoffliche Wirkung — demnach also hier die der Pappe — zum Ausdruck kommen müsse, so ist die Prägerei der Pappe aber gerade dadurch groß geworden, daß sie recht vielerlei und verschiedenartige Wirkungen aus dem Material, einschließlich der Zutaten, für ihre Erzeugnisse herausholte.

Eines ihrer gegenwärtigen Haupterzeugnisse ist die bekannte Reklamewandtasche, die auch im Auslande große Verbreitung gefunden hat. In diesen meist farbig gespritzten Wandtaschen werden jedes Jahr eine beträchtliche Anzahl von Neuheiten herausgebracht, die vorwiegend durch Großhändler vertrieben werden und durch Anbringung von Reklameaufdrucken in den Dienst der Kundenwerbung gestellt werden. Die Entwürfe zu diesen Neuheiten werden zugunsten allgemeiner Verbreitung auch im Ausfuhrhandel möglichst neutral gehalten.

Bei der fortwährenden und großen Folge von Neuheiten in diesen Taschen, die zumeist als Geschmacksmuster geschützt werden, ist es auch schwer, zu Neuem zu raten, und man darf überzeugt sein, daß, wenn man vorschlagen wollte, z. B. Venedig als Hintergrund für die Rückwand, die Rialtobrücke mit durchfahrender Gondel aber als Taschenansatz zu nehmen, dieser Gedanke in irgendeiner Ausführung schon vorhanden ist: ebenso könnte es vielleicht sein mit einer „Tell-Wandtasche“, „Meißner Porzellan“. „Dachauer Bauernkunst“ usw.

Die Gründe, die gerade dieser Reklamewandtasche zu ihrer großen Verbreitung verholfen haben, sind. außer dem billigen Preise, die große Reklamewirksamkeit, die ihr dadurch innewohnt, daß sie bestimmt ist, dem Auge frei zugänglich, an die Wand gehängt zu werden; schließlich liegt ihr Vorteil auch in der flachen Versendbarkeit.

Bei dem vorhandenen großen Bedarf. der mit zugkräftigen Neuerscheinungen solcher Reklamestücke hervorgerufen werden kann. hat man schon versucht, auch andere Bedarfsgegenstände zu stanzen und zu prägen als kleine Wandkonsols, Schlüsselbrettchen, Spruchbretter mit Nachahmung von Holzbrandmalerei. Bürstenhalter. Taschenuhrhalter, Federhaltergestelle, Besuchskartenschalen usw. obwohl durch keinen dieser Gegenstände die Wandtasche ersetzt werden konnte.

Gewiß könnte die Papp-Prägerei noch manches Zweckmäßige und praktisch Brauchbare herausbringen, als beispielsweise zusammenlegbare Frühstückskörbchen, Briefkörbe zum Herumreichen der eingehenden Post im Kontor, zusammenlegbare Näh- und Handarbeitskörbchen, die aber in den Preis passen und sich auch gut für Reklamezwecke in den Dienst der Kundenwerbung stellen lassen müßten.

Der pappgeprägte Photographierahmen ist alt und allgemein bekannt; nichtsdestoweniger könnten aber auch damit verkäufliche Neuheiten erzielt werden.

Das erhaben geprägte Blechplakat kann die Papp-Prägerei mit ihren Hilfsmitteln ohne weiteres nachahmen, nicht nur in Hinsicht auf die Reliefpressung und die farbige Behandlung, sondern die Pappe läßt sich auch wasserdicht herrichten.

Für den Zimmerschmuck liefert die Papp-Prägerei jene Behänge an die Oberfenster, die man vordem Lambrequin nannte, und ferner noch geprägte Abschlußborten für den oberen Tapetenrand der Zimmer.

Die Papp-Prägerei bringt auch geschützte Einlegesohlen auf den Markt mit besonders kräftig gewölbten Querrippen und einer ebenso gewölbten Umfassungsborte, wodurch eine gute Haltbarkeit solcher Pappsohlen erzielt wird.

Schließlich muß noch besonders hervorgehoben werden, daß die Papp-Prägerei und -Stanzerei in hervorragendem Maße befähigt ist, öffentliche und private Festlichkeiten durch Lieferung passender Ziermittel schmücken zu helfen, etwa in Gestalt von Wappen, heraldischen Wappentieren oder verwandten Schmuckstücken, die dann noch mit Zweigen oder Blumen hinterlegt werden können.

Auf diese Weise sind auch schon die Örtlichkeiten der verschiedensten ausländischen Festlichkeiten dekorativ ausgestattet worden.

Zeitgenossen werden sich übrigens auch daran erinnern, daß unseren im Jahre 1871 siegreich heimkehrenden Truppen von manchen Städten kalte Imbisse geboten wurden auf rund ausgestanzten, geprägten und lackierten Papptellern, die vorher auf der oberen Seite mittels Buntdruck mit Eichenzweigen und der Germania, wohl auch mit vaterländischen Sinn- und Kernsprüchen geschmückt waren.

Ein günstigeres Endergebnis des Weltkrieges hätte der Pappen-Prägerei auch diesmal wieder mehr als reichliche Beschäftigung eingebracht, die sie versuchen muß, jetzt auf dem friedlichen Wege des Wettbewerbes zu erlangen. Der allezeit rege Geist zur Schaffung von Neuheiten wird auch fernerhin den Industriellen die Anregung geben zur Gestaltung neuer Gedanken, um die Pappe für immer wieder neue Gebrauchsartikel nutzbar zu machen. Die Auswertungsmöglichkeiten der Pappenverwendung sind schier unbegrenzt.

In jedem Jahre erscheinen beispielsweise als sehr eigenartige Weihnachtsartikel praktische Neuheiten, nämlich aus Pappe geprägte, einfache weiße, auch mit bunten Bildern geschmückte Weihnachts-

Anm.: Über die Herstellung von Papptellern, soweit das Prägen und Pressen derselben in Frage kommt, finden die Leser eine ausführliche technische Darstellung in dem derzeit besten und das Thema restlos erschöpfenden Buch aus dem Verlag von M. Krayn, Berlin: Heß: *Die Papierprägetechnik*, dessen völlig umgearbeitete zweite Auflage 1922 erschienen ist.

teller, die jetzt, wo Geschirr aus Porzellan und Steingut immer noch teuer ist, besonders zeitgemäß erscheinen, weil auch unter dem bescheidensten Christbaum wenigstens ein Teller mit Äpfeln, Nüssen und Gebäck stehen soll.

Da die Pappe besonders zu geprägten Kalenderrückwänden und vor allem zu Wandtaschen nicht roh bleiben kann, weil das Bild, das durch die Reliefprägung geschaffen ist, die äußere Ansicht des Erzeugnisses sehr wenig günstig beeinflussen würde, so muß zur Veredelung und dekorativen Ausstattung zu stärkeren äußeren Mitteln gegriffen werden, um die Wirkung zu heben und damit eine gewisse Gewähr für die Absatzfähigkeit innerhalb der Abnehmerkreise zu schaffen.

Das Mittel hierzu ist die koloristische Wirkung. Hand- und Schablonenkolorit sind in ihren Anwendungsformen hierfür ungeeignet, zumal sie ihre Hauptwirksamkeit besitzen in der farbigen Ausstattung ebener Flächen, gewissermaßen als ein Ersatz künstlerischer Malwirkungen.

Für geprägte und besonders sehr hohe Reliefprägungen kommt ausnahmslos das Spritzkolorit in Anwendung, zuweilen auch unter Benutzung der Beglimmerung. Im allgemeinen wird aber die Farbspritzung unter Verwendung mehrerer Farben zur Erreichung der gewünschten Wirkungen als ausreichend zu betrachten sein.

Holzimitationen aus Pappe

Holzimitationen aus Pappe werden in der Weise hergestellt, daß man zunächst eine schwache, aber feste Pappe mit einem zähen Papier überzieht, das durch Holzbeizen (Beizfarben) ein holzähnliches Aussehen erhält. Unter Anwendung solcher Beizfarben, die man im Handel als Ebenholzbeize, Nußbaumbeize, Mahagonibeize, Eichenbeize usw. erhält, kann man dann alle Holzfärbungen vom tiefsten Schwarzbraun bis zum hellsten Gelb herstellen. Um die Imitationen herzustellen, braucht man dann noch Platten, auf denen die Maserung der in Frage kommenden Holzarten eingraviert sind und eine Unterlage aus einer starken harten Pappe. Um die Pappe zu prägen, verwendet man am besten eine starke Kniehebelpresse, die heizbar sein muß. Die mit dem Papier überzogene Pappe wird nun zunächst mit einem weichen Haarpinsel und der in Frage kommenden Beize eingefärbt und dann die Prägung in der heißen Presse erst leicht und dann kräftig vorgenommen. Wenn es sich dabei zeigt, daß die hochliegenden Teile der Prägung helle Streifen haben, dann ist ein Nachfärben und auch ein leichtes Nachprägen erforderlich. Mitunter werden die fertigen Prägungen dann mit einem feinen Überzug von Dammarlack versehen; es geht aber dabei oft der holzähnliche Charakter der Prägung verloren. Es ist daher vorteilhafter, wenn man zum Schutz und zum Zwecke einer gewissen Imprägnierung einen Wachsüberzug bevorzugt. Das Überziehen mit Wachs erfolgt in der Weise, daß man reines Scheibenwachs in Terpentin auflöst und diese Flüssigkeit in mäßiger Ofenwärme dann soweit eintrocknen läßt, daß sie breiartig wird. Hierbei ist Vorsicht am Platze, da Terpentin in Verbindung mit Wachs sehr leicht entzündlich ist. Man wird daher auch vorteilhaft im Wasserbade erhitzen und jede offene Flamme vermeiden. Nach dem vollständigen Erkalten der Wachslösung werden die geprägten Platten mittels eines weichen Lappens eingerieben und dann mehrere Tage zum Trocknen ausgelegt. Nach dem Trocknen werden die Prägungen mittels einer weichen Bürste schnell und leicht abgebürstet. Sie erhalten so einen schönen matten Glanz.

Entnommen Nr. 45 von 1929 der Kartonnagen- und Papierwaren-Zeitung (Draches Verlag) Dresden.

Prägen von Pappen mit Leinenmuster

Charles Howard Futvoye Smith in Montreal, Kanada, erhielt das DRP. 343 427 vom 24. April 1920 ab in Kl. 54 d auf eine Maschine zum Prägen von Papier. Es ist bereits bekannt, Papier zum Zweck der Leinenprägung zwischen Walzen hindurchzuziehen, über die ein das Prägemuster aufweisendes Band gespannt ist. Man kann hierbei das Prägemuster aufweisende Band fortschreitend von einer Rolle ab- und auf eine andere Rolle auflaufen lassen. Gegenstand der vorliegenden Erfindung ist eine Einrichtung an solchen Maschinen, durch die eine schrittweise Auswechslung des mit dem Prägegut in Berührung kommenden Teils des Bandes während des Betriebes selbsttätig bewirkt werden kann. Zu diesem Zweck ist die Umfläche jeder Prägewalze nur zu einem Teil von dem Band bedeckt, welches durch einen oder zwei längsgerichtete Schlitze in das Innere der Walze zu zwei dort drehbar gelagerten Spulen eintritt. Nach jedem Umlauf oder nach einer bestimmten Anzahl von Umläufen der Prägewalzen werden in dem Augenblick, in dem die von dem Band nicht bedeckten Teile einander gegenüberstehen, die Prägebänder selbsttätig um ein sehr kleines Stück fortgeschaltet. Auf diese Weise gelingt es, die wirksamen Prägeflächen absatzweise fortschreitend auszuwechseln, ohne eine Verschiebung des Bandes auf dem zu prägenden Papier bewirken zu müssen. Hierdurch soll vollkommen gleichmäßige Abnutzung des Prägebandes ohne Schädigung des Prägevorganges erzielt werden. Die Einzelheiten sind aus der Patentschrift zu ersehen.

Die Benutzung der Exzenterpressen für das Stanzen

Für das Ausstanzen von Massenartikeln aller Art aus Pappe sind die Exzenterpressen geradezu unentbehrlich. Auf den Pressen werden Schnittwerkzeuge, aus Ober- und Unterteil bestehend, benutzt, die bei ordnungsmäßiger Behandlung von unbegrenzter Haltbarkeit sind und ein sauberes, genaues Ausstanzen ermöglichen. Außer gewöhnlichen Schnittwerkzeugen zum Ausstanzen von Pappböden für die Rund- und Fassonschachtelfabrikation oder anderen Massenartikeln aus Pappe, Vulkanfiber usw. werden zu diesen Exzenterpressen von den Erbauern dieser Hilfsmaschinen[1]) namentlich auch Spezialstanz-, Ritz- oder Biegewerkzeuge hergestellt, welche außer dem Ausstanzen auch gleichzeitig das Ritzen oder Abbiegen und Prägen bewirken, also die bis zum Schließen fertige Packung in einem Hube hervorbringen. Auf diese Weise können Massenartikel für die Kartonnagenindustrie, wie Patronenschachteln, Faltschachteln usw., in ergiebiger Weise hergestellt werden.

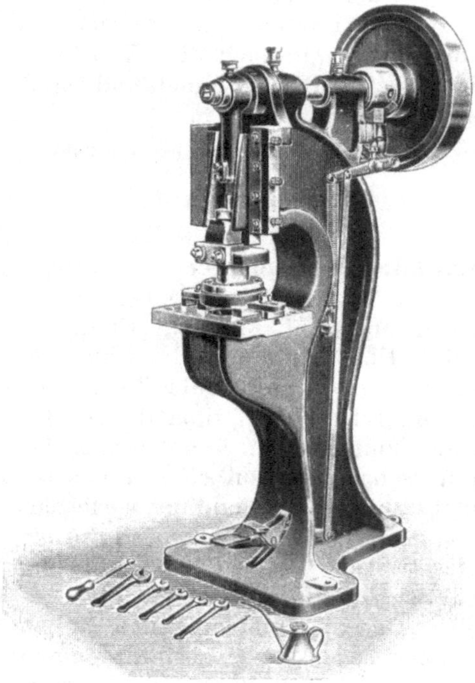

Abb. 45.
Erzeugnis der Sächsischen Cartonnagen-Maschinen-Act.-Ges., Dresden

Es dienen diese Pressen ferner für die Herstellung kleiner Massenartikel, wie Kistenschoner, Patronenblättchen, Konfetti usw. in Verbindung mit Mehrfachwerkzeugen, die eine ganze Anzahl der betreffenden Artikel in einem Arbeitshube ausstanzen.

Bei der Bauart der Maschine ist auf möglichst große Ausladung in der Tiefe und Höhe und dementsprechend besonders kräftige, in allen Teilen proportionierte Form Rücksicht genommen (Abb. 45).

Die Maschine ist mit einer ideal einfachen Momentkupplung ausgestattet. Sowohl das Einrücken als auch das Ausrücken erfolgt aufs sicherste nach einer leichten Tritthebelbewegung, so daß der Arbeiter

[1]) Die hier abgebildeten Maschinen sind sämtlich Erzeugnisse der Sächsischen Cartonnagen-Maschinen Act.-Ges., Dresden, Blasewitzer Straße.

beide Hände für das aufmerksame Bedienen des Werkzeuges frei behält. Hieraus ergibt sich eine erhebliche Leistungserhöhung auf diesen Pressen.

Die Fußeinrückung ist außerdem so eingerichtet, daß die Maschine kontinuierlich weiterarbeitet, wenn nur der eine Hebel mit dem Fuße heruntergewegt wird, daß sie aber nach jedem Hube sofort wieder zum Stillstand kommt, wenn mit dem Momenttritthebel eingerückt wird.

Zum Einstecken der Werkzeuge ist es nötig, den Stößel der Presse auf- und abwärts zu bewegen; zu diesem Zwecke mußte bei den alten Bauweisen von Exzenterpressen stets der Riemen abgeworfen werden. Diesem anerkannten Übelstande ist abgeholfen durch die der Sächsischen Cartonnagen-Maschinen Act.-Ges., Dresden, patentierte Sicherung bzw. Sperrung der Momentkupplung. Das Sperren oder Sichern geschieht, nachdem die Maschine ausgerückt, die Welle mit dem Stößel also in Ruhe ist, indem man mit einem beigegebenen Vierkantsteckschlüssel den außen am Kupplungskörper sichtbaren Sperrbolzen nach innen drückt und nun eine halbe Umdrehung dreht, bis er wieder in seine Sperröffnung zurückschnappt. Die Kurbelwelle kann bei gesperrter Kupplung unabhängig von der weiterrotierenden Riemenscheibe mittels Mutterschlüssels am vorderen Vierkantzapfen beliebig gedreht werden.

Während die Maschine den Stanzvorgang durch ihre kräftige Bauart selbst für stärkste Beanspruchungen besorgt, geben die *Schnittwerkzeuge* den auszustanzenden Gegenständen die vorgesehene Form für die zu erzeugenden Artikel, die gewünschten Figuren aller Art und anderes mehr.

Schnittwerkzeuge (Abb. 46) werden dort verwendet, wo auf sauberes und gratfreies Stanzen Wert gelegt wird, das mit gewöhnlichen Stanzmessern, namentlich wenn in Stößen gestanzt wird, bekanntlich nicht zu erreichen ist. Schnittwerkzeuge mit Führungsdeckplatte verdienen immer den Vorzug, da bei ihnen der Oberstempel in der Deckplatte gut geführt und dadurch fast keiner Abnutzung unterworfen ist. Ferner kann das Ausstanzen bequemer und rascher vorgenommen werden, da der Pappstreifen sicher geführt wird und die Führungsdeckplatte gleichzeitig als Abstreifer dient.

Die Haltbarkeit der von der Sächsischen Cartonnagen-Maschinen Act.-Ges. gefertigten Schnittwerkzeuge ist fast unbegrenzt. Der Oberstempel ist aus Stahl voll gearbeitet, während in dem gußeisernen Unterteil eine aus besonders geeignetem Stahl hergestellte Schnittplatte eingesetzt ist. Es empfiehlt sich, bei der Anschaffung einem, wenn auch im Verhältnis teuren, dafür aber solide und für dauernd große Beanspruchung berechnetem Fabrikat den Vorzug zu geben vor billigen Massenwaren, deren Anschaffung sich für den Augenblick

Schnittwerkzeug, bestehend aus Ober- und Unterteil, zum Einsetzen in eine Exzenter-Tritthebel- oder Spindelpresse

Schnittwerkzeug mit als Abstreifer dienender Führungsdeckplatte, bestehend aus Ober- und Unterteil, zum Einsetzen in eine Exzenter-Tritthebel- oder Spindelpresse

Kombiniertes Schnittwerkzeug zum gleichzeitigen Stanzen, Lochen und eventuell Prägen

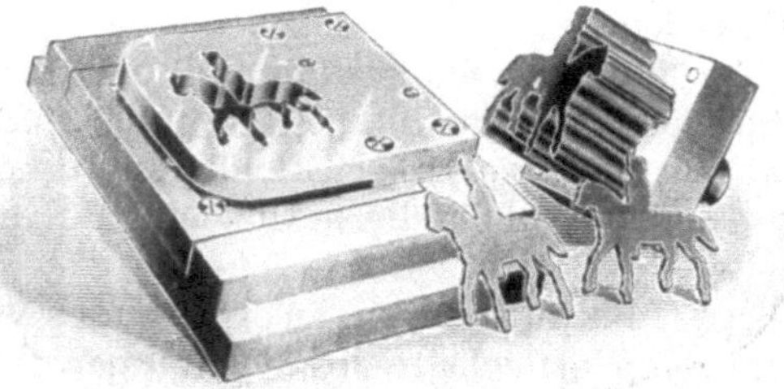

Schnittwerkzeug mit als Abstreifer dienender Führungsdeckplatte

Spezial-Stanz- und Rillwerkzeug

Abb. 46. Spezialstanz- und Schnittwerkzeuge, Erzeugnisse der Sächsischen Cartonnagen-Maschinen Act.-Ges., Dresden

vielleicht billiger stellt, durch raschen Verschleiß und häufige Reparaturen schließlich aber doch bedeutend teurer ist als ein hochwertiges Fabrikat.

Die kolossale Entwicklung in der Kartonnagenindustrie hat es mit sich gebracht, daß die Pappe, wozu man im allgemeinen ja auch stärkeren Karton rechnet, in Rollen verarbeitet wird. Vor allem werden Schachtelzuschnitte, die nachträglich auf Automaten zur Verarbeitung gelangen, aus Rollenkarton vollautomatisch hergestellt. Die gestanzten, geritzten und an den Ecken ausgeschnittenen Zuschnitte haben den großen Vorzug der absoluten Gleichmäßigkeit, die auch bei Verwendung der allerbesten Kreisschere nicht ganz garantiert ist.

Das Stanzverfahren auf den neuzeitlichen Spezialmaschinen

Das Stanzen der Pappe auf automatisch und halbautomatisch arbeitenden Maschinen für Massenstanzungen

Die Ausstanzmaschinen gehören in der Pappenverarbeitung zu den gebräuchlichsten Hilfsmitteln neben den Maschinen zum Zerkleinern der Pappentafeln. Ihre Dienste setzen da ein, wo es gilt, nicht nur eine geradlinig geschnittene Form durch Benutzung der Pappenschere, Schneidemaschine u. a. zu erzielen, sondern wo es sich darum handelt, außergewöhnliche Formen (rund, oval oder in den verschiedensten Rand- oder Durchbruchsformen) vermittels besonders vorhandener Ausstanzeisen einzeln oder in größeren Mengen zugleich in einem Arbeitsgange zu erhalten.

Überall dort, wo große Mengen bestimmter Größen und Arten von Zuschnitten laufend benötigt werden, sind die automatisch und halbautomatisch arbeitenden Maschinen das allein zu wählende Fabrikationsmittel. Für einen Fabrikanten, der kaufmännisch zu rechnen und zu kalkulieren versteht, spielt nicht der Anschaffungspreis einer Maschine, sondern die dauernd mit derselben erzielten Ersparnisse die erste Rolle. Die Ersparnisse mit den oben genannten Maschinen sind nun derart bedeutend, daß sich der Anschaffungspreis in ganz kurzer Zeit, oft bereits nach wenigen Monaten, amortisiert.

In erster Linie sind die Ersparnisse darauf zurückzuführen, daß die Maschinen, wenn irgend möglich, vollkommen selbsttätig ohne jede Mitwirkung einer entlohnten Menschenkraft arbeiten und daß in den meisten Fällen die Maschinen mehrere Arbeitsoperationen, die früher getrennt, jede für sich, zum Teil sogar von Hand vorgenommen werden mußten, in einem einzigen Arbeitsgange ausführen.

So kann z. B. mit einer modernen Stanzmaschine außer dem Ausstanzen der Zuschnitte gleichzeitig auch geritzt, gerillt, geprägt oder gedruckt werden, es können weiter mit der Stanzmaschine Vorrichtungen verbunden sein, die die Kartonbahn wieder aufwickeln oder auch nur den Abfallstreifen aufwickeln, die die Zuschnitte imprägnieren, paraffinieren, bronzieren, zählen usw. usw. Da die einzelnen Werkzeuge zum Ausstanzen der Zuschnitte sehr nahe aneinandergerückt werden können, ist es möglich, die Kartonbahn bzw. einen zugeführten Kartonstreifen voll auszunutzen und so Material zu sparen. Der Platzbedarf bei den modernen Stanzmaschinen ist gering. Auf jeden Fall beträgt er nur einen Bruchteil von dem Raum, der bei den früheren Arbeitsmethoden, bei denen eine Reihe von Spezialmaschinen erforderlich waren, um einen Zuschnitt, der heute in einem Arbeitsgang fertiggestellt wird, herzustellen, benötigt wurde. — Von den neuzeitlichen Stanzmaschinen bzw. Stanzautomaten verdienen die nachstehend beschriebenen besondere Beachtung. Da ist zunächst eine schräg stehende Stanze zum Verarbeiten von Bogen und Streifen zu nennen, die mit festen oder Stahllinienwerkzeugen aus dem zugeführten Material die Zuschnitte ausstanzt, gleichzeitig rillt oder ritzt und außerdem vor jedem Arbeitsvorgang, sofern es sich um bedruckte Zuschnitte handelt, das Beschneiden der Stirnseite der zugeführten Bogen oder Streifen durchführt.

Abb. 47

Abb. 47 zeigt die Maschine. Der Papierbogen, der eine größte Breite von 50 cm haben kann, wird auf die schräge Gleitbahn gelegt und fällt nun infolge seines eigenen Gewichtes bis zu vorgesehenen Anschlägen. Es sind zwei Arten von Anschlägen vorhanden, zunächst ein Anschlag, der lediglich die Aufgabe hat, mit dem ersten Stanzvorgang die unbeschnittenen Stirnseiten abzuschneiden. Sobald dies geschehen ist, wird dieser Anschlag zurückgedrückt, in seiner rückwärtigen Stellung arretiert und nun gleichzeitig der Bogen mit jedem Stanzvorgang bis zu weiteren Anschlägen geführt, die so eingestellt wurden, daß im Verlaufe der folgenden Stanzvorgänge eine Reihe Zuschnitte abgestanzt werden können. Damit ein sicherer Vorschub der Bahn gewährleistet ist, sind ferner Greifer vorgesehen, die nach dem Abstanzen des Abfalles den Kartonbogen erfassen und jeweils bis zu den unteren Anschlägen befördern. Die ausgestanzten Zuschnitte werden in einer vorgesehenen Stapelvorrichtung gesammelt. Sobald der angelegte Bogen in einzelne Zuschnitte zerlegt wurde, rückt die Maschine selbsttätig aus, bringt dabei gleichzeitig den Anschlag für den Abfallstreifen wieder in Arbeitsstellung und ein neuer Bogen wird angelegt. Für das Abschneiden des Abfallstreifens wird der hierzu dienende Anschlag wieder zurückgedrückt. Am anderen Ende der Gleitbahn für die ausgestanzten Zuschnitte ist ein Blech vorgesehen, das zum Auffangen bzw. Ableiten sowohl des abgeschnittenen Abfalles an der Stirnseite als auch der aus dem Zuschnitt ausgestanzten Abfallstücke dient.

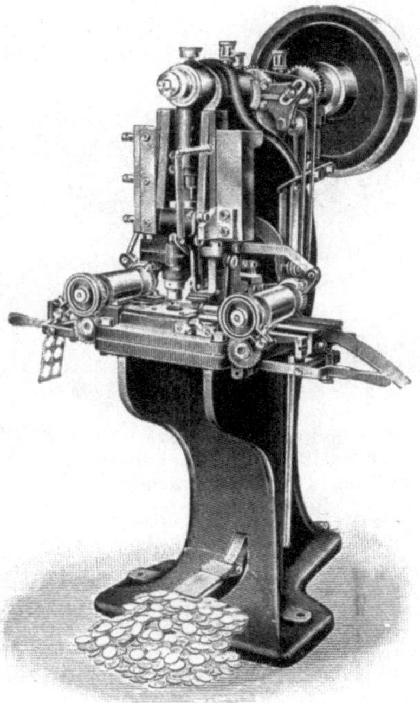

Abb. 48

Wie schon erwähnt, kann die Maschine mit Schnitt- und Gegenschnittwerkzeug, aber auch mit einem aus Stahllinien zusammengesetzten Stahllinienwerkzeug arbeiten. Im letzteren Falle ist für die Aufnahme der Stahllinien ein Schließrahmen vorgesehen, in dem, ähnlich wie bei Stanztiegeln, die Befestigung des Linienmaterials erfolgt. Als Gegenstanzplatte dient eine Messingplatte, die in einem Rahmen untergebracht ist. Dieser Rahmen kann ebenfalls leicht aus der Maschine herausgezogen und die Messingplatte dann abgekippt und unter ihr das Zurichten für das Rillen der Zuschnitte vorgenommen werden.

Eine weitere Maschine zum Ausstanzen von Zuschnitten zeigt die Abb. 48. Die gezeigte Maschine kann sowohl zur Verarbeitung von Streifenmaterial wie auch von Rollenkarton dienen. Es können mit ihr kleinere Massenartikel aus Pappe, wie sie die Abb. 49 zeigt, ausgestanzt werden.

Die Maschine ist ausgerüstet mit verstellbarem selbsttätigem Vorschubwerk sowohl für Rollenkarton als auch für aus Bogen geschnittene Streifen, welches auch den Abfall selbsttätig herausführt, mit Momentein- und -ausrückung mittels Tritthebel und mit nachstellbarem, besonders lang geführtem Stanzstößel. Sie dient zur vollkommen automatischen Massenherstellung von gestanzten Teilen aller Art: Scheiben für Milchflaschenverschlüsse, Garnwickel, Verschlußscheiben für Jagdpatronen, Anhängeetiketten, Mehlmarken, Zuschnitten für kleine Packungen, Einlegescheiben für Kaffee- usw. Pakete, Filzpfropfen für Jagdpatronen, Kistenschonern usw.

In den meisten Fällen werden diese Artikel gleichzeitig mit dem Stanzen selbsttätig bedruckt; sie können außerdem gleichzeitig selbsttätig gelocht, geprägt, gerillt, geritzt usw. werden.

Verschlußscheiben für Jagdpatronen

Filzpfropfen für Jagdpatronen, genau senkrecht ausgeschnitten mit 5fachem Spezialwerkzeug (Tagesleistung ca. 200 000 Stück)

Kistenschoner, gestanzt und gelocht mit 6- bis 8fachen Werkzeugen (Tagesleistung ca. 200 000 bis 350 000 Stück)

Abb. 49

Auf der Maschine können Einzel- und Mehrfachwerkzeuge benutzt werden. Für ein Einzelwerkzeug ist die Stundenleistung ungefähr 3000 bis 5000 gestanzte, bedruckte usw. Teile; für Mehrfachwerkzeuge vervielfacht sich die Leistung nach der Werkzeuganzahl.

Je nach der Größe der auszustanzenden Teile arbeitet die Maschine entweder mit einem einfachen oder doppelten Werkzeug. Bei kleineren Artikeln kann man jedoch auch vier- und sechsfache Werkzeuge benutzen, so daß die Tagesleistung der Maschine von etwa 25 000 Teilen bei einfachem Werkzeug bis zu 200 000 Teilen und darüber bei sechsfachem Werkzeug gesteigert werden kann.

Handelt es sich um größere, unbedruckte Zuschnitte, so kommt die Maschine lt. Abb. 50 in Frage. Sie wird in drei verschiedenen Größen, und zwar für Stanzungen 250 × 250, 350 × 350 und 500 × 500 mm, geliefert. Dieser Stanzautomat verarbeitet nur Rollenkarton und dient zum Ausstanzen und gleichzeitigen Drucken und Rillen von Zuschnitten ohne Druck, z. B. Innenkartons und solcher Schachtelzuschnitte, die später mit einem Papieraußenkleid oder Etikett versehen werden, zur Herstellung von Kappenschachtelzuschnitten aller Größen und sonstigen Stanzungen. Infolge seiner hohen Leistung, seiner einwandfreien Arbeitsweise und durch Zusammenfassung der vorher erwähnten Ritz-, Rill- und Ausstanzarbeiten zu nur einem Arbeitsgange gehört dieser Automat zu denjenigen Spezialmaschinen, die bei Mengenbedarf eine bedeutende Verbilligung der Fabrikation herbeizuführen in der Lage sind.

Zur Bedienung und Überwachung ist nur ein Mann erforderlich. Die Leistung beträgt 4000 bis 6000 Stanzungen pro Stunde, also 4000 bis 6000 Zuschnitte bei Einfachwerkzeug, bis 12 000 bei Doppelwerkzeug usw.

Bei diesem Stanzautomaten erfolgt der Vorschub durch eine neue Patentschaltung auf Bruchteile von Millimetern genau und ist zur

Abb. 50

Stößelbewegung derart einstellbar, daß auch nach einer größeren Anzahl Stanzungen ein einwandfreies Erzeugnis erzielt wird. Darum eignen sich die auf dem Automaten hergestellten Zuschnitte auch besonders gut für die automatische Weiterverarbeitung. Der Vorschub kann beliebig, und zwar ohne daß die Vorschubwalzen ausgewechselt werden müssen, geändert werden. Mit Hilfe einer neuen, gesetzlich geschützten Vorrichtung ist ein schnelles Auswechseln der Bobine möglich und ebenso kann mit Hilfe der vorgesehenen Zentriereinrichtung eine rasche und bequeme Einstellung des ablaufenden Materialstreifens vorgenommen werden.

Alle Stanzautomaten erhalten eine der Form des Zuschnittes angepaßte Stapelvorrichtung, die aus einem periodisch bewegten Transportband oder aus Stapelkästen oder dgl. besteht. Bei den letzteren werden die Zuschnitte unmittelbar übereinander geschichtet, bei dem ersteren dagegen dachförmig nacheinander abgelegt und erst am Ende des Transportbandes selbsttätig zu einem Stapel zusammengeschoben. — Die Automaten werden ferner mit einer Zählvorrichtung zum Zählen der Stanzhübe sowie mit Momentausrückung ausgerüstet, die ein sofortiges Stillsetzen der Maschine gestattet.

Abb. 50 a Schachtelzuschnitte

Diese Maschine kann aber auch für Einfarbendruck geliefert werden und erhält dann das Aussehen lt. Abb. 51. Bei dieser Maschine erfolgt der Druck direkt. Das Druck- und Farbwerk ist hochschraubbar und herausnehmbar in der Maschine befestigt. Einstellvorrichtungen dienen zur genauen Farbregulierung und Druckeinstellung. Die Farbverreibung ist eine mehrfache und sehr gute; das Auftragen der Farbe erfolgt stets gleichmäßig. Der Vorschub des Materials erfolgt mittels Walzen zwangläufig. Für genaue Passereinstellung ist Sorge getragen.

Für Mehrfarbendruck und für Zuschnitte besserer Ausführung dienen die in den nächsten Abb. 52, 53, 54 gezeigten Offsetdruck- und Stanzautomaten. Sie verarbeiten ebenfalls Rollenkarten, bedrucken ein- oder mehrfarbig vom Klischeezylinder auf eine Gummiwalze und von dieser auf die Papierbahn. Es können beliebig viel Druck- und Farbwerke vorgesehen werden, ebenso kann mit Bronze gedruckt werden. Durch verschiedene, sinnreich konstruierte Vorrichtungen ist es möglich, genaue Passer der verschiedenen Farbwerke untereinander zu ermöglichen. Die Maschinen sind mit einer Vorrichtung für genaue Einstellung der gewünschten Druckstärke ausgerüstet, die Farbverreibung ist eine intensive und der Druck von einem solchen, der in

Abb. 51

großen Offsetpressen hergestellt wurde, nicht zu unterscheiden. Unsere Abbildungen zeigen einige solcher neuer Stanzmaschinen für die verschiedensten Zwecke. Abb. 52 ist eine Stanzmaschine zur Herstellung von Zigarettenschachtelzuschnitten in Dreifarben- und Bronzedruck. Wie aus der Abbildung ersichtlich, erfolgt zunächst der Aufdruck der drei Farben, worauf dann ein weiteres Druckwerk, und zwar über die ganze Fläche, ein farbloses Druckpräparat aufträgt, um dann anschließend den Bronzedruck aufzudrucken, der hier ebenfalls unmittelbar durch Walzen aufgetragen wird. Anschließend erfolgt das Stanzen und Stapeln. Die Stanz- bzw. Druckfläche dieser Maschine beträgt 350×350 mm. Da die Maschine mit Doppelwerkzeug arbeitet, wird eine Leistung von stündlich etwa 13 000 Zuschnitten erreicht.

Die Abb. 53 zeigt die gleiche Maschine für Zweifarbendruck, eingerichtet für eine Arbeitsbreite von etwa 500 mm. Der Vorschub der Materialbahn beträgt dabei 400 mm. Mit dieser Maschine wurden

Abb. 52

Abb. 53

Umhüllungen für sogenannte Taschenzündholzblocks hergestellt. Zur Verwendung gelangte ein Sechsfachwerkzeug, d. h. es werden jeweils 6 Zuschnitte auf einmal ausgestanzt, so daß eine Stundenleistung von 36 000 kompletten Zuschnitten erreicht war.

Abb. 54 zeigt die Stanzmaschine allein, also ohne Druckwerk. Besonders bemerkenswert ist jedoch bei dieser Ausführung, daß zwei Papierbahnen zugeführt werden. Da besonders kleine Zuschnitte herzustellen waren, gelangt ein Zehnfachwerkzeug zur Verwendung, was einer Stundenleistung von etwa 120 000 Zuschnitten entspricht.

Abb. 54

Diese drei Beispiele zeigen, welche enormen Leistungen man mit diesen Maschinen erreichen kann, sie lassen aber andererseits auch die verschiedenartigste Verwendbarkeit erkennen. Es steht außer Zweifel, daß dieser Spezialmaschinentyp noch eine große Zukunft vor sich hat, und es dürfte daher auch für Druckereibetriebe, die Faltschachtelzuschnitte usw. herstellen, wichtig sein, sich mit diesen Maschinen eingehend zu befassen bzw. ihre Weiterentwicklung im Auge zu behalten.

Die Herstellung von Milchflaschenverschlüssen

Ein Artikel, der in vielen Millionen jährlich verbraucht wird, sind die Milchflaschenverschlußscheiben. Sie werden entweder als glatte Scheiben ausgeführt und mit entsprechendem Reklameaufdruck versehen, oder sie erhalten in der Mitte eine Einstanzung, die dann später mittels eines Strohhalmes durchstoßen werden kann. Es ist also in diesem Falle möglich, die in der Flasche befindliche Milch mittels Strohhalmes zu trinken, ohne die Verschlußscheibe aus der Flasche herauszunehmen. Die Form derartiger Einstanzungen ist verschieden und in zahlreichen Ausführungen auf dem Markt. Zuweilen wird auch durch die Kartonscheibe ein Loch vollkommen durchgestanzt und dieses Loch dann durch eine Papierscheibe wieder hinterklebt.

Nach dem Drucken, Ausstanzen usw. erfolgt dann noch ein Paraffinieren der Scheiben, damit sie gegen Feuchtigkeit undurchlässig werden. Die Größe der Scheiben bzw. der Durchmesser ist in der Regel 34 oder 42 mm.

Zur wirtschaftlichen Herstellung von Milchflaschenscheiben sind eine Reihe leistungsfähiger und praktischer Maschinen entstanden, die die Fabrikation mit den geringsten Unkosten ermöglichen. Die beigefügten Abbildungen[1]) zeigen derartige Maschinen, und zwar zeigt Abb. 55 das kleinere Modell, das stündlich etwa 18 000 Scheiben mit einfarbigem Druck oder etwa 9000 Scheiben mit Zweifarbendruck herstellt, Abb. 56 ein größeres Modell, das stündlich etwa 60 000 Scheiben herstellt, und Abb. 57 den neuesten Hochleistungsautomaten

Abb. 55

mit einer Stundenleistung von etwa 100 000 Scheiben. Bei sämtlichen Maschinen ist die Arbeitsweise etwa folgende:

Das ablaufende Ende einer Kartonrolle wird in die Maschine eingeführt und mittels Vorschubwalzen absatzweise (Abb. 55 u. 56) oder ununterbrochen (Abb. 57) durch die Druckwerke bewegt. Mittels eines oder mehrerer Druckwerke erfolgt nun zunächst der Aufdruck der Firmen oder einer entsprechenden Reklame. Unmittelbar hierauf erfolgt das Ausstanzen der bedruckten Stellen mittels runder Stanzmesser, bestehend aus Schnitt- und Gegenschnittwerkzeug, zu Milchflaschenscheiben. Die ausgestanzten Scheiben werden nun zunächst in die Kartonbahn wieder zurückgedrückt, um dann über eine schräge Rutsche durch besondere Spezialeinrichtungen ausgestoßen zu werden. Sie gleiten in diesen Rutschen selbsttätig zu einem Transportbande,

[1]) Die abgebildeten Maschinen sind sämtlich Erzeugnisse der Sächsischen Cartonnagen-Maschinen Act.-Ges., Dresden.

das die Scheiben dem Paraffinierwerk zuführt. Hier werden sie, und zwar auch an den Rändern, mit auf etwa 90 ° C erhitztem Paraffin getränkt. Das Paraffinierwerk übergibt die getränkten Scheiben einem zweiten Transportband zum Trocknen der Scheiben, und dieses wiederum gibt sie an eine Stapelvorrichtung von praktischer Bauart ab. Das Förderband zum Trocknen der Scheiben hat eine solche Länge, daß ein Zusammenkleben der Scheiben in der Stapelvorrichtung, die aus mehreren langen, oben nicht ganz geschlossenen Röhren besteht, verhütet wird. In die Stapelröhre werden die Scheiben durch geeignete Vorrichtungen von unten eingeführt und rücken immer höher, bis die Röhren gefüllt sind. Von Zeit zu Zeit werden dann die Rohre entleert und die entnommenen Scheiben in Rollen oder in anderer geeigneter Weise verpackt und verschickt oder dem Flaschenverschließraum zugeführt. Die ausgestanzte Kartonbahn wird mittels Ausführwalzen ständig aus der Maschine abtransportiert und einer Aufwickelvorrichtung zugeführt, die analog dem Materialvorschub fortlaufend die zugeführte Kartonbahn aufwickelt. Selbstverständlich ist die Maschine auch mit einer Zählvorrichtung ausgerüstet, die jederzeit genau angibt, wieviel Scheiben vom Beginn der Arbeit an hergestellt wurden.

Abb. 56

Die in der Abb. 55 gezeigte Maschine ist für einfarbigen Flachdruck eingerichtet. In die Maschine ist ein Sechsfachwerkzeug eingebaut, das stündlich etwa

18 000 Scheiben ausstanzt, so daß bei einer Maschinenlaufzeit von etwa 7 Stunden pro Tag rund 126 000 Scheiben gebrauchsfertig bedruckt und paraffiniert hergestellt werden.

Abb. 56 zeigt eine andere Maschine, deren Arbeitsweise im großen und ganzen der in Abb. 55 gezeigten entspricht, nur mit dem Unterschied, daß auf dieser Maschine das Bedrucken der Zuschnitte im einfarbigen Rotationsdruck erfolgt. Hier ist natürlich die Farbverreibung eine weit intensivere und dementsprechend auch der Druck bedeutend besser. Des weiteren ist auch die Leistung ganz erheblich höher. Die abgebildete Maschine z. B. ist mit einem Sechzehnfach-

Abb. 57. Milchflaschenscheiben-Automat für ca. 100 000 Scheiben stündlich

werkzeug ausgerüstet, das stündlich etwa 60 000 Scheiben, in 7 Stunden also rund 420 000 Scheiben herstellt.

Eine weitere Maschine zeigt Abb. 57. Diese Maschine druckt ein- oder mehrfarbig, und zwar nach dem sogenannten Offsetdruckverfahren. Es ist die modernste Maschine, die es auf diesem Spezialgebiet überhaupt gibt. Die Leistung ist ganz bedeutend, es können pro Stunde etwa 100 000 Milchflaschenscheiben hergestellt werden, also in etwa 7 Stunden 700 000 Stück. Die Qualität der Scheiben, die mit dieser Maschine hergestellt werden, entspricht auch den verwöhntesten Ansprüchen, der Druck ist erstklassig, der Schnitt gratfrei, das Paraffinieren einwandfrei, und die Scheiben werden tadellos getrocknet, ehe sie in den Stapel überführt werden.

Wir hatten bereits ausgeführt, daß gegenwärtig neben vollkommen glatten Scheiben, also Scheiben, die außer dem Aufdruck und dem

Paraffinauftrag einer weiteren Bearbeitung nicht unterzogen wurden (Abb. 58), vielfach Scheiben hergestellt werden, die mit verschiedenen Ausschnitten versehen sind. In den Abb. 59a—d geben wir eine Anzahl solcher Scheiben im Bild wieder. Sie sind zum Teil gesetzlich geschützt, so daß ihre Herstellung nicht ohne weiteres jedermann freisteht. Bei anderen wieder sind die Schutzrechte inzwischen abgelaufen. Diese Scheiben lassen sich mit den vorstehend beschriebenen Maschinen ohne weiteres ausführen, das einzige, was erforderlich ist, sind lediglich gewisse Spezialstanzwerkzeuge, die neben dem Ausstanzen der Scheiben gleichzeitig auch die gezeichneten Einschnitte vornehmen. Eine andere Art zeigt die nächste Abb. 60, bei der die Scheibe in der Mitte vollkommen durchgestanzt ist. Das so entstehende Loch ist wiederum mit einer Papierscheibe hinterklebt worden.

Abb. 58. Milchflaschen-Verschlußscheiben normaler Ausführung

Um derartige Maschinen rationell herstellen zu können, ist die in Abb. 61 gezeigte Maschine gebaut worden. Sie arbeitet folgendermaßen: Von der Kartonrolle A wird die Kartonbahn absatzweise der Stanzmaschine B zugeführt, die das Mittelloch ausstanzt und gleichzeitig in die Kartonbahn längs der äußeren Kanten kleine Vierecke, ähnlich wie beim Film-

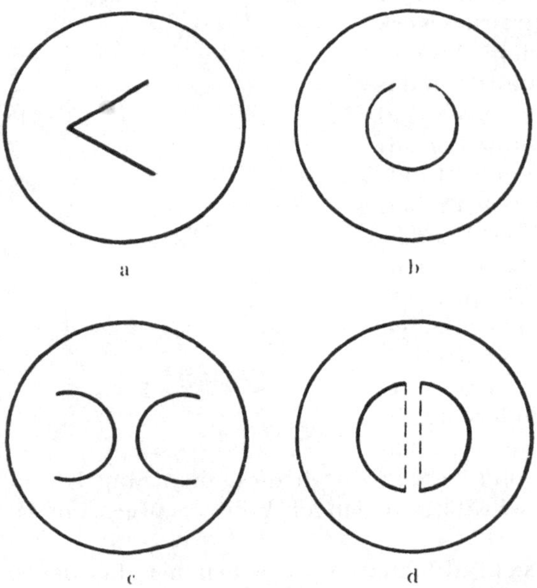

a b c d

Abb. 59

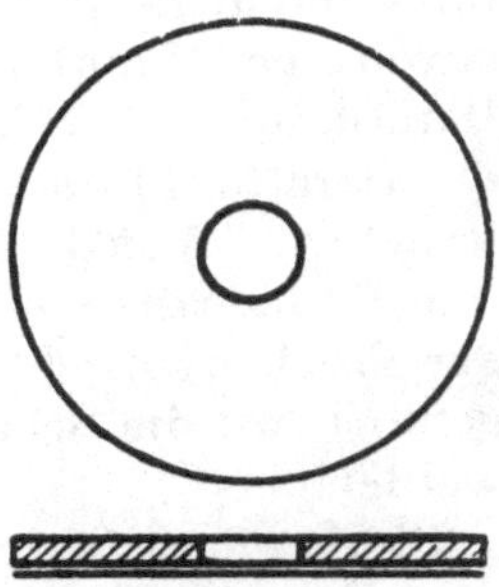

Abb. 60

streifen, einschneidet. Diese kleinen Vierecke haben den Zweck, die Kartonbahn in die zweite Stanzmaschine F zum Ausstanzen der Scheiben genau passend einzuführen, so daß das ausgestanzte Loch sich genau in der Mitte der ausgestanzten Scheibe befindet. Ehe jedoch die mit den ausgestanzten Mittellöchern versehene Kartonbahn in die Maschine F eingeführt wird, wird sie mit einer Papierbahn, die von der Bobine C kommt und bei D entsprechend mit Klebstoff versehen wird, kaschiert. Dieses Kaschieren der Kartonbahn erfolgt in dem Walzwerk E, und diese gelangt dann, nachdem sie eine entsprechend ausgebildete Trockenvorrichtung passiert hat, zu den Einführwalzen M, die an ihren Rändern derart mit Zähnen versehen sind, daß sie in die weiter oben erwähnten Ausstanzungen eintreten können und so mit genauem Passer diese kaschierte Kartonbahn in die Maschine (F) einführen. Diese Stanzmaschine kann entweder in bekannter Weise mit einem Kopfdruckwerk oder auch mit einem rotierenden Druckwerk versehen sein, das die Kartonbahn ein- oder mehrfarbig bedruckt und dann das Ausstanzen der Scheiben besorgt. N sind Ausführwalzen für den Abfall, der auf der Abfallaufwickelvorrichtung H aufgewickelt wird. Die ausgestanzten Scheiben fallen auf eine umlaufende Kette K. Diese Kette läuft über eine Heizvorrichtung und dient dazu, die Scheiben vorzuwärmen, damit im anschließenden Paraffinierwerk G ein gutes Eindringen des Paraffins in die Scheiben gewährleistet wird. Von der Paraffiniervorrichtung G fallen die Scheiben auf die Ketten der Trockenvorrichtung L und werden durch diese dem Stapel I zugeführt, wo die Scheiben selbsttätig in langen Röhren aufgeschichtet werden.

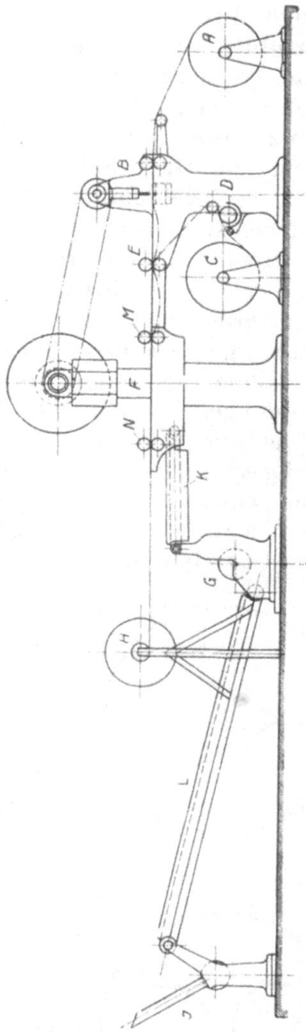

Abb. 61. Milchflaschenscheiben-Automat für Lochscheiben

Eine andere Maschine stellt Milchflaschenscheiben her, bei denen die Papierscheibe zwischen zwei Kartonscheiben geklebt ist. Sie arbeitet in ähnlicher Weise wie die vorher beschriebene. Nur werden hier dem Stapel I zugeführt, wo die Scheiben selbsttätig in langen Rohren 2 Kartonrollen zugeführt, die dann durch besondere Vorrichtungen auseinanderbewegt werden, um die Papierbahn zwischen die beiden Kartonbahnen einführen zu können. Die Papierbahn wird in diesem Falle doppelseitig mit Klebstoff versehen. Die Scheibe stellt einen sehr dicht abschließenden, guten Verschluß dar.

Die Verarbeitung des Holzstoffes bzw. der Holzpappen zu Bierglasuntersetzern[1])

Ein Artikel, der sich überraschend schnell eingeführt hat und dessen Massenverbrauch in den letzten Jahren sehr gewachsen ist, ist der Holzstoff-Bierglasuntersetzer. Aus diesem Grunde interessieren sich auch immer weitere Kreise unserer Industrie für seine Herstellung, die hier in allen Einzelheiten beschrieben werden soll.

Zum weitaus größten Teile werden die Untersetzer aus reinem weißen Holzstoff bzw. Holzpappen erzeugt, welche die besondere Eigenschaft aufweisen sollen, Flüssigkeiten sehr leicht aufzusaugen. Die meisten Fabriken verwenden für die Herstellung der Holzpappen Fichtenholz oder vermischen es mit Tannen- oder Aspenholz; auch Pappel- und Weidenholz können Verwendung finden, letzteres liefert rötlichen Stoff. Nimmt man für die Holzdeckel nur Laubholz, so erhält man zwar eine sehr weiße, saugkräftige, voluminöse und weiche oder mehr mürbe Pappe, während die Nadelholzstoffpappe kräftiger ist.

Es hat sich deshalb die Vereinigung von Nadel- und Laubholz als vorteilhaft erwiesen. Ob nun die Pappen aus diesem oder jenem Holz gefertigt werden, stets muß der Holzschliff dazu recht rösch und nicht zu feinfaserig sein, worauf beim Schleifen und Raffinieren zu achten ist. Weiter muß man, um möglichst schwammige, saugfähige, leichte und dabei dicke Pappen zu erhalten, bei der Herausarbeitung des Holzstoffes zu Pappen den folgenden Hinweis beachten. Das Rundsieb muß sehr starke Stofflagen aufnehmen. Die einzelnen Pappentafeln sind also aus tunlichst wenigen Lagen herzustellen. Man hat zu diesem Zweck auf den großen Unterschied des Flüssigkeitsspiegels im Stoffkasten und im Innern des Siebzylinders zu achten, was man erreicht, wenn man den Stoff im Zylinderkasten sehr dickflüssig hält. Damit nun das Rundsieb gleichmäßig aufnimmt, ist für lebhafte Bewegungen des dicken Stoffes im Siebkasten zu sorgen. Die nicht zu schwere, unbelastete Gautsche am Rundsieb überzieht man zweck-

[1] Unter Benutzung eines Aufsatzes aus dem Wochenblatt für Papierfabrikation, Biberach, von Direktor Fritz Rumler jr., Tafelbauden a. E.

mäßig mit einem gewalkten Walzensack (Manchon), was eine elastische Pressung und Stoffabnahme zur Folge hat; geschieht die Bewicklung der Gautschwalze nur mit Filz, so sei dieser weich und wollig. Diese Eigenschaften soll neben leichter Durchlässigkeit auch der Entwässerungsfilz der Maschine haben. Die einzelnen Stoffwicklungen sind ziemlich naß und unter mäßigem Druck der Formatwalze zusammenzugautschen, wodurch einerseits ein späteres Spalten der Pappe verhindert wird und andererseits die durch den röschen Schliff gewonnene Saugfähigkeit des Deckels nicht herabgesetzt wird. Von einer Entwässerung der Pappentafeln in der Stapelpresse ist entweder ganz abzusehen, oder man preßt die sehr hohen Pauschte nur sehr wenig. Durch das Pressen gewinnen die Pappen wohl an Festigkeit, verlieren aber an Volumen, Weichheit und Saugkraft. Das Trocknen der Pappen geschieht am vorteilhaftesten in Reformtrockenkanälen, in denen bei richtiger Regelung der Trocknung die besonderen Eigenschaften der Deckel erhalten bleiben. Die zu langsam wirkende Lufttrocknung auf Böden oder in Schuppen ergibt härtere und weniger voluminöse Pappen. Gekrümmte Deckel werden durch Aufsetzen in Stöße, am besten in einer Presse geebnet. Obzwar man auf der Rundsiebmaschine bei Beachtung der nötigen Arbeitsregeln aus passendem Holzstoff gutgeeignete Pappen für Bierfilze herstellen kann, soll angeblich ein in bezug auf Porosität, Weichheit und Saugfähigkeit noch vollkommeneres Fabrikat mit dem Siebtisch erzeugt werden.

Wie schon eingangs erwähnt, werden derzeitig die Untersetzer nur aus Holzstoff gemacht. Vor dem Kriege, als die Preise für diesen Artikel außerordentlich niedrig waren, verwendete beispielsweise eine Papierfabrik für eine erste Marke von Bierdeckeln eine Stoffmischung von 70 vH Holzschliff und 30 vH gebleichten, bunten Kattun. Auch wurden die Bierteller außer in Weiß in verschiedenen zarten Färbungen, als Chamois, Hellgrau, Hellgrün und Rosa, angefertigt. Zu solchen farbigen Untersetzern nahm man anstatt der vorerwähnten Baumwolle auch gebleichte Jute. Den farbigen Deckeln wurde nachgelobt, daß sie nicht so rasch verschmutzten wie die weißen Untersetzer. Trotzdem die Untersetzerpappen mit Hadernbeimengung in jener Fabrik in einer hydraulischen Presse stark entwässert wurden, zeichneten sich die Bierteller durch große Saugfähigkeit aus. Wenn behauptet wird, es ließen sich Bierglasuntersetzer auch aus gewöhnlichen weißen Holzpappenabfällen, die im Kollergang oder Holländer aufgeschlossen und daselbst nachgebleicht werden, herstellen, so ist zu bemerken, daß es sich bei solchen Abfällen doch meistens um Abschnitzel von Kartonnagen handelt und der Holzstoff hierfür gewöhnlich zu fein, schmierig ist und sich deshalb für Bierfilze nicht eignet.

Was nun die Herstellung der eigentlichen Bierteller, das Ausstanzen und das Bedrucken, worauf wir noch eingehend zu sprechen kommen werden, anbelangt, so kann dieser Arbeitsvorgang unter Benutzung verschiedener Maschinen erfolgen, je nachdem man den Artikel in kleineren Mengen oder Massen erzeugen will. Als die einfachste Konstruktion einer Bierglasuntersetzerstanzmaschine ist die einarmige Balancierpresse mit Handbetrieb, wie man sie zum Ausstanzen von verschiedenen Kartonnagenteilen, Photographiekarten usw. benützt, und mit der auf einen Druck nur ein Untersetzer gestanzt werden kann, zu nennen. Die gleiche Maschine hat man auch für Kraftbetrieb erbaut als sogenannte Exzenterpresse, die mit selbsttätigem Stillstand nach jedem Schnitt oder aber auch kontinuierlich arbeitet. Der für die Bieruntersetzer erlöste Preis ist je nach den Gegenden und der Güte der Untersetzer ein verschiedener, doch wird der Artikel im allgemeinen sehr billig angeboten, und es dürfte infolgedessen nur bei größter Massenfabrikation ein nennenswerter Verdienst übrigbleiben.

Die Herstellung von Bierglasuntersetzern kann wohl stets nur als ein Nebenzweig bzw. Nebenerwerb in einzelnen industriellen Betrieben der Pappen- und Papierverarbeitung betrieben werden, und sie wird dort am einträglichsten sein, wo man den Holzstoff selbst erzeugt. Trotzdem gibt es verschiedene Fabriken, welche die Holzpappen zu den Bierfilzen beziehen, und heute schon genügend Schleifereien, die gute, zweckentsprechende Ware liefern. Die Hauptabnehmer von Biertellern sind die Bierbrauereien, welche sie zur Reklame verwenden und gratis an ihre Kunden verteilen. Des bequemeren Absatzes wegen befassen sich daher Filtermassefabriken gerne mit der Herstellung von Biertellern; sie können dabei die Abfälle, welche sich zu Filterpappe nicht mehr verwenden lassen, vorteilhaft verarbeiten.

Auch Likörfabriken, Wein-, Delikatessen-, Drogen- und Kolonialwarenhändler bringen ihre Geschäftsempfehlungen auf Bierglasuntersetzern an, die ihre Kunden, namentlich Schankwirtschaften, als Geschenkartikel erhalten. Vor Aufnahme der Fabrikation ist, wie für jede neue Sache, eine genaue Kalkulation über alles aufzustellen, namentlich unter Berücksichtigung des Absatzgebietes. Es ist meistens nötig, den Verschleiß durch Agenten vermitteln zu lassen. Verkauft wird der Artikel gewöhnlich zu 1000 Stück, in 10 Paketen zu 100 Stück gebunden. Die Kosten für das Stanzen und Bedrucken der Bierfilze sind nicht sonderlich hoch, da mit diesen Arbeiten auch weibliche Personen beschäftigt werden können, die sowieso das Packen besorgen.

Allgemeines über Bierglasuntersetzer-Stanzmaschinen

Bierglasuntersetzer aus saugfähiger Pappe, Holzstoff usw. sind in den letzten Jahrzehnten ein gewaltiger Verbrauchsartikel geworden. Je saugfähiger, also je geeigneter die Pappe für Untersetzerzwecke ist, desto lockerer und brüchiger ist sie. Es werden daher an die Stanzvorrichtungen für Bierglasuntersetzer ganz besondere Anforderungen gestellt, denn die Untersetzer (meistens Scheiben von 10 cm Durchmesser) müssen einen ganz sauberen, grat- und faserfreien Stanzrand aufweisen. Mit gewöhnlichen Schnittwerkzeugen, bestehend aus Ober- und Unterschnitt, oder mit Stanzeisen ist dies nicht möglich, denn jeder Fachmann weiß, daß an den mit solchen Werkzeugen gestanzten Untersetzern die Pappschichten am Rande herunterbrechen und hierdurch die Untersetzer unansehnlich werden.

Durch die von der Sächsischen Cartonnagen-Maschinen Act.-Ges., Dresden, erbauten Spezialstanzapparate für Bierglasuntersetzer ist es möglich geworden, auch die brüchigste und weichste Pappe, selbst bei größten Stärken, so zu stanzen, daß der Stanzrand ganz sauber, grat- und fehlerfrei ausfällt.

Je nachdem die Bierglasuntersetzer ein- oder mehrfarbig, einseitig oder zweiseitig bedruckt werden sollen, verwendet man die nachstehend beschriebenen Stanzmaschinen.

A. Die Fabrikation von einseitig und einfarbig bedruckten Untersetzern

Je nach der täglichen Menge, die hergestellt werden soll, richtet sich die Größe der Maschine. Bei kleineren Mengen kommt die automatische Bierglasuntersetzer-Stanzmaschine Modell BUS II, 25 cm Ausladung (Abb. 62), mit Doppelwerkzeug, welche Pappstreifen verarbeitet, zur Anwendung, während für größere Mengen das Modell BUS VI, 90 cm Durchgangsweite (Abb. 63), Verwendung findet.

Abb. 62

Kommt das Modell BUS II in Frage, so muß die Pappe vorher mittels einer Pappenkreisschere in Streifen zerschnitten werden. Die Streifen werden dann der Maschine selbsttätig zugeführt. Hierbei ist es nur notwendig, die Pappstreifen zwischen die Einführwalzen zu bringen, während das Vorschubwerk dann die Streifen absatzweise vorwärts bewegt. Die Vorschubbewegung ist einstellbar. Während des Stanzens bleiben die Vorschubwalzen stehen, so daß sich also in diesem Moment der zugeführte Streifen in Ruhestellung befindet. Die Maschine besitzt außerdem Ausführwalzen, die den Abfallstreifen erfassen und selbsttätig aus der Maschine herausführen. Bei jedem Niedergange des Stößels werden gleichzeitig 2 Bierglasuntersetzer ausgestanzt, so daß mit der Maschine eine Stundenleistung von etwa 6000 Bierglasuntersetzern erreicht wird, also bei 7stündiger Arbeitszeit etwa 42 000 Untersetzer pro Tag.

Genügt diese Tagesproduktion nicht, so kommt, wie schon erwähnt, Modell BUS VI in Frage, das stündlich etwa 18 000 Bierglasuntersetzer, also in der gleichen Arbeitszeit etwa 126 000 Untersetzer pro Tag aus-

Abb. 63

stanzt. Diese Maschine verarbeitet ganze, vorher nicht beschnittene Pappbogen, also Pappbogen, wie sie aus der Pappenmaschine kommen. Sie ist ebenfalls mit selbsttätigem Vorschub zum Einführen der Pappe und zum Ausführen des gestanzten Abfalles ausgerüstet und ist in ihrer Konstruktion besonders kräftig, um ein tadelloses Arbeiten gewährleisten zu können.

Die auf diesen beiden Stanzmaschinen gestanzten Bierglasuntersetzer werden dann einzeln auf einer Tiegeldruckpresse einseitig bedruckt. Diese Tiegeldruckpressen werden mit automatischem Selbstausleger und mit einem Spezialrahmen zum leichteren und sicheren Befestigen des Klischees geliefert und stellen etwa 3000 Drucke pro Stunde her.

B. Die Herstellung von einseitig, evtl. zweiseitig, sowie mehrfarbig bedruckten Bierglasuntersetzern

Zur Herstellung von einseitig, eventuell zweiseitig, sowie zweifarbig bedruckten Bierglasuntersetzern können die Untersetzer, sofern es sich um runde Deckel handelt, nicht einzeln bedruckt werden, da das Anlegen für den zweiten Druck zuviel Schwierigkeiten macht. Aus diesem Grunde bedruckt man die Deckel vorher in ganzen Tafeln in der Größe von 2 oder 6 Bierglasuntersetzern und stanzt sie erst nach dem Bedrucken aus. In diesem Falle erfolgt die Fabrikation wie nachstehend beschrieben.

Zunächst werden wieder auf einer Kreisschere die Pappbogen in kleine rechteckige Tafeln zerschnitten, und zwar entweder in der Größe von 2 oder 6 Untersetzern, je nachdem, ob zum Stanzen Modell BUS II oder Modell BUS VI zur Verwendung gelangt. Diese Tafeln werden dann auf entsprechend großen Tiegeldruckpressen bedruckt und nach dem Drucken dann auf den in Frage kommenden Stanzmaschinen in der Weise verarbeitet, daß die Tafeln in Stapel eingelegt, aus diesen durch Schieber entnommen und dem Stanzwerkzeug zugeführt oder auch von Hand eingelegt werden. Die entsprechenden Modelle werden für diesen Zweck in Spezialausführung geliefert. Die Leistung beträgt für das kleinere Modell etwa 2400 Untersetzer, für das größere Modell etwa 14 000 Untersetzer pro Stunde.

Zum Schluß soll noch einmal darauf hingewiesen werden, daß wiederholt angestellte Versuche, in einer Maschine das Ausstanzen und Drucken vorzunehmen, nicht den gewünschten Erfolg brachten, da beim Ausstanzen der lockeren, brüchigen Bierglasuntersetzerpappe feiner Staub entsteht, der es unmöglich macht, ein gleichzeitiges Bedrucken vorzunehmen, da schon nach ganz kurzer Zeit das Druckwerk (Farbwalzen, Klischees usw.) vollkommen verschmiert ist.

Die Verarbeitung der Pappe zu Handelsartikeln

(Halb- und Fertigfabrikate)

Die Verarbeitung der zugeschnittenen Pappen zu Gegenständen des allgemeinen und praktischen Gebrauchs

Reklameartikel aus Karton und Pappe

Reklameartikel aus Karton und Pappe gehören schon seit Jahren zu denjenigen Waren, auf deren Herstellung in der Luxuspapierindustrie ganz besondere Sorgfalt verwendet wird. Neben Plakaten zum Aufstellen oder Aufhängen sind es vor allen Dingen sogenannte Stellagen, auch Reklameständer genannt, deren Herstellung hier beschrieben werden soll. Derartige Reklameständer werden mit Vorliebe von Parfümeriewarenhandlungen, Drogerien und Apotheken benötigt, wo sie teils als Ausstattungsstücke für das Schaufenster oder den Verkaufstisch Verwendung finden. Derartige Stellagen werden fast durchweg mit einer Stütze oder einem Ständer zum Aufstellen angefertigt, wie das bei unzähligen Plakaten und anderen Reklameartikeln üblich ist. Sie weichen jedoch schon rein äußerlich in der Form ungemein von den Plakaten ab, ganz abgesehen von der ganzen Aufmachung selbst. Während Plakate fast durchweg in viereckiger oder runder Form, auch Tellerplakate genannt, in den Handel gelangen, weisen Stellagen im allgemeinen die verschiedensten Formen auf. Die Besonderheit der Form ist es ja neben der Eigenart der Ausstattung, die das Auge des Beschauers locken und sein Interesse, hervorgerufen durch den Blickfang, anregen soll. Neben der Form darf natürlich auch dem Text, dessen besonderer Anordnung und den Eigenheiten desselben hinsichtlich seiner technischen Anbringung eine nicht zu unterschätzende Bedeutung beigemessen werden, wie dies ja bekanntlich bei allen Reklameartikeln der Fall ist.

Das geeignetste Material zur Herstellung derartiger Waren ist Natur- oder Chromokarton, der hierbei, je nach der Größe der Stellagen, in den verschiedensten Stärken Verwendung findet. An Stelle von Karton wird vielfach auch dünnere Pappe verarbeitet, welche mit einem entsprechenden Natur- oder Chromopapier kaschiert wird.

Das zweckmäßigste Druckverfahren, welches bei der Herstellung derartiger Waren allgemein Verwendung findet, ist der Steindruck.

Je nach der Größe der herzustellenden Artikel werden diese durchweg in bestimmter Anzahl auf Bogen größeren Formats zusammengestellt, in den verschiedensten Farben gedruckt, um nachher auf der Beschneidemaschine oder der Kreisschere in die richtigen Größen zerteilt zu werden. Bei Waren, welche geprägt werden, wird nun zunächst die Prägung ausgeführt. Um ein genaues Passen der Prägung. d. h. Übereinstimmung von Prägung und Farbe, zu gewährleisten. müssen die einzelnen Teile vor dem Prägen an eigens zu dem Zweck angebrachten Punktier- oder Prägepunkten vorgestochen und beim Prägen genadelt werden.[1]

Nach dem Prägen erfolgt das Stanzen der geprägten Teile. Zum Prägen sowohl als auch zum Stanzen derartiger Artikel verwendet man mit Vorliebe große, für Kraftantrieb eingerichtete Prägepressen oder Balanciers. Von großem Vorteil sind hierbei Maschinen mit größerer Druckkraft und entsprechender Druckfläche. Sie ermöglichen nicht nur die Herstellung von Waren in größerem Ausmaß, welche naturgemäß auch einen starken Druck erfordern, sondern man kann an derartigen Maschinen auch kleinere Artikel in Mengen von 2 bis 6 Stück und mehr in einem Arbeitsgange prägen bzw. stanzen.

Bei Platten, welche Schneide- und Prägelinien in größerer Zahl aufweisen, und vor allen Dingen bei solchen mit viel Durchbruchstellen ist es sehr ratsam, erst die Prägung ausführen zu lassen und das Stanzen in einem zweiten Arbeitsgange vorzunehmen. Nach erfolgtem Prägen und Stanzen gelangen die so vorbereiteten Waren in die Buchbinderei oder den Klebesaal, wo die Ständer oder Stützen angeklebt werden, die zur endgültigen Fertigstellung noch notwendig sind.

Unter Stellagen verstehen wir in der Hauptsache zwei Arten, und zwar Stellagen mit Ständern oder Stützen und solche, welche ohne Ständer, aber mit Rückwand angefertigt werden.

Abb. 64

Die Abb. 64 veranschaulicht eine Form der erstgenannten Art, bei der an der Rückseite der Stellage über dem Ständer noch ein quadratischer Kasten angeklebt ist. Dieser wird beim Aufstellen der Stellage mit Hilfe der ausgestanzten Taschen und Schlitze ineinandergesteckt und ruht mit seinem unteren Teil auf der Stütze und ferner auch auf der unteren, gerade verlaufenden Linie der ausgestanzten Vorderseite. Auf die so entstehende wagerecht liegende untere

[1] Ein vorzügliches Handbuch für alle Arten des Prägens und Pressens ist das von dem Herausgeber dieses Buches erschienene Werk „Die Papierprägetechnik", das im Verlag von M. Krayn, Berlin W, Genthiner Straße 39, erschienen ist.

Das Werk behandelt alle Arten des Prägens und Pressens auf kaltem und heißem Wege, mit und ohne Verwendung von Blattmetall, Folien und Prägepapier. Es umfaßt 224 Seiten, Gr.-8°, mit 55 Figuren im Text und Tafeln ausgeführter Prägearbeiten.

Heß' „Prägetechnik" ist nach den übereinstimmenden Kritiken der Fachpresse *die beste und umfassendste Darstellung* des Gesamtgebietes dieser vielseitigen Ausstattungstechnik. Das Werk liegt bereits in zweiter, vermehrter und verbesserter Auflage vor.

Fläche des Kastens wird nun ein Fläschchen Parfüm oder eine Puderdose, Nagelpolierstein oder irgendein ähnlicher Artikel gestellt. Die ausgestanzte Vorderseite der Stellage bildet einen äußerst wirkungsvollen Rahmen hierzu und eignet sich bei einigermaßen ansprechender äußerer Ausstattung vorzüglich als Schaufensterreklame oder als Reklameständer auf dem Verkaufstisch.

Andere Stellagen werden ohne Ständer oder Stütze angefertigt. Sie bestehen aus der Vorder- und Rückwand, welche mit ein und demselben Stanzeisen ausgestanzt werden. Die Vorderwand ist zumeist in vier oder mehr Farben in Steindruck gedruckt, während die Rückwand nur leicht in einer der Grundfarben der Vorderseite getönt wird. Aus der Mitte der Vorderseite wird ferner noch ein Teil herausgestanzt, welcher meist in viereckiger Form gehalten ist. Das Stanzen muß jedoch in der Weise erfolgen, daß der auszustanzende Teil nur an drei Seiten von der Vorderwand getrennt wird, während er oben noch mit derselben zusammenhängt. Diese Stelle wird nur leicht geritzt, so daß der betreffende Teil nach rückwärts gebogen werden kann und so als Kulisse wirkt.

Nunmehr werden Vorder- und Rückwand durch ein oben angebrachtes Scharnier von innen miteinander verbunden, unten auseinandergeklappt und dann aufgestellt. Der auszustellende Gegenstand wird zwischen den ausgestanzten Rahmen der Vorderwand und der Rückwand gestellt, so daß der zurückgebogene Teil der Vorderwand seinen Hintergrund bildet, während die ausgestanzte Vorderwand sozusagen den Rahmen dazu darstellt.

Neben den hier erwähnten Stellagen werden noch eine ganze Anzahl ähnlicher Sorten hergestellt, die in den verschiedensten Formen und Ausführungen in den Handel kommen.

Sie haben sich in letzter Zeit besonders in der chemischen Industrie sowie in den besseren Verkaufsgeschäften für Parfümerien gut eingeführt und können wohl als äußerst wirkungsvolle Reklame gelten. durch die auch der papierverarbeitenden Industrie bedeutende Aufträge gesichert werden. Diese Art der Reklame dürfte als eine wirkliche Neuheit auf dem Gebiete der Pappenverarbeitung anzusprechen sein, die noch eine Zukunft hinsichtlich der Absatzmöglichkeiten haben dürfte.

Es sei hier nochmals kurz das Bogenkaschieren erwähnt und auch die Möglichkeit der Lackierung von Pappe, bedrucktem Karton oder mit farbig bedruckten Bogen kaschierter Pappen. Stanzplakate in allen möglichen Ausführungen sind heute ein viel gekaufter Artikel, bei denen die Anbringung von Aufstellvorrichtungen, das Aufkleben von Verstärkungsstreifen u. dgl. vorkommt. Die Jagenberg-Werke bauen eine ganz neue Universal-Fasson-Beleim-Maschine. Jede denkbare Fassonbeleimung, seien es nun Streifen, Punkte oder Flächen beliebiger Form, läßt sich mit dieser Maschine ausführen. Die Formen sind leicht und billig selbst herzustellen, und da sie auswechselbar sind, so kann man die Formen auch für spätere Aufträge wieder aufbewahren. Das System der Warmleimübertragung von oben ist bei dieser Maschine glänzend gelöst.

Briefordner und Ablegemappen

Unter der großen Zahl der verschiedenen Erzeugnisse, welche in der papier- und pappeverarbeitenden Industrie hergestellt werden, hat die Anfertigung der in der Überschrift angeführten Spezialartikel im Laufe der letzten Jahre erhöhte Bedeutung gewonnen.

Abb. 65. Schneidemaschine Modell Karl Krause, Leipzig

Durch die erweiterten Handelsbeziehungen sah sich fast jedes Unternehmen gezwungen, für seinen abzulegenden Schriftwechsel andere Einrichtungen zu treffen als das früher übliche Ablegen der Briefe durch Zusammenfalten und Beschreiben.

Da heute in großen Betrieben täglich eine recht große Anzahl von Schriftstücken ein und aus gehen, deren Originale und Kopien oft längere Zeit zum Nachschlagen bequem zur Hand sein müssen, so wurden hierfür früher oft Mappen mit gummierten Fälzen benutzt, in welche die Briefe nach dem Datum ihres Einganges eingeklebt wurden. Wenn auch derartige Falzpappen heute noch für bestimmte Zwecke zuweilen im Gebrauch sind, so wird es doch immer wieder unbequem empfunden, daß sich die für irgendeinen Zweck gebrauchten Briefe nicht wieder oder doch nur sehr schwer herausnehmen lassen.

Die für den gleichen Zweck schon lange gebräuchlichen Bibliobapts haben den gleichen Fehler, werden aber ebenfalls zur Aufnahme der Registratur in manchen Geschäften heute noch benutzt. Im allge-

Abb. 65 a. Schneidemaschine Modell Karl Krause, Leipzig

meinen werden jedoch heute für umfangreiche Ablagen durchweg die Briefordner oder für weniger umfangreiche oder besondere Zwecke auch Schnellhefter bevorzugt.

Der Briefordner besteht aus zwei Buchdeckeln, welche durch einen sogenannten steifen Rücken miteinander verbunden werden. An der Innenseite des rückwärtigen Buchdeckels oder im Rücken selbst ist eine Mechanik angebracht, welche zwei in bestimmten Abständen angebrachte Metallbügel enthält, auf welche die Schriftstücke alphabetisch oder nach dem Datum ihres Einganges aufgesteckt werden.

Zum Festhalten dient meist eine federnde Metalleiste mit Klemmfedern.

Man kann mit Leichtigkeit die Schriftstücke auswechseln und nach Bedarf ablegen. Da der Verbrauch in diesen Artikeln ziemlich bedeutend ist, so sind hiervon eine ganze Reihe der verschiedensten Abarten in den Handel gekommen. Die gebräuchlichsten Ordner sind wohl gegenwärtig solche mit rundem oder ovalem Bügel, da man in diesen bequem, wie in einem Buche, blättern kann. Die Schnellhefter sind bedeutend einfacher. Sie bestehen aus Aktendeckeln mit mehrfach abgebogenem Rücken und enthalten innen einen Kartonfalz mit den zur Aufnahme der Schriftstücke dienenden schmalen, spitz zulaufen-

Abb. 66. Kreisschere Modell Karl Krause, Leipzig

den Metallzungen oder Splinten. Selbstverständlich hat diese Art der Ablegemethode die herstellende Industrie bewogen, eine ganze Anzahl der verschiedensten Macharten zur Befriedigung der Ansprüche zu erzeugen.

Es seien hierbei insbesondere die Ordner erwähnt, welche nur mit einer Klemmvorrichtung versehen sind und in denen die einzelnen Schriftstücke ohne jede Lochung untergebracht werden. Doch haben alle bis jetzt erschienenen Ordner oder Schnellhefter ohne Lochung den Fehler, daß beim geringsten Nachlassen der Feder sich die eingeordneten Schriftstücke lockern, allmählich herausrutschen oder herausfallen.

Hier ist noch ein lohnendes Feld für intelligente Köpfe, die sich durch die Schaffung eines gediegenen Ordners oder Schnellhefters ohne Lochung ein großes, gewinnbringendes Absatzgebiet für derartige Erzeugnisse sichern können.

Die Herstellung der eigentlichen Schnellhefter ist äußerst einfach. Die hier zur Verwendung gelangenden Aktendeckel werden zunächst an der Schneidemaschine oder Kreisschere (Abb. 65, 65a u. 66) auf die gewünschten Größen geschnitten. Nach dem Zuschneiden werden die vier Ecken des Deckels an einer Eckenabrundemaschine abgerundet (Abb. 67). Alsdann werden die so weit vorbereiteten Aktendeckel an einer Tiegeldruckpresse mit Buchdruck versehen, und zwar derart, daß auf der Vorderseite der Titel und an eigens dazu bestimmten Stellen auch Ort, Name, Straße, Jahrgang und laufende Nummer usw. in bestimmter Reihenfolge eingedruckt werden. Wir verweisen hierbei z. B. auf die allerorts bekannten Stolzenberger Schnellhefter. Auf dem Rücken des Schnellhefters sind in bestimmten Abständen meist nur die Worte: „Ort, Firma und Jahrgang" vorgedruckt. Nach Fertigstellung des Druckes werden die einzelnen Aktendeckel an der Biegemaschine unter Zuhilfenahme eines Faltschachtelanschlages (Abb. 68, 69 und 70) mit Parallelbiegungen versehen, die in beliebiger Anzahl und in genau vorher bestimmten Abständen nebeneinander verlaufen. Die Biegelinien werden so angebracht, daß nach erfolgtem Falzen oder Umbiegen der Deckel im Innern derselben ein etwa 2 cm breiter, doppelter Falz entsteht. In diesem Falz werden dann unter Zuhilfenahme einer Loch- oder Schlitzmaschine zwei etwa 8 cm voneinander entfernte Lochungen oder Schlitze angebracht. Durch diese Schlitze wird nun ein schmales, nach beiden Seiten zu spitz auslaufendes Blechband aus Zink- oder Messingblech angebracht. Um das Herausfallen desselben zu ver-

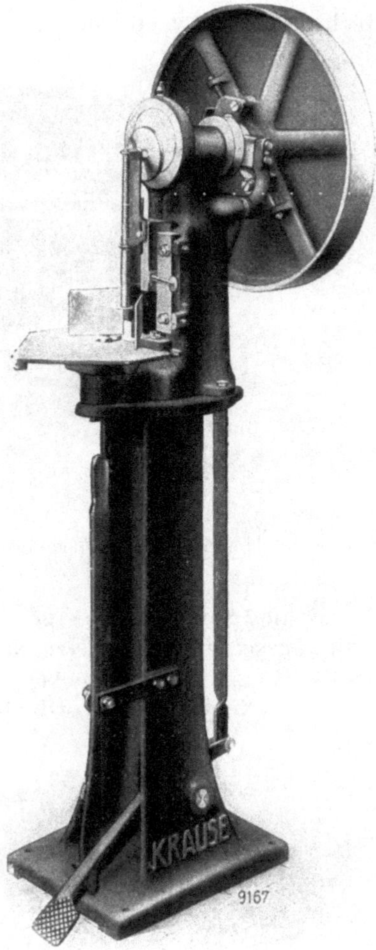

Abb. 67. Eckenrundstoß- und Eckenabschneidmaschine Modell Karl Krause, Leipzig

hindern, wird nun der doppelte Falz an der Flachheftmaschine zusammengeheftet, wodurch die Haltbarkeit und der richtige Stand der umgebogenen Metallsplinte gewährleistet wird.

Beim Ablegen oder Einordnen der gelochten Schriftstücke, Angebote, Rechnungen usw. werden nun die Metallsplinte durch die beiden

Abb. 68. Pappenbiegemaschine Modell Karl Krause, Leipzig

Löcher des Schriftstückes geschoben. Hierauf wird die gelochte Befestigungsschiene aufgesetzt, die Splinte umgebogen und durch zwei aus Blech gefertigte Schieber derart festgehalten, daß die einzelnen Schriftstücke stets in geordneter Reihenfolge liegen und sich nach keiner Richtung hin irgendwie verschieben können. Die Schriftstücke können jederzeit zwecks Nachprüfung in kürzester Frist herausgenommen und ebenso schnell wieder neu eingeordnet werden. Zu dem Zwecke werden die Befestigungsschieber einfach seitlich geschoben, die Splin te aufgebogen, so daß man die Schriftstücke bequem herausnehmen und wieder einfügen kann. Derartig hergestellte Schnellhefter haben sich in der Praxis sehr gut bewährt und sind heute in ungezählten Mengen im Gebrauch.

Abb. 69. Faltschachtelanschlag einschl. Tischverlängerungsböckchen

Weit vielseitiger ist dagegen die Herstellung der eigentlichen Briefordner mit Mechanik.

Zu ihrer Anfertigung verwendet man zumeist starke graue Pappe. Jeder Ordner besteht aus drei Teilen, und zwar den beiden Buchdeckeln und dem Rücken, welche zunächst an den dazu erforderlichen Maschinen, Pappschere (Abb. 71) oder Pappenkreisschere, zu-

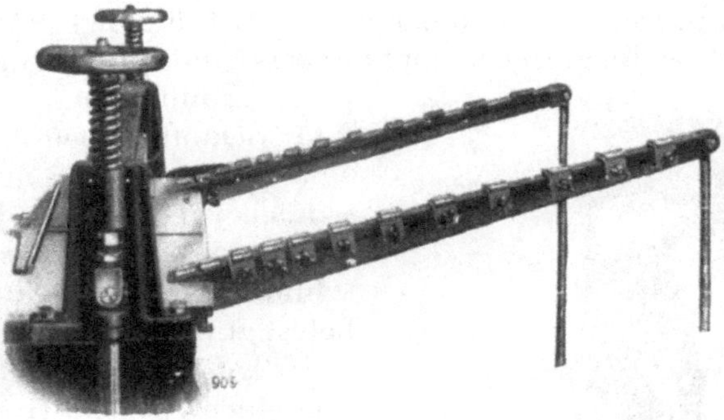

Abb. 70. Bild des großen Faltschachtelanschlags

geschnitten werden. Nach dem Zuschneiden wird zuerst das Rückenstück mit einem entsprechend starken Stoff, Kaliko, Leinen, Doppeltuch, sehr oft auch mit Moleskin oder Kunstleder bezogen und mit den Buchdeckeln verbunden respektive zusammengehängt, wobei der Ein-

Abb. 71. Pappschere Modell Karl Krause, Leipzig

schlag gut fingerbreit nach der Innenseite des Ordners umgeschlagen wird. Jetzt werden die beiden Buchdeckel von außen bezogen, wobei das Überzugpapier gleichfalls nach der Innenseite umgeschlagen wird. Erst wenn Rücken und Innenseiten des Ordners gefüttert oder beklebt sind, wird als letzte Arbeit die Befestigung der Mechanik mit den beiden Metallbügeln vorgenommen. Zu dem Zweck wird der rückseitige Buchdeckel des Ordners zunächst an bestimmten Stellen gelocht. Die Lochung muß in bestimmten Abständen angebracht werden, und zwar derart, daß sie mit den Lochungen der Mechanik übereinstimmt. Dann werden von außen her die Befestigungsnieten durch die Lochungen des Buchdeckels und der Mechanik hindurchgesteckt und unter Zuhilfenahme von Nietstift und Nietamboß befestigt. Vielfach sind die Steckstifte auch mit Gewinden versehen, so daß die Mechanik durch Anziehen der Verschlußschrauben in kürzester Frist befestigt werden kann. Oft werden derartige Ordner am Rücken auch mit einem sogenannten Griffloch versehen, welches mit einem Blechring eingefaßt wird. Das Anbringen der Lochung und das Befestigen der Blechringe erfolgt durchweg auf eigens für derartige Zwecke erbauten Loch- und Nietmaschinen (Abb. 72). Durch die Grifflöcher wird das Einreihen und Herausnehmen der einzelnen Ordner aus den Schränken oder Regalen ganz wesentlich erleichtert, was sich hauptsächlich beim Gebrauch von Ordnern bemerkbar macht, in welche bereits eine größere Anzahl von Schriftstücken eingereiht sind.

Abb. 72. Automatische Nietmaschine, Erzeugnis der Sächsischen Cartonnagen-Maschinen-Act.-Ges., Dresden

Die Herstellung sowie die äußere Ausstattung der einzelnen Sorten richtet sich naturgemäß stets nach dem Preise, den der Besteller oder Abnehmer dafür anlegt. Zu den billigeren Artikeln wird zum Beziehen der Rücken meist starkes Doppeltuch oder Kunstleder verwendet, während man die Buchdeckel dann aus Zweckmäßigkeitsgründen mit maserierten oder gepreßten Papieren meist in dunkler Farbe bezieht.

Bei besseren Sorten verwendet man vielfach Leder, um den Rücken mit dem Buchdeckel fest miteinander zu verbinden; auch werden die Buchdeckel mit haltbaren Stoffen, wie Dermatoid und ähnlichen Sorten von Kunstleder, überzogen. Abwaschbare Stoffe werden hierbei ganz besonders bevorzugt. Auch sonst gibt es eine ganze Reihe von Hilfsmitteln, welche dazu dienen, die Abnutzung der einzelnen Ordner nach Möglichkeit zu verhindern. Man kann z. B. die Ecken oder Kanten der Buchdeckel mit Blechleisten einfassen, welche mittels der Blechleistenanschlagmaschine befestigt werden und das Abnutzen und Abscheuern der Ecken verhindern, oder man versieht die Buchdeckel seitlich mit Koffernägeln oder Kopfnieten, so daß die Buchdeckel der aufgeschlagenen Ordner nicht unmittelbar mit dem Ladentisch oder Schreibtisch in Berührung kommen (Abb. 73 u. 74).

Die Handarbeit sollte bei der Herstellung derartiger Artikel nach Möglichkeit ausgeschaltet werden. Zum Bekleben der Rücken sowie zum Beziehen der Buchdeckel, desgleichen zum Ausfüttern der Ordnerleisten daher Anleimmaschinen und besonders solche mit Transportband ganz hervorragende Dienste. Der Abtransport nach rückwärts über den Einlegetisch hinweg wird nur noch in ganz seltenen Fällen geliefert. Die neue Maschine ist Modell „Vorwärts" mit Geradeaustransport und unverdecktem Einlegetisch. — Auch das Anreiben der bezogenen und gefütterten Buchdeckel mittels der Buchdeckenanreibemaschine ist sehr zu empfehlen. Wo die Anfertigung von Massenauflagen in Frage kommt, ist lohnende Herstellung ohne die vorerwähnten Maschinen geradezu unmöglich. Im übrigen ist der Verbrauch an Briefordnern heute derartig groß, daß sich die einmaligen Anschaffungskosten für die maschinelle Einrichtung besonders bei großen und laufenden Aufträgen recht bald bezahlt machen.

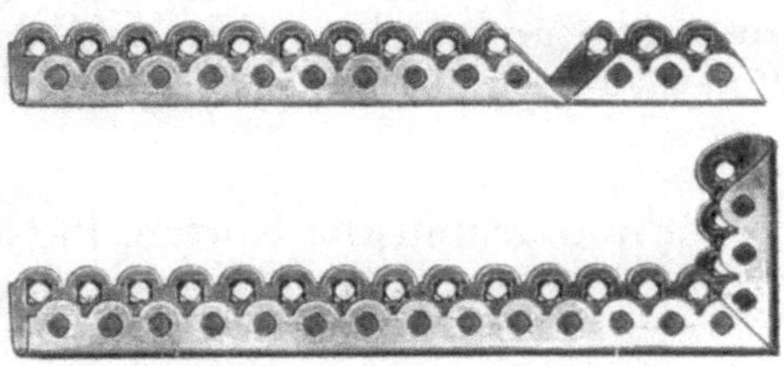

Abb. 73 u. 74. Kantenschoner „Simplex" Erzeugnis der Sächsischen Cartonnagen-Maschinen Act.-Ges., Dresden

Auf dem Gebiet der Briefmappenherstellung sind im Laufe der letzten Jahre kolossale Änderungen sowohl in der Ausstattung der Ordner, als auch in der Herstellung gemacht worden. Für die kleineren und mittleren Fabriken, die sich mit der Herstellung von Briefordnern befassen, kommt zum Bekleben der Pappen eine Anleimmaschine mit Transportband in Frage. Werden an den Briefordnern Leinwandecken verlangt, dann können dieselben mit der Jagenberg-Buchecken-Anmachmaschine angemacht werden. Ein Mädchen ist in der Lage, im Tag etwa 18 000 Ecken fertigzustellen. Für Briefordner lassen sich sogar 2 Maschinen kombinieren, so daß jeweils in einem Arbeitsgang zwei Ecken fertig sind. Für größeren Bedarf kommen zum Überziehen der Briefordner bereits Automaten in Frage, und zwar bauen die Jagenberg-Werke einen solchen Automat, der einen Briefordner vollkommen fertig machen kann. Die Maschine ist leicht und schnell verstellbar; sie führt folgende getrennte Arbeitsgänge aus:

1. Aufkleben des Leinwandrückens mit Einschlag an der oberen und unteren Kante nach innen.
2. Einkleben des Rückenspiegels, Leinwand oder Papier.
3. Auflegen von 2 Überzügen mit Einschlag jeweils an drei Seiten nach innen; im gleichen Arbeitsgang kann auch außer den zwei Überzügen ein Rückenschild aufgeklebt werden.
4. Einkleben der beiden Innenspiegel.

Sind die Produktionsmengen so groß, daß das Umstellen der Maschinen zu zeitraubend ist, dann kann für jeden einzelnen Arbeitsgang eine besondere Maschine geliefert werden. Selbstverständlich sind die Maschinen, die lediglich Rückenschilder, Rückenspiegel usw. verarbeiten, etwas leichter gebaut. Die Leistung einer Briefordnerüberziehmaschine beträgt 20—22 Arbeitsgänge pro Minute, so daß also beispielsweise im oben genannten Fall Nr. 3 in einer Minute 60 Papierzuschnitte aufgeklebt werden. Die Maschinen sind auf Quart- und Folioordner in den handelsüblichen Größen eingestellt.

Photographische Karten, Passepartouts und Rahmen aus Karton und Pappe

Photographische Karten werden in der Regel aus glattem oder feingenarbtem Karton hergestellt, wobei sich die Stärke desselben jeweils nach der Größe der herzustellenden Formate richtet. So wird z. B. zu kleineren Formaten, wie Visit, meist vierfacher Karton verwendet, während man zu Kabinett-, Prinzeß- und größeren Formaten teils sechsfachen oder gar achtfachen Karton verarbeitet. Die Farbe des Kartons ist in den meisten Fällen dunkelgrau, dunkelbraun oder hellgrau bzw. hellbraun. Hellere Farben sind im allgemeinen weniger beliebt, weil sie zu empfindlich sind und infolgedessen beim öfteren Berühren, zumal mit nicht ganz sauberen Händen, leicht schmutzig werden oder Flecken und Fingerabdrücke hinterlassen.

Bei der Anfertigung photographischer Karten kommen zunächst zwei Herstellungsarten in Betracht. Wenn es sich um die Herstellung kleinerer Posten handelt, werden die Karten zumeist an der Kantenabschrägmaschine zugeschnitten. Die Maschine hat in ihrer Bauart viel Ähnlichkeit mit der Pappschere. Nur das Messer der Maschine ist anders angeordnet, insofern, als dasselbe nicht senkrecht, sondern schräg nach vorn zu schneidet, so daß die Kanten der Karten beim Zuschneiden gleichzeitig abgeschrägt werden. Die abgeschrägten Kanten werden dann meist weiß, in vielen Fällen jedoch auch durch Gold- oder Silberbronze gefärbt, sofern sie nicht ohne jeden Farbenauftrag belassen werden. Wenn jedoch größere Posten in Frage kommen, erfolgt die Herstellung derselben in wesentlich anderer Weise.

Zunächst werden die Karten auf der Kreisschere in der richtigen Größe zugeschnitten. Nach erfolgtem Zuschneiden werden sie, je nach der Stärke des Materials, in Stößen von 50 bis 100 Stück und darüber schräg aufgestoßen und in eine sogenannte Schraubzwinge eingesetzt, wo sie zunächst scharf eingepreßt werden. Es werden die Kanten mittels eines Schwammes leicht angefeuchtet und unter Zuhilfenahme einer aus bestem Stahl gefertigten Schabklinge abgeschrägt oder geschabt. Die abgeschrägten Kanten werden hierauf sofort mit verdünntem Eiweiß oder irgendeinem anderen Grundiermittel grundiert und dann entweder mit Metallschnitt, Gold oder Silber, oder mit farbigem Schnitt versehen. Die Karten mit dem aufgetragenen Farb- oder Metallschnitt werden so lange in der Schraubzwinge gelassen, bis dieser völlig trocken ist. Die nicht haftende Farbe oder nicht festsitzende Metallteile werden dann mit einer weichen Bürste entfernt, worauf die Kanten mittels eines Glättzahnes so lange geglättet werden, bis sie einen vollkommenen Glanz aufweisen. Nach erfolgtem Glätten der einen Seite werden die Karten aus der Schraubzwinge herausgenommen und die übrigen Seiten in der gleichen Weise bearbeitet.

Beim Schaben der Karten ist vor allen Dingen darauf zu achten, daß die abgeschrägten Karten vor dem Grundieren mit einer haarscharfen Schabklinge leicht nachgezogen werden, und zwar so lange, bis die Karten vollkommen glatt erscheinen. Dadurch erreicht man, daß die später aufzutragende Schnittfarbe oder das aufzutragende Metall fest mit den Kanten verbunden wird. Wenn die Kanten jedoch nicht ordentlich ausgeschabt werden und infolgedessen noch rohe, d. h. nicht völlig glatte Stellen aufweisen, kann es sehr leicht vorkommen, daß der Farbschnitt oder Metallschnitt bei der geringsten Berührung der Karten wieder von den Karten abspringt oder abplatzt. Auch die zum Grundieren verwendete Flüssigkeit muß sehr sorgfältig zusammengestellt werden. Enthält das Grundiermittel z. B. zu wenig Bindestoffe, so wird dadurch ein Abspringen oder Abplatzen des Schnittes gleichfalls außerordentlich begünstigt. Nimmt man dagegen zu viel, so ist zu befürchten, daß die Karten nachher an den Kanten zusammenkleben, so daß sie mit einem scharfen Messer getrennt werden müssen. Hierbei wird jedoch der Schnitt in den meisten Fällen derartig beschädigt, daß er nochmals neu angefertigt werden muß. Wer also nicht die nötigen praktischen Erfahrungen in der Herstellung und Zusammensetzung von Grundiermitteln besitzt, tut entschieden besser, wenn er sie gebrauchsfertig von irgendeinem Spezialfachgeschäft bezieht.

Die fertigen Karten erhalten meist noch auf der Vorderseite irgendeinen textlichen Reklameaufdruck, welcher, je nach der Art des Schnittes, entweder in Gold, Silber oder in weißer Farbe gehalten ist und als Text gewöhnlich die Adresse irgendeines photographischen Spezialgeschäftes aufweist.

Ähnlich wie die Fabrikation von photographischen Karten erfolgt die Herstellung von Passepartouts und Rahmen aus Karton.

Hierfür trifft in bezug auf das Material in erhöhtem Maße das zu, was schon über die photographischen Karten gesagt wurde, daß sich nämlich die Stärke des zu verarbeitenden Materials in der Hauptsache nach der Größe der anzufertigenden Formate richtet.

Für kleinere Rahmen und Passepartouts wird zumeist 6facher, für größere Sorten dagegen 8- bis 12facher Karton verwendet. In bezug auf Güte und Farbe herrscht ebenfalls große Vielseitigkeit. Mit Vorliebe verwendet man weißen Karton und Elfenbeinkarton in den verschiedensten Abtönungen. Auch Hellgrau, Lichtgrün und Hellgelb sind sehr beliebt. Neben glatten sind vielfach auch feingenarbte und gepreßte Sorten anzutreffen. Kleinere Posten werden allgemein auf der Pappschere zugeschnitten, während man sich für den Zuschnitt bei großen Aufträgen der Kreisschere bedient. Passepartouts mit viereckigen Ausschnitten, bei denen die Innenkanten schräg verlaufen, werden stets mittels Handarbeit hergestellt, d. h. einzeln mit einem scharfen Ritzer ausgeschnitten. Das Ausschneiden erfordert große Übung in bezug auf Messerführung und Sicherheit des Schnittes. Jede der vier Innenkanten muß nämlich gleichmäßig schräg verlaufen, auch dürfen sich bei großen Sorten, welche aus stärkerem Material angefertigt werden, keinerlei Stufen oder Absätze bemerkbar machen. Ebenso dürfen die Innenkanten keinerlei Ein- oder Ausbuchtungen aufweisen. Passepartouts mit runden oder ovalen Ausschnitten werden dagegen durchweg mit der Maschine ausgeschnitten, wobei am zweckmäßigsten die Rund- oder Ovalschneidmaschine Verwendung findet. Dieselbe muß jedoch mit einer Vorrichtung versehen sein, welche es ermöglicht, den Ritzer so einzusetzen, daß er nicht nur senkrecht, sondern auch schräg geführt werden kann, so daß die Innenkante mit jeder nur gewünschten Schrägung versehen werden kann. Die

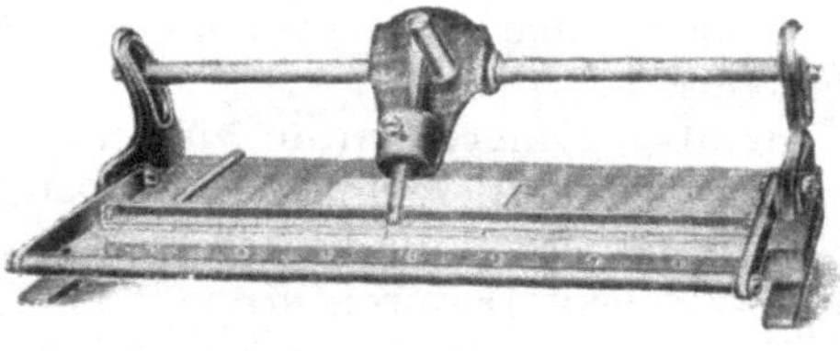

Abb. 75

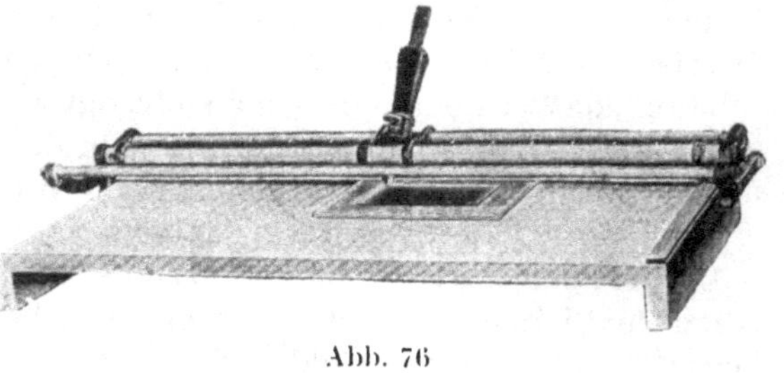

Abb. 76

Innenkanten der Passepartouts bleiben in den meisten Fällen roh und werden nur auf besonderen Wunsch weiß gefärbt oder eventuell mit Gold- oder Silberbronze bronziert.

Während wir uns in den bisherigen Ausführungen darauf beschränkt haben, lediglich die Herstellung von Hand zu erläutern, wollen wir in den folgenden Erläuterungen auch die zur Herstellung dieser Artikel nötigen Apparate und Maschinen besprechen.

Wo photographische Karten in kleinen Posten und wechselnden Größen anzufertigen sind, bedient man sich mit Vorliebe der Kanten-

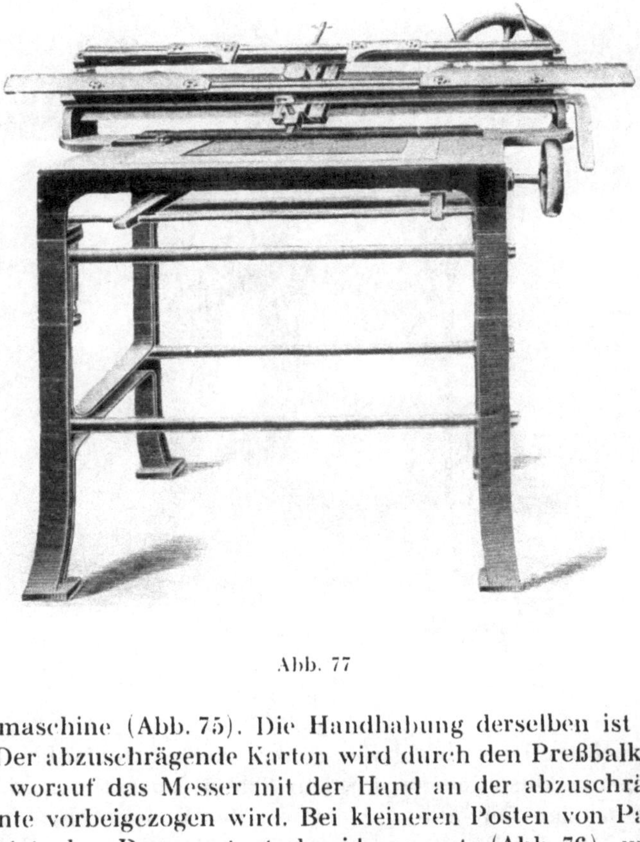

Abb. 77

abschrägmaschine (Abb. 75). Die Handhabung derselben ist äußerst einfach. Der abzuschrägende Karton wird durch den Preßbalken festgehalten, worauf das Messer mit der Hand an der abzuschrägenden Außenkante vorbeigezogen wird. Bei kleineren Posten von Passepartouts leistet der Passepartoutschneideapparat (Abb. 76) wertvolle Dienste. Es können mit demselben Passepartouts vom kleinsten Format bis zu 60 cm Länge geschnitten werden. Messerführung und Schnitt lassen sich nach jeder gewünschten Schrägung einstellen. Der Schnitt erfolgt vollkommen glatt und sicher. Für Massenherstellung von Passepartouts mit rechtwinkeligem Ausschnitt ist die (in Abb. 77

gezeigte) für Kraftantrieb erbaute Maschine ganz besonders zu empfehlen. Die besonderen Vorzüge dieser Maschinen sind: die automatische Selbstpressung während des Schneidens, automatische Anlageveränderung für Passepartouts mit verschieden breiten Rändern und Zahnstangenführung zur Einstellung für die Randbreite. Die Maschine ist ferner mit Klauenkupplung erbaut, welche ein völlig stoßfreies Ein- und Ausrücken derselben ermöglicht. Das ist besonders

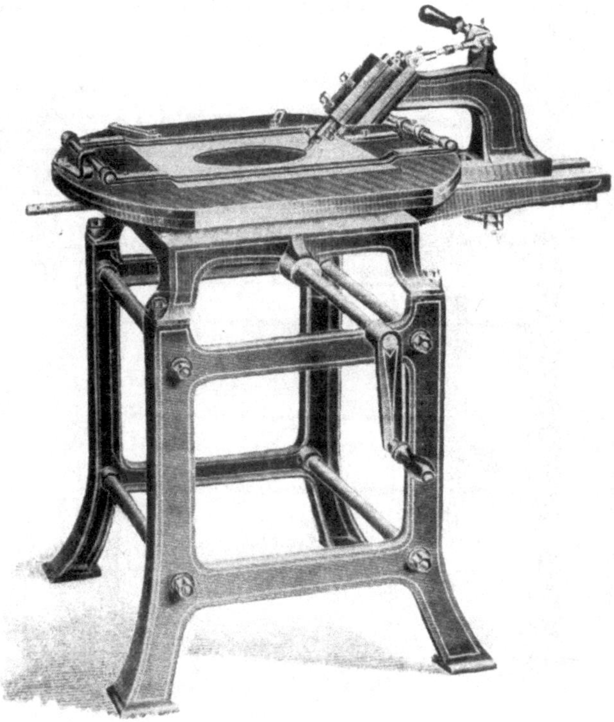

Abb. 78

wichtig bei der Herstellung von großen Passepartouts, bei deren Anfertigung die Maschine nach jedem Schnitt ausgerückt wird, damit der Arbeiter den Karton in der gewünschten Weise drehen kann. Beim Ausschneiden der Passepartouts legt man den Karton auf die Tischplatte der Maschine gegen die hintere und seitliche Anlage. Die Selbstpressung sowie das Ein- und Aussetzen der Messer erfolgt vollkommen automatisch. Abb. 78 u. 79 zeigen zwei Maschinen für Handbetrieb, von denen die erstere zum Ausschneiden runder und ovaler, letztere zum Ausschneiden von rechtwinkligen Passepartouts mit stumpfen

Ecken dient. Bei beiden Maschinen legt man den Karton beim Ausschneiden auf die Tischplatte gegen die verstellbaren Anlegemarken und drückt dann den Spannrahmen herunter. Hierauf führt man das Messer durch den obersten kleinen Hebel in den Karton und dreht an der vorstehenden Kurbel (bei Abb. 77 nach links, bei Abb. 78 nach rechts), worauf der Ausschnitt im Augenblick fertiggestellt ist.

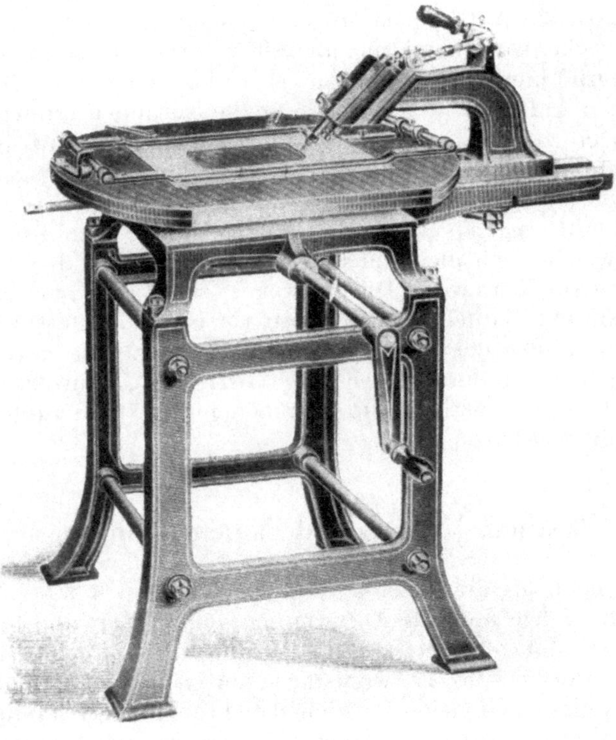

Abb. 79

Die hier gezeigten Apparate und Maschinen haben sich in der Praxis bestens bewährt und wesentlich dazu beigetragen, die Leistungsfähigkeit in der Anfertigung photographischer Karten und Passepartouts zu erhöhen.

Kleinere Rahmen mit gerader Innenkante werden je nach Bedarf mit viereckigen, runden oder ovalen Ausschnitten versehen. Bei kleinen Aufträgen können diese Ausschnitte wohl von Hand mit dem Messer ausgeschnitten oder an der Rund- und Ovalschneidemaschine hergestellt werden. Bei größeren Aufträgen ist jedoch das Ausstanzen mittels eigens dazu angefertigter Stanzeisen vorzuziehen. Die Stanzeisen müssen jedoch für derartige Artikel äußerst genau gearbeitet sein. Es ist dabei eine Hauptbedingung, daß die Außenwände der Stanzformen genau senkrecht verlaufen und sich unter keinen Umständen nach oben hin erweitern, da sonst die Ecken bei Rahmen mit viereckigen oder rechtwinkeligen Ausschnitten stets beim Ausstanzen aufplatzen oder einreißen würden. Das Ausstanzen selbst kann auf jeder beliebigen Stanzvorrichtung oder auf der Kniehebelpresse vorgenommen werden. Große Auflagen kann man jedoch auch sehr vorteilhaft an einer zweckentsprechend gebauten Tiegeldruckpresse ausstanzen. Um das Material hierbei besser ausnützen zu können, empfiehlt es sich, bei derartigen Aufträgen aus Zweckmäßigkeitsgründen immer die größeren Sorten zuerst anzufertigen, weil sich aus den herausfallenden Mittelstücken nicht selten noch kleinere Rahmen anfertigen lassen.

Nach erfolgtem Ausstanzen werden die Rahmen an der Rückseite zumeist mit einer Rückwand und einer Stütze zum Aufstellen versehen, welche sich gleichfalls sehr vorteilhaft auf der Tiegeldruckpresse ausstanzen lassen. Die Rückwand wird nach oben zu meistens mit einem quer laufenden Einschnitt versehen, durch welchen Photographien, Bilder oder Ansichtskarten eingeschoben werden. Ferner wird an jedem Rahmen noch eine Vorrichtung zum Aufhängen angebracht, so daß derselbe an jeder beliebigen Stelle aufgehängt oder aufgestellt werden kann.

Taschen, Mappen und Papiergalanteriewaren

Mehr noch als die meisten anderen Branchen der papierverarbeitenden Industrie steht die Anfertigung von Mappen und Papiergalanteriewaren unter dem Zeichen der jeweiligen Geschmacksrichtung.

Der Grund hierfür ist wohl darin zu suchen, daß in diesem Industriezweig neben vielen nützlichen Gebrauchsgegenständen auch sogenannte Luxusartikel in großen Mengen hergestellt werden, deren Verbrauch natürlich hinsichtlich der gewählten Formen und Aufmachungen großen Wandlungen unterworfen ist.

Es sei noch auf die Anfertigung aller Arten von Sammelmappen hingewiesen, wie solche in technischen Büros zur Aufbewahrung von Entwürfen, Grundrissen und Zeichnungen benötigt werden. Auch Staatsbehörden benötigten derartige Mappen zur Aufbewahrung von statistischen Tabellen. Die Herstellung derartiger Sammelmappen ist an und für sich äußerst einfach. Die ganze Mappe besteht in der Hauptsache aus zwei gleich großen, mehr oder weniger starken Pappen, deren Größe sich jeweils nach den aufzubewahrenden Zeichnungen oder Tabellen richtet. Beide Pappen werden durch derben Stoff,

z. B. Moleskin oder Kunstleder, am Rücken miteinander verbunden und nachdem von außen mit Papier bezogen, das nach innen zu eingeschlagen wird. Sollen die in der Mappe unterzubringenden Gegenstände besonders sorgfältig gegen Stoß geschützt werden, so versieht man die Ecken der Mappen noch mit einem sogenannten Eckenschutz. Als Eckenschutz kann man besonders derben Stoff oder Leder verwenden. Vielfach verwendet man auch Metallecken, welche unter Zuhilfenahme kleiner Stifte fest mit den Pappen verbunden werden. Um ein späteres Zusammenbinden der geschlossenen Mappe zu ermöglichen, werden nun zunächst durch beide Deckel der Mappe je drei feste Bänder gezogen und von innen durch Anklopfen der Pappe und durch Ankleben befestigt. Nun werden an den drei offenen Seiten des rückwärtigen Deckels, und zwar von innen aus, drei gebrochene oder gebogene Klappen eingeklebt, bei denen die Entfernung zwischen den Bruchstellen der jeweiligen Rückenweite der Mappe entspricht. Diese Klappen sollen dazu dienen, den Inhalt der Mappe auch gegen die Einwirkung von Schmutz und Staub zu schützen. Nach erfolgtem Einkleben der Klappen werden die Mappen an den beiden Innenseiten der Deckel ausgefüttert, wozu in den meisten Fällen Tauenpapiere oder hellere Farben von Naturpapieren Verwendung finden. Sehr beliebt ist auch eine andere Art von Sammelmappen, die sogenannten Falzmappen, welche an Stelle des weichen Rückens einen steifen oder festen Rücken aufweisen. In diesen festen Rücken werden von innen gummierte Papierfälze aufgeklebt, welche zuvor auf eine, der Rückenweite angepaßte Schrenzpappe aufgeheftet werden. Der schmal gummierte Rand der einzelnen Fälze wird dann später leicht angefeuchtet, so daß jedes einzelne Blatt, welches in der Mappe aufbewahrt werden soll, an einen besonderen Falz angeklebt werden kann. Natürlich ist die Zahl der Blätter, welche in derartigen Falzmappen aufbewahrt werden können, eine beschränkte und richtet sich stets nach der Zahl der vorhandenen Papierfälze. Der Vorteil derartiger Mappen besteht jedoch darin, daß die eingeklebten Blätter einen festen Halt haben, sich ferner leicht umwenden lassen, bequem zu lesen sind und dabei stets in ein und derselben Reihenfolge liegen, also nie durcheinandergeworfen werden.

So einheitlich nun auch im großen ganzen die Herstellung der erwähnten Mappen ist, so verschieden ist im Gegensatz dazu die Beschaffenheit des dazu Verwendung findenden Materials. Zu den billigeren und leichteren Sorten wird meist Stroh- oder Lederpappe verwendet. Für bessere Sorten nimmt man jedoch durchweg beste graue Steinpappe. Zum Rücken wird mit Vorliebe haltbares Leinen, Moleskin, Kaliko oder irgendein beliebiges Kunstleder verarbeitet. Auch zum Beziehen der Vorder- und Rückseite nimmt man meist zähe und haltbare Papiere, sofern man es nicht vorzieht, die Mappen außen ganz mit Kunstleinen zu beziehen, wobei abwaschbare Stoffe besonders zu empfehlen sind.

Unter den besser ausgestatteten Artikeln seien noch solche Mappen erwähnt, die zur Aufbewahrung von Urkunden, Diplomen und zur Überreichung von Adressen dienen. Besonders wertvolle Arbeiten werden vielfach in feinstem Kalbleder, Ziegenleder oder Krokodilleder ausgeführt, wobei die Deckel entweder wattiert oder gespannt, in jedem Falle jedoch weich verarbeitet werden. Weiter sind Mappen, die mit Seide, Atlas oder geblümten Stoffen überzogen und gleichfalls leicht wattiert werden, besonders zu Geschenkzwecken für Damen und Familienfestlichkeiten beliebt. Als Innenfütterung verwendet man bei diesen Artikeln entweder Seidenstoffe, Atlas oder Satin und feinste Moirépapiere, während zur äußeren Ausschmückung Kolorit, Handmalerei oder sogenannter farbiger Kupferdruck (Lichtdruck in Verbindung mit Handkolorit) Verwendung findet.

Neben Taschen und Mappen nimmt die Herstellung von Papiergalanteriewaren einen breiten Raum in der Papier und Pappe verarbeitenden Industrie ein.

Ein gern gekaufter Artikel sind die Papprahmen, wattiert und mit Papier bezogen, mit Rückwand und Stütze zum Aufstellen oder mit Aufhängevorrichtung versehen. Bei der Anfertigung derartiger Rahmen wird zweckmäßig verfahren, wie wir in nachstehendem kennenlernen. Zuerst werden die rohen Pappen aus Strohpappe auf der Pappschere oder der Kreisschere zugeschnitten. Wenn der Pappenzuschnitt besorgt ist, wird zunächst das nötige Papier sowie die Watte in der erforderlichen Menge zugeschnitten. Hierauf werden die Pappen sowohl als auch die Watte und das Papier mit eigens zu diesem Zweck angefertigten Stanzeisen auf einer beliebigen Stanzvorrichtung oder noch besser auf einer kräftig gebauten Tiegeldruckpresse ausgestanzt. Die Watte muß derart zugeschnitten und gestanzt werden, daß sie etwa 2 mm an der Innen- und Außenkante des ausgestanzten Papprahmens zurücksteht. Der geschnittene und gestanzte Überzug muß dagegen je einen guten Zentimeter über die inneren und äußeren Kanten des Papprahmens hinausragen, damit er beim Beziehen und Wattieren von innen sowohl als auch von außen nach der Rückseite des Rahmens zu umgeschlagen werden kann. Zum Wattieren selbst bedient man sich am besten einer Form aus Pappe, welche man auch Matrize nennen kann. Diese Form besteht aus zwei starken, in der Mitte und an den Außenkanten aufeinandergeklebten Pappen, von denen die obere Pappe so ausgeschnitten wird, daß der rohe Papprahmen bequem in die Form hineinpaßt. Beim Wattieren selbst verfährt man folgendermaßen: Zuerst legt man das ausgestanzte Bezugpapier auf die Form und darauf die ausgestanzte Watte. Nun wird der rohe Papprahmen, welcher vorher auf der Rückseite sowohl an den

Außenkanten als auch an den Innenkanten schmal mit halbstarkem Leim bestrichen wird, auf die Watte gelegt, und zwar derartig, daß die beleimte Rückseite nach oben liegt. Jetzt drückt man den Rahmen mitsamt der darunter liegenden Watte und dem Bezugpapier kräftig in die ausgeschnittene Form ein. Dadurch heben sich die als Einschlag gedachten Kanten des Bezugpapiers etwas in die Höhe, so daß sie sich leicht nach der Rückseite zu umschlagen lassen. Der Überzug selbst kann ganz glatt gehalten sein oder aber durch Buchdruck, Gold- oder Silberpressung, Kolorit, Prägung oder Spritzmalerei verziert werden. Wenn der Rahmen fertig wattiert ist, wird die Rückwand angefertigt. Diese besteht aus einer dünnen Pappe, welche in ihrer Größe dem Rahmen angepaßt ist und meist mit einem dunklen Papier bezogen wird. Vielfach ist die Rückwand oben mit einer Öffnung versehen, so daß durch dieselbe Bilder oder Photographien in den Rahmen eingeschoben werden können. Bei besseren Artikeln ist die Rückwand jedoch meist derartig angefertigt, daß sie unten an beiden Seiten mit Metallsplinten verschließbar ist. Schiebt man nun diese beiden Splinte seitlich nach außen, so kann man die Rückwand von unten hochheben, so daß sich Photographien oder Bilder mit Leichtigkeit einstecken und auswechseln lassen. Die Rückwand wird ferner auch durchweg mit einer Aufhängevorrichtung und einer Stütze versehen, wodurch sowohl ein Aufhängen als auch ein Aufstellen des Rahmens ermöglicht wird. Sehr beliebt sind auch Rahmen, welche an der Innen- oder Außenkante, vielfach auch an beiden zugleich, mit schmalen durchbrochenen Metalleisten eingefaßt werden. In diesem Falle kann man die Rahmen vor dem Ausstanzen schon überziehen und stanzt dann erst den bezogenen Rahmen nachträglich aus. Nun legt man sowohl um die Außenkante als auch um die Innenkante des Rahmens die bereits vorgebogenen und nach vorne zu spitzen- oder perlartig durchbrochenen und geformten Metallborden und schlägt sie nach der Vorder- und Rückseite zu um. Das Metall ist so weich und elastisch, daß man die Borden ganz bequem von Hand, unter Zuhilfenahme eines kräftigen Falzbeines, umlegen kann. Dort, wo die Bordüren zusammenstoßen und übereinanderfassen, werden sie durch kleine Messingstifte befestigt. Die rohen Kanten der nicht eingeschlagenen Rahmen werden durch die Metallbordüren völlig verdeckt, wobei der Rahmen durch die geschmackvoll gearbeitete, entweder bronzierte oder in mattem Silber oder Gold gehaltene Einfassung außerordentlich gewinnt. Die für die innere Einfassung bestimmten Bordüren sind in der Regel ganz schmal gehalten und höchstens 2—3 mm breit, während die äußere Einfassung meist doppelt so breit ist.

In Betrieben, in denen bezogene und wattierte Papprahmen angefertigt werden, werden in der Regel auch kleinere Papiergalanteriewaren, wie Taschenblocks und Notizblocks, hergestellt. Das ist schon aus dem Grunde praktisch, weil bei der Anfertigung der erwähnten Rahmen teils mit ganz erheblichen Abfällen gerechnet werden muß, welche sich äußerst nutzbringend hierfür verwenden lassen, weil sie mit einkalkuliert und demzufolge *gratis* sind. Derartige Blocks werden ebenfalls zumeist in Buchform hergestellt. Die Deckel bestehen aus zwei dünneren Pappen, welche ähnlich wie bei den eingangs erwähnten Mappen zusammengehängt und in einem Stück mit Kunstleinen oder gepreßten Lederpapieren bezogen werden. Auf der Vorderseite wird in der Regel ein Aufdruck in Gold- oder Silberdruck angebracht. Der Schreibblock besteht aus 50—100 Blatt Schreibpapier, ist zuweilen oben perforiert, geleimt und wird mit marmoriertem Papier eingerändelt. An der rechten Seite des Blocks wird eine Stofföse als Bleistifthalter angebracht und mit dem Block zugleich in die Innenseite des rückwärtigen Deckels eingeklebt. Bei besseren Artikeln werden die Deckel meistens leicht wattiert, während der Block selbst entweder in marmoriertem Kammschnitt oder auch in Goldschnitt ausgeführt wird.

Die Verwendung der Pappe in der Elektrotechnik [1])

Es gibt in der Elektrotechnik gewisse Einzelteile, welche sich zur Herstellung für einen Betrieb eignen, der die Pappe als Grundstoff für seine Erzeugnisse verwendet.

Zur Wicklung der Motoranker bzw. der Spulen benutzte man vor dem Kriege nur Leinen- und Baumwollband; als jedoch die Rohware ausblieb, nahm man Papier- oder Mischband.

Es sei auf einen Massenartikel der elektrotechnischen Branche hingewiesen, welcher eventuell auch in kleinen Betrieben hergestellt werden kann: es handelt sich um die Herstellung von Isolationspappecken, zwecks Isolierung der Motorspulen der Elektromotoren.

Bislang wurden diese Ecken aus Pertinax hergestellt. Das gewünschte Ziel erreicht man aber auch, wenn man diese Isolationsecken aus 3—4 mm starker guter Lederpappe anfertigt. Jedenfalls ist der Beweis bereits dafür erbracht, mehrere tausend solcher Ecken für den gedachten Zweck probeweise verbraucht zu haben.

Die Größe der Ecken hängt natürlich ganz von der Größe der Motorspulen ab, und da die Form der Ecken immer die gleiche ist, können von jeder Größe entsprechende Mengen angefertigt werden.

Die Hauptsache ist vor allen Dingen, daß diese Ecken aus einem Stück angefertigt sein müssen, also weder geklebt noch mit Drahtklammern geheftet sein dürfen.

Um nun zunächst mit einem Handmuster einen Versuch zu machen, würde ich empfehlen, einen Streifen guter Lederpappe, 3—4 mm

[1]) Verfasser: Paul Klapproth, Bremen 11.

stark, 50 mm breit zu schneiden und genau auf der Mitte zu rillen oder zu nuten und in etwa 50 mm lange Stückchen zu zerschneiden. Diese Stückchen, also 50 × 50 mm, sind derartig zu Ecken zu biegen, daß die eine Hälfte flach aufliegt und die andere einen rechten Winkel dazu bildet. Auf einer Ziehpresse ist die Herstellung rationeller, und soll die vorgeschriebene Art ja auch nur zunächst Aufschluß über die Form der Ecke geben.

Nach Fertigstellung der Ecken müssen diese noch in einer lackartigen Flüssigkeit getränkt werden (ich empfehle dafür Elektro-

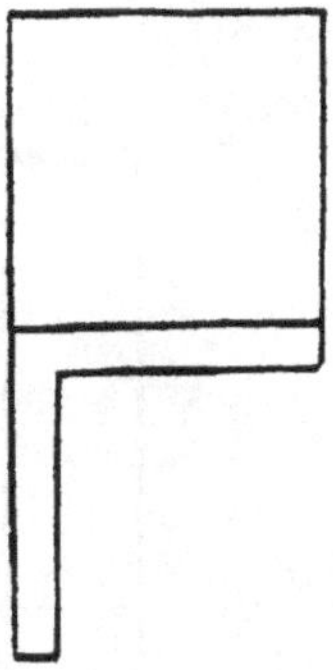

Abb. 80 a

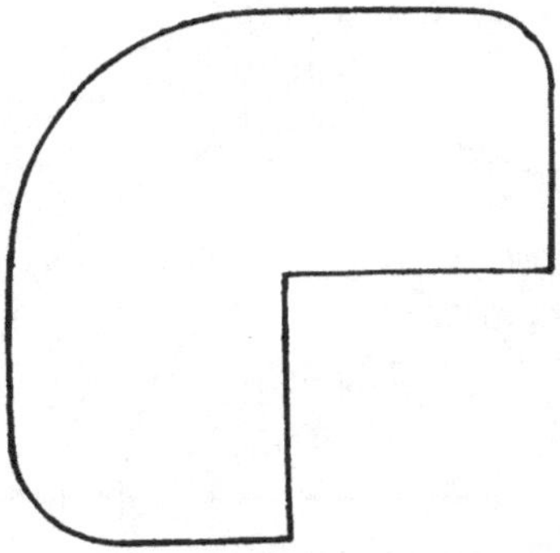

Abb. 80 b

Isolierlack). Die Ecken sind, nachdem sie gut getrocknet sind, steif, hart und brauchbar.

Die ersten Versuche werden natürlich einige Schwierigkeiten bereiten, aber nach einigem Bemühen wird man schon die richtige Form herausfinden.

Um nun näher auf die Materialien einzugehen, welche für die Kartonnagenindustrie in Frage kommen, so möchte ich zunächst auf ein Isoliermaterial aufmerksam machen, welches früher aus England bezogen wurde, „Leatheroid", ein Erzeugnis, das unserer Lederpappe ähnlich ist.

Die Einzelteile nun, welche an einem Motor zu Isolationszwecken dienen und sich eventuell zur Herstellung für den Kartonnagenfachmann eignen, wären zunächst Isolationsecken nach beigefügter Skizze (Originalgröße — Abb. 80).

Diese lassen sich auch satzweise in verschiedenen Größen herstellen, und zwar aus einem Stück gezogen und dann mit schwarzem Isolierlack getränkt (Massenartikel).

Ferner kommen noch in Frage Kollektorkappen oder Ringe (Abbildung 81); auch diese sind in verschiedenen Größen und in oben angegebener Weise herzustellen, getränkt werden dieselben jedoch mit Ia gelbem Isolierlack. — Als Massenartikel kämen noch in Frage kleine Röhrchen, Scheiben, Ringplatten u. a. m. (Abb. 82), welche heute aus Pertinax, Carta oder sonst einem ähnlichen Material hergestellt werden, aber durch gute Lederpappe ersetzt werden könnten, zumal manche von diesen Teilen sich in kleineren Betrieben ohne größere Unkosten herstellen lassen, denn Neuanschaffungen an Maschinen scheut wohl jeder wegen der hohen Anschaffungskosten.

Seit langer Zeit schon stellt man Schutzdeckel für Hebelschalter aus Pappe her, dagegen hat man bis heute Anlassergehäuse, besonders der kleineren Typen, fabrikmäßig noch nicht hergestellt, obwohl es

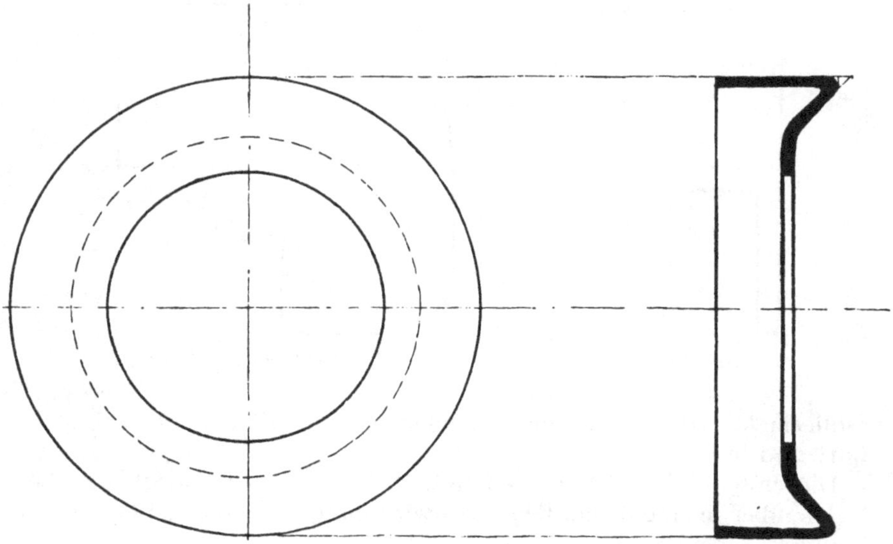

Abb. 81

sich um einfache viereckige Gehäuse handelt. Es ist der Grund nicht ersichtlich, warum man hier nicht großzügiger eingreift. Es gibt bereits Anlassergehäuse, aus Pappe hergestellt, welche allerdings noch sehr der Verbesserung bedürfen. Nichtsdestoweniger ist dies aber immerhin ein Beweis dafür, daß es vorwärts geht, wenn im Anfang auch mit Mißerfolgen gerechnet werden müßte, wie schließlich bei jeder Neueinführung, die um so geringer sein werden, je gründlichere Kenntnisse der Erzeuger hat in der Herstellung der Einzelteile und deren zweckmäßiger Beschaffenheit sowie der dazu erforderlichen Rohmaterialien.

Bei einer eingehenden Beschäftigung mit den elektrotechnischen Bedarfsartikeln, soweit die Pappe dabei als Rohstoff im Dienste der Elektrotechnik überhaupt in Frage kommt, dürften sich noch manche andere Teile finden, zu deren Anfertigung die Pappe mit Aussicht auf Erfolg eine zweckmäßige Verwendung finden dürfte.

Eine bedeutende Rolle spielen heute die Isolierplatten und Isolierröhren, die zwar keine Pappen im wirklichen Sinne sind, immerhin aber einen ähnlichen Arbeitsprozeß hinter sich haben. Erstklassige Kraftpapiere in allen möglichen Grammgewichten werden ein- oder zweiseitig mit Kunstharz bestrichen. Das Kunstharz ist zu diesem Zweck meistens in Spiritus aufgelöst. Die so lackierten und getrockneten Papierbahnen werden nun nachträglich entweder zu Hülsen oder Rollen von beliebiger Länge, Durchmesser und Wandstärke gewickelt oder in Bogen geschnitten und zu Isolierplatten verarbeitet. Das Wesentlichste dabei ist, daß bei beiden Herstellungsarten die Verbindung der einzelnen Lagen unter sich durch Lösung des Kunstharzes unter Hitze erfolgt. Dieses Kunstharz hat noch die sonderbare Eigenschaft, daß es, einmal durch Hitze verändert, sich chemisch nicht mehr verändern läßt. Die Papprohre und die Platten, deren Anfertigung unter großen hydraulischen Pressen erfolgt, können selbstverständlich auch mechanisch bearbeitet werden, ungefähr wie Hartgummi. Sie weisen allerdings eine viel größere Festigkeit auf und bilden die vorzüglichste Isolation für Hochfrequenzströme. Zur Herstellung der mit Kunstharz bestrichenen (im Handel meistens als Bakelit bezeichnet) Papiere liefern die Jagenberg-Werke Spezial-Rollen-Lackier-Maschinen mit großen Trockenzylindern.

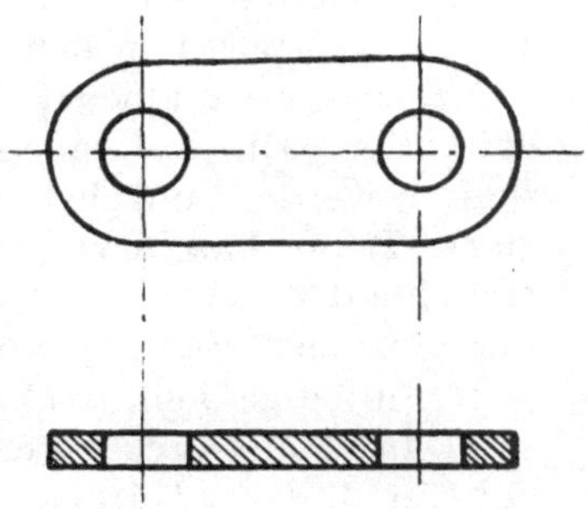

Abb. 82

Die Herstellung von Pappspielwaren und Spielwarenkartonnagen

Pappspielwaren nebst den zu ihrer Verpackung erforderlichen Kartonnagen zählten schon immer zu denjenigen Artikeln, welche als eine Sonderheit in der Pappe verarbeitenden Industrie angefertigt werden. Pappspielwaren sind ein sehr begehrter Artikel, der allerorts guten Absatz findet.

Soweit zunächst Spielwaren in Frage kommen, darf wohl mit Recht auf die schon seit Jahren bekannten Arten hingewiesen werden. Es sind dies vor allen Dingen die einfacheren *Dame-* und *Mühlespiele*, welche schon immer wegen der Billigkeit gern aus Pappe hergestellt wurden. Ihre Anfertigung ist äußerst einfach. Als Material kommt in erster Linie starke, graue Pappe in Frage. Dieselbe wird so geschnitten, daß vier im Quadrat geschnittene Pappen zusammen die Größe der anzufertigenden Spiele ergeben. Diese vier Pappen werden zunächst mit Schirting oder einem ähnlichen Stoff zusammengehängt. Dabei muß jedoch zwischen den einzelnen Pappen stets ein der Pappenstärke entsprechender Zwischenraum frei bleiben, so daß sich die zusammengehängten Pappen nachher leicht zusammenlegen lassen. Es werden beide Seiten der Pappen mit den lithographierten Vorderseiten beklebt, so daß z. B. auf die eine Seite das Dame- und auf die andere Seite das Mühlespiel aufgeklebt werden. Wenn die fertigen Spiele trocken sind, werden sie zweimal zusammengeklappt, so daß sie den vierten Teil ihrer wirklichen Größe aufweisen, und dann in Kartons verpackt in den Handel gebracht.

Neben diesen Spielen wären noch die sogenannten *Tierspiele* zu erwähnen. Die auf einem Auflagebogen zusammengestellten Tierfiguren werden zunächst in ganzen oder geteilten Bogen gleichfalls auf starke Pappe kaschiert und die einzelnen Figuren dann vermittels entsprechend gearbeiteter Stanzformen ausgestanzt. Auf die Rückseite der einzelnen Figuren wird hierauf ein kleines Klötzchen aus Holz oder Pappe geklebt, wodurch das Aufstellen der Figuren ermöglicht wird. In einem Karton werden in der Regel eine kleine Schafherde mit Schäfer, Karren, Hürden und Bäumen vereinigt. Auch Nachbildungen von Haustieren der verschiedensten Art oder Menagerien werden in derartigen Kästen untergebracht. In vielen Fällen unterbleibt das Ausstanzen ganz. Man legt dann einige auf dünnen Karton gedruckte Modellierbogen ein und überläßt das Ausschneiden und Aufstellen der Figuren den Kleinen.

Bei allen derartigen Artikeln spielt naturgemäß die Art ihrer Verpackung eine große Rolle. Zweckmäßig hergestellte und originelle Verpackungskartonnagen tragen wesentlich dazu bei, den Umsatz derartiger Artikel zu steigern. Als sehr originelle Spielwarenkartonnagen, die selbstredend Gebrauchsmusterschutz genießen, sind die in Abb. 83 u. 84 gezeigten Arten besonders erwähnenswert. Die Kartonnagen tragen auf dem Deckel durchweg die Aufschrift: „In der Puppenstube". Die Etiketten selbst sind auf lithographischem Wege in mehreren Farben hergestellt und zeigen am häufigsten drei verschiedene Ausführungen, nämlich die Einrichtungen einer Küche, eines Schlafzimmers und eines Salons. Die auf den einzelnen Etiketten in der Zeichnung sichtbaren Möbel und Geräte werden aus dünner Pappe angefertigt, meistens in vier bis sechs Farben gedruckt, gerillt, ausgestanzt und in flachliegendem Zustande im Innern der Kartons untergebracht. Wir sehen da z. B. eine vollständige Kücheneinrichtung mit den dazugehörigen Möbeln, wie Küchenschrank, Tisch mit zwei Stühlen, Eisschrank, Eimerspind usw. Daneben sind auch die sonstigen Einrichtungsgegenstände, wie Kochmaschine, Kohlenkasten sowie Geschirre aller Art vertreten. Das Schlafzimmer zeigt neben einer Bettstelle eine Waschtoilette, einen Nachttisch, Liegestuhl und verschiedene Stühle und Schränke. Im Salon sehen wir ein Sofa nebst zwei Polstersesseln, ferner ein Klavier, einen Glasschrank, Bücherschrank, Tische und Stühle, einen Vogelbauer und andere Einrich-

Abb. 83

tungsgegenstände. Die aus Pappe gefertigten Möbel werden von den Kleinen an den vorgemerkten Stellen umgebogen und zusammengesetzt. Nach beendigter Beschäftigung mit diesem netten Zeitvertreib werden die Spiele wieder auseinandergenommen und flachliegend in dem Unterteil des Kartons untergebracht.

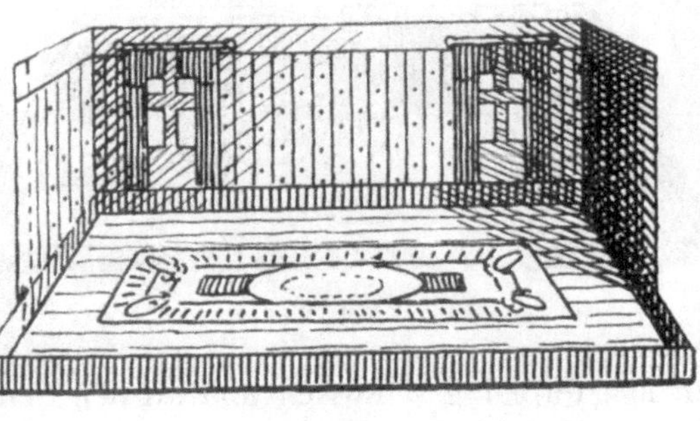

Abb. 84

Die Kartonnagen selbst werden in der in den Abbildungen gezeigten Form angefertigt und bestehen aus dem ungefähr 2 cm hohen Unterteil, welches mit hohen, aufstellbaren Seitenwänden versehen ist, und dem flach überfallenden Deckel.

Abb. 83 zeigt das Unterteil in flachem ausgestanzten Zustande. In Abb. 84 ist das Unterteil bereits zusammengesetzt, bezogen und zum Spielen aufgestellt. In Abb. 85 sehen wir das Unterteil zusammengelegt, wobei die auseinandergenommenen Möbel unter den zusammengeklappten Seitenwänden liegen, und Abb. 86 zeigt endlich den mit dem Deckel verschlossenen ganzen Karton. Die Herstellung der hier gezeigten Kartonnagen ist äußerst einfach und geht in der Hauptsache auf folgende Art vor sich. Zum Zuschneiden verwendet man dünnen Holzkarton in der Stärke von 500 g per qm. Die Unterteile werden bereits vor dem Zuschneiden in ganzen Bogen einseitig (auf

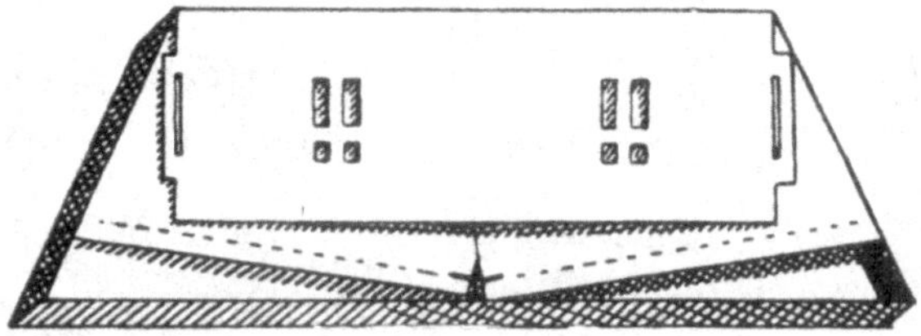

Abb. 85

der Innenseite) bedruckt. Die einzelnen Unterteile werden dann auf einem für Kraftantrieb ausgerüsteten Balancier oder auf einer großen Prägepresse ausgestanzt und gleichzeitig gerillt. Stanz- und Rillinien sind in die zum Stanzen benötigte Stahlplatte eingraviert, welche im Fundament des Balanciers eingerichtet und befestigt wird. Wenn die Unterteile gestanzt und gerillt sind, werden sie zunächst umgebogen,

Abb. 86

an den Ecken mit Papier geschlossen und an den Seitenwänden bezogen. Der Bezug wird hierbei nicht nach innen eingeschlagen, sondern reicht nur bis zu der Stelle, wo die verbreiterten Seitenwände mit dem Unterteil zusammenhängen. An der Vorderseite schneidet der Bezug glatt mit der oberen Kante des Unterteils ab. Die Deckel werden erst an der Kreisschere in Einzelteilen vorgeschnitten und dann gleichfalls auf dem Balancier gerillt und gestanzt. Wenn sie an den Ecken geschlossen sind, werden sie zunächst seitlich bezogen, wobei der Überzug sowohl nach innen als auch nach der Oberfläche des Deckels zu umgeschlagen wird. Zuletzt wird das Etikett aufgeklebt.

Die verbreiterten Seitenwände des Unterteils sind mit verschiedenen Schlitzen und Einschnitten versehen, so daß sie aufgestellt werden können und dann auch seitlich miteinander verbunden sind, wie aus Abb. 84 ersichtlich ist. Der Deckel selbst wird bei der aufgebauten Puppenstube auf das Unterteil bzw. die verbreiterten Seitenwände desselben aufgesetzt, so daß er das Dach der Puppenstube darstellt. Die Möbel, welche gleichfalls auf dem Balancier ausgestanzt werden, werden nach dem Zusammensetzen nach der im Deckeletikett sichtbaren Anordnung im Unterteil aufgestellt. Nach beendigtem Spiel werden die Möbel wieder auseinandergenommen und flach zusammengelegt. Jetzt klappt man die Seitenwände des Unterteils herunter (Abb. 85), legt den Deckel darüber und hat im Handumdrehen wieder einen flachen, nur wenig Raum beanspruchenden Karton vor sich.

Das Originelle dieser neuen Puppenstube liegt darin, daß das Zusammensetzen der aus Pappe gestanzten Möbel zunächst ein sehr anregender Zeitvertreib für die Kinder ist. Ferner fällt ins Gewicht, daß

Abb. 87

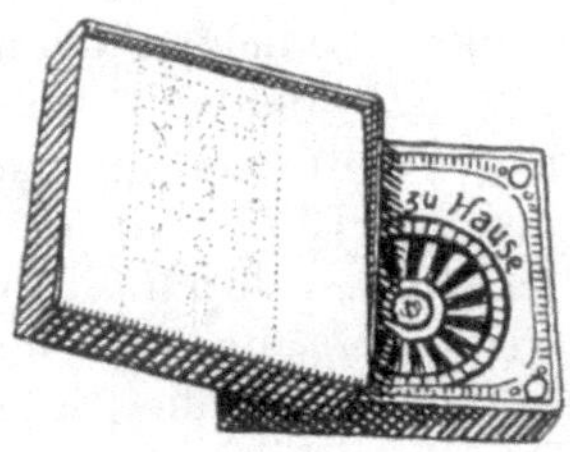

Abb. 88

die Puppenstube durch diese sinnreiche Weise, in der sie zusammengelegt werden kann, sehr wenig Platz in Anspruch nimmt und dadurch leicht aufbewahrt werden kann. Endlich kommt noch hinzu, daß die Herstellungskosten derartiger Puppenstuben um vieles geringer sind als diejenigen der früher gebräuchlichen Arten, welche zumeist aus Holz gefertigt waren und bei denen zur Herstellung der Geräte meist Holz, Blech oder Porzellan Verwendung fanden.

Eine weitere Neuheit in Spielwarenkartonnagen ist in den in den Figuren 87 und 88 gezeigten Abbildungen zu erblicken. Es sind dies die sogenannten *Roulettespiele,* zu deren Herstellung gleichfalls nur Papier und Pappe Verwendung finden. Der Karton besteht aus einem mit Abfallklappe gefertigten Unterteil, in dessen Innern eine drehbare Scheibe befestigt ist, während an der Abfallklappe der Spielplan mit seinen Nummern und Einteilungen angeklebt wird (Abb. 87). Auf der drehbaren Scheibe sind Zahlen von 1 bis 36 vorgedruckt. Dieselben Zahlen sind auf dem Spielplan der Reihenfolge nach gedruckt und werden von den Mitspielern besetzt. Hierauf wird die drehbare Scheibe in Bewegung gesetzt. Vorn, unmittelbar an der Abfallklappe, befindet sich ein aufgeklebter Pfeil, dessen Spitze nach der Drehscheibe gerichtet ist und der jeweils die Zahl anzeigt, welche gewonnen hat. Wenn das Spiel abgebrochen wird, faltet man den Spielplan zusammen, legt denselben auf die im Unterteil befestigte Drehscheibe (Abbildung 88) und verschließt den Karton mit dem überfallenden Deckel.

Auch die Herstellung dieser Kartons ist mit keinerlei besonderen Schwierigkeiten verknüpft. Unterteil sowohl als Deckel werden vor dem Zuschneiden mit weißem Papier kaschiert, was am besten in ganzen Bogen vor sich geht. Ebenso wird der für die Drehscheibe benötigte lithographische Vordruck erst in ganzen Bogen auf starke graue Pappe kaschiert. Dann erfolgt das Zuschneiden und Ritzen auf der Kreisschere, das Ausstanzen, Umbrechen und Schließen der Ecken an der Heftmaschine oder Eckenschließmaschine. Das Befestigen der ausgestanzten Drehscheiben geht wie folgt vor sich. Das Unterteil sowohl als die Drehscheibe werden unter Zuhilfenahme einer Ahle zunächst genau in der Mitte gelocht. Hierauf steckt man eine mit einem Metallknopf versehene Öse von oben durch die Drehscheibe und das Unterteil, biegt die beiden Metallsplinte der Ösen auseinander und legt sie nach dem Boden des Unterteils um, wobei sie leicht mit dem Hammer geklopft werden. Jetzt bezieht man die Unterteile und schlägt den Bezug überall ein. Dann wird die Klappe bezogen, ausgehängt und innen durch einen Scharnierstreifen befestigt. Wenn der Plan an der Innenseite der Abfallklappe angeklebt ist, wird der Unterboden aufgeklebt und das Unterteil ist fertig.

Beim Beziehen des Deckels wird zunächst das lithographierte Etikett aufgeklebt und nach den vier Seitenwänden des Deckels umgeschlagen. Hierauf erfolgt das Beziehen der Seitenwände, wobei der Überzug nach dem Innern des Deckels eingeschlagen wird. Bei kleineren Posten kann man derartige Kartonnagen mittels Handarbeit beziehen, wobei jedoch eine Anleimmaschine zum Beleimen der zugeschnittenen Bezüge und Etiketten wertvolle Dienste leistet. Bei der Anfertigung größerer Aufträge ist es jedoch ratsamer, sich das Überzugpapier in Rollen schneiden zu lassen und die Kartons unter Zuhilfenahme einer Überziehmaschine zu beziehen. Natürlich muß in diesem Falle das zu verarbeitende Rollenpapier vorher in genau passende Breiten geschnitten werden.

Im allgemeinen zählen jedoch Spielwarenkartonnagen immer noch zu den besser bezahlten Artikeln, bei denen sich auch die Handarbeit unter Umständen noch bezahlt macht gegenüber der schnellen und zweckmäßigeren Maschinenarbeit, die bei Aufarbeitung besonders großer Warenposten immer noch die vorzuziehende Arbeitsmethode ist.

Die Verwendung der Pappe zu Sonderartikeln, wie Spielwaren aller Art, zu Bällen, Osterkartonnagen u. a. m., läßt der Phantasie ihres Verarbeiters einen großen Spielraum zur praktischen Betätigung. Auch die Verwendung der Pappe für Weihnachts- bzw. Christbaumkartonnagen erscheint mir erwähnenswert. Für diese Zwecke finden wir vorwiegend gezogene und gepreßte Pappartikel: Figuren, Herzen, Trommeln, Nüsse u. a. m. Aber außer diesen Zwecken finden wir die Pappe als solche als Rohmaterial verwendet bzw. veredelt durch Beklebung mit bedruckten (dessinierten) Papieren.

Stereotypiepappen

Das Verfahren der Trockenstereotypie, bei der die gußfertige Platte durch Einwalzen oder neuerdings fast ausschließlich durch Einpressen der Schrift- oder Bildformen mittels Walzendruckes auf einem Stereotypiekalander oder bei neueren Verfahren durch besondere Pressen erzeugt wird, verlangt fertige, trockene, poröse und elastische Papier- oder Pappetafeln, die wieder den verschiedensten Anforderungen angepaßt sein müssen.

Wie schon erwähnt, bedient man sich neuerdings immer mehr an Stelle der Stereotypiekalander der Pressen, die den ersteren gegenüber zahlreiche Vorteile aufweisen. Als einer der hauptsächlichsten dieser Vorteile ist dabei die Wirkungsweise des Prägedruckes zu nennen. Während dieser bei den Stereotypiekalandern erklärlicherweise schiebend wirkt, wirkt er bei den Pressen senkrecht nach unten. Es liegt auf der Hand, daß durch die schiebende Wirkung des Kalanders das Schriftmaterial außerordentlich leidet und daß Ungenauigkeiten nie ganz zu vermeiden sind. Der senkrecht nach unten wirkende Druck unserer modernen Stereotypiepressen hingegen schont das Schriftmaterial bestens und wird auch keine Verschiebungen der Matrizenpappe zur Folge haben. Das Matern von fein gerasterten Autotypien und das Matern von Platten für Buntdruck ist in der unbedingt erforderlichen Präzision überhaupt nur auf Pressen mit senkrecht nach unten wirkendem Druck möglich. In der Tat stehen solche auf diese Weise erzeugte Platten in keiner Weise den Originalen an Genauigkeit nach.

Um nun aber auch den Anforderungen gewachsen zu sein, müssen die Stereotypiepappen auch besondere Eigenschaften aufweisen, die einmal darin bestehen, daß sie sich den zu maternden Schriften oder Klischees bestens anpassen, daß sie sich nicht verziehen und werfen, so daß z. B. auch beim Buntdruck die Platten bestens Register halten, und daß sie sich nicht zu schnell durch das heiße Metall verbrennen lassen, denn die moderne Zeitungsstereotypie verlangt von einer Platte bis zu 50 und mehr tadellose Abzüge, aber auch für andere Stereotypien kann das sehr von Bedeutung sein. Es sind also ziemlich hohe Anforderungen, die an die Matrizenpappen gestellt werden und die sich mitunter auch sogar etwas widersprechen, denn man muß in Betracht ziehen, daß die Stereotypiepappe ein Erzeugnis der Papierindustrie ist und infolgedessen auch deren Rohstoffe verwendet.

Die eigentümliche, gewissermaßen „schwammige" Beschaffenheit der Stereotypiepappen wird nun dadurch erzielt, daß einmal die Stoffmischung, also die Auswahl der Fasern, und das andere Mal die Mahlung oder die Vorbereitung dieser Fasern entsprechend gewählt und durchgeführt wird, aber auch daß man diese richtige Stoffmischung auf den Verarbeitungsmaschinen, die die Pappe daraus herstellen, richtig und dem angestrebten Zwecke entsprechend behandelt.

Für die bewährtesten unserer Stereotypiepappen kommen nun als Rohstoffe Baumwolle und Altpapier, allerdings nicht Altpapier im gewöhnlichen Sinne, zur Verwendung. Namentlich bei letzterem ist es von größter Bedeutung, daß man bei der Auswahl auch mit größter Sorgfalt verfährt. Bei dem Baumwollhalbstoff liegt keine Gefahr vor, daß ungeeignete Teile in die Stoffmischung kommen, anders aber bei dem Altpapier. Altpapier ist ein Sammelbegriff und umfaßt Sorten jeder Güte und Reinheit. Man muß nun für Stereotypiepappen, die ein erstklassiges Erzeugnis darstellen sollen, möglichst holzfreie Papierspäne im reinen Zustande verwenden, also Akten, Bücherpapiere und ähnliche. Holzschliff, harte Zellulose, und andere harte Faserstoffe, wie Jute und ähnliche, sind ganz ungeeignet.

Die Stoffmischung für eine gute Stereotypiepappe muß allgemein der eines mittelguten Löschpapieres entsprechen, denn die Matrizenpappen haben in der Tat mit diesen Papieren vom Standpunkt des Papiermachers aus viel gemein.

Um aber diesen erwünschten Charakter der Pappe zu erzielen, muß die Mahlung in den Mahlmaschinen — den Holländern — so erfolgen, daß die Pappe auch tatsächlich saugfähig, weich elastisch und doch fest wird. Das geschieht, indem man den Stoff rösch mahlt. Unter der röschen Mahlung eines Papierstoffes ist eine Behandlung zu verstehen, die die Fasern nicht etwa quetscht, sondern gewissermaßen an den Enden wie mit scharfen Messern abschneidet. Durch diese Behandlung entstehen aus den Fasern lauter kleine Röhrchen, die infolge ihrer Kapillarität außerordentlich saugfähig sind. Wenn man aber die Fasern quetscht, oder, wie der Papiermacher sagt, „schmierig" mahlt, dann werden die Fasern an den Enden in unzählige feine Fibrillen aufgelöst und verlieren so die Kapillarität, also auch die Saugfähigkeit. Von der Stoffmahlung hängt also die Güte der Stereotypiepappe nicht zum geringsten ab, denn die richtige rösche Mahlung hat nicht nur einen großen Einfluß auf eine erforderliche Saugfähigkeit, sondern verhindert auch das spätere Werfen, Verziehen und Krummwerden der Pappen und beschleunigt auch das rasche Trocknen. Schmierig gemahlene Stoffe hingegen ergeben

Pappen von geringer Saugfähigkeit, verleihen ihnen eine große Härte, benachteiligen die Elastizität und Plastizität und geben beim Trocknen der Pappen Anlaß zum Werfen und Krummwerden, bei der Benutzung, besonders aber nach mehrmaligem Abguß, zum Verziehen. Solche Stereotypiepappen können also keine zufriedenstellende Mater ergeben und sind natürlich zum Matern von Platten für Buntdruck ganz ungeeignet.

Um die Plastizität zu erhöhen, gibt man der Stoffmischung auch noch sogenannte Füllstoffe zu, worunter man erdige Zusätze von feinster Schlämmung zu verstehen hat. Als hauptsächlichst verwendete Füllstoffe kommen da in Frage Kaolin und Porzellanerde (ein schneeweißer Ton) und Talkum. Beide Füllstoffe, wie auch alle anderen etwa verwendeten, müssen aber feinstens geschlämmt und vollkommen sandfrei sein. Besonders Sand wird die Autotypien zerkratzen und auch sonst nachteilige Wirkungen haben.

Auch Knoten, die von nicht genügend aufgeschlossenen Fasern herrühren, haben ähnliche nachteilige Wirkungen und sind daher unter allen Umständen in den Stereotypiepappen zu vermeiden. Wenn auch bei Matrizen für scharfe Typen und Strichätzungen Knötchen und Stoffblättchen vielleicht nicht so nachteilig in Erscheinung treten, so zeigt sich dieser Übelstand doch sofort im schlimmsten Maße, wenn es sich um Matern für Autotypien und anderer feiner Typen handelt, da an diesen Stellen die Pappen nicht elastisch und weich genug sind, um sich den feinsten Vertiefungen in der erforderlichen Weise und Schärfe anzupassen.

Die Papier- und Pappenindustrie besitzt aber Möglichkeiten und Vorrichtungen genügend, die mit aller Sicherheit Knoten, Stoffblättchen, Sand und ähnliche Bestandteile aus dem Stoff entfernen, so daß sie sich im fertigen Stoff nicht zeigen können. Diese Entfernung geht auch um so leichter vor sich, als sie schon da erfolgt, wo der Papierstoff noch aus einer wässerigen Aufschwemmung von Fasern, Füllstoffen und anderen Bestandteilen des Papierstoffes besteht. Da die Verdünnung außerordentlich groß ist (man rechnet auf 1 Liter trokkenen Stoff 100 und mehr Liter Wasser), so geht die Ausscheidung ganz besonders leicht vor sich.

Eine andere Anforderung von außerordentlich hoher Bedeutung ist die vollkommene Gleichmäßigkeit der Stereotypiepappe, und zwar in bezug auf glatte Oberfläche und auf vollkommen gleiche Dicke an allen Stellen. Es ist das eine Anforderung, deren Erfüllung immerhin eine große Aufmerksamkeit erheischt, die sich aber bei zuverlässiger Herstellung auch mit aller Sicherheit erreichen läßt. Man muß bei den Stereotypiepappen schon von Anfang an darauf hinarbeiten, daß die erforderliche Gleichmäßigkeit erzielt wird, denn man hat gerade hier nicht wie bei den meisten anderen Pappensorten die Möglichkeit, später durch Walzen solche Ungleichmäßigkeiten auszugleichen. Man walzt wohl die Stereotypiepappen ebenfalls auf sogenannten Glättwerken oder Kalandern, aber unter einem ganz leichten Druck, der kein Zusammenpressen und Egalisieren, sondern lediglich ein leichtes Glätten der Oberfläche erzielen soll.

Ungleichmäßige Stereotypiepappen ergeben aber ungleichmäßige Abgüsse, wie ja auch auf der Hand liegt. Die Matern bereiten dann in der Druckform, und zwar sowohl in der flachen als auch in der runden auf der Druckmaschine Schwierigkeiten und geben Anlaß zu Störungen. Bei modernen Gießmaschinen sind solche Pappen dann gar nicht verwendbar, da sie Formen ergeben würden, mit denen auf den schnellaufenden Maschinen nicht einwandfrei gedruckt werden kann.

Auf den Fabrikationsgang der Stereotypiepappen näher einzugehen erübrigt sich, da es viel zu weit gehen würde, weil zahlreiche Einzelheiten erläutert werden müßten. Es ist vielmehr von Bedeutung, auf die hauptsächlichsten Eigenschaften solcher Pappen einzugehen, wie das in den vorstehenden Ausführungen geschehen ist.

Von ganz besonderer Bedeutung und von großem Einfluß auf die Dauerhaftigkeit der Stereotypiepappen, besonders aber für das Verhindern des Klebens oder Anhaftens des Metalles, das gleichbedeutend mit dem Verluste der Mater ist, wie überhaupt für die Erzeugung guter Abgüsse, ist nun der Strich der Pappen, der an dem fertigen Erzeugnis durch die Pappenfabriken erfolgt. Fast jede Pappenfabrik, die gute und brauchbare Stereotypiepappen herstellt, hat für die Zusammensetzung dieser Streichmasse ein besonderes Rezept, das sie für das beste hält und als ein strenges Geheimnis betrachtet. Wie schon erwähnt, hängt auch die Güte und die Verwendbarkeit der Pappen von dieser Streichmasse ganz stark ab, vor allen Dingen hat sie einen großen Einfluß auf die Zahl der scharfen Abgüsse; je höher diese ist, desto besser ist natürlich auch die Stereotypiepappe und desto vorteilhafter wird sie in der Verwendung sein.

Sonderheiten der Pappe verarbeitenden Industrie

Das Photographiealbum und seine Herstellung[1])

Als sich in den Jahren um 1860 die Photographie statt der einmaligen Aufnahmen auf Glas oder präparierten Metallblechen durch Verwendung von Eiweißpapieren, das Abziehen von der negativen

[1]) Verfasser: Buchbindermeister Emil Zielonka, Berlin.

Glasplatte zu einer Massenlieferung des Photographen entwickelte, ging man daran, in jeder von nun an einzuführenden Größe, für Visit, Kabinett und alle anderen größeren Gruppenformate Kartons und Passepartouts aus weißem, starkem Kartonpapier herzustellen, um diese beim Glaser unter Rahmen bringen zu lassen. — Die erste Prägerei solcher Kartons in größeren Massen betrieb die damalige Mappen- und Lederwarenfabrik von F. F. Kullrich in den Jahren 1863/64 in Berlin, Leipziger Straße 34. Herr Kullrich, einer der tüchtigsten und angesehensten Buchbindermeister Berlins, stellte in einem kleinen Nebenstübchen von diesen Kartons 50 Blatt her, je zwei Blatt mit weißem Schirting zusammengehängt, schnitt dazu in derselben Größe 25 Pappen in Stärke wie zwei aufgezogene Bilder, stanzte oder schnitt diese in Größe der Bilder aus und klebte die so entstandenen Rähmchen, nur an beiden Längsseiten mit Leim angeschmiert, mit den Kulissenlagen zusammen, preßte diese dann fest, so daß nun das fertige Innenteil 50 Bilder, von unten oder oben eingeschoben, aufnehmen konnte. Mit gutem Goldschnitt an den Kanten versehen, hatte man so das erste Oktavalbum vor sich. — Es wurde an der äußeren Ausstattung dieses kleinen Triumphs, welcher damals von Woche zu Woche größer wurde, nicht gespart, um diese kleinen Albums als eine aufsehenerregende Neuheit handwerklichen Fleißes den zahlungsfähigen besseren Kreisen zugänglich zu machen. Die kleinen Deckel wurden hergestellt aus allen möglichen Holzarten, blank poliert, matt, gerippt, mit Blumen bemalt, mit Metallschutzecken, Spangenschlössern und dergleichen anderen Verzierungen. Der Rücken bestand aus Samt oder Leder, auch fanden vollkommene Lederdecken Verwendung, zunächst mit einfachen Pressungen oder Vergoldungen versehen.

Schon diese kleinen Albums wurden viel ins Ausland ausgeführt, hauptsächlich nach England und Frankreich. Es dauerte nicht lange, so entstand dadurch, daß man zwei Visitprägungen nebeneinanderstellte, das sogenannte Oblong-Album, so daß man in 25 Blatt 100 Bilder unterbringen konnte, und weil sich bei Oktavbüchern durch enges Zusammenhängen ein schlechtes, hinderliches Umschlagen ergab, kam der vorgenannte Handwerksmeister Kullrich auf den Gedanken, unter Anwendung von Kalikostreifen die Kulissen 4 cm auseinanderzuhängen, genau zusammenzufalzen und nun jede Lage am Rücken entlang mit einem 16 mm breiten Pappstreifen zu versehen: die ausgestanzte Hauptpappe wurde 4 mm neben den Pappstreifen geklebt, so daß es beim fertigen Innenteil eine gute Bewegung ergab und beim Aufschlagen der Bücher jedes Blatt glatt dalag. — Diese neue Bearbeitung nannte man Patentfälze, die sich bis heute in der Praxis erhalten haben und auch weiter einbürgern werden.

Damit das Photographie- oder Postkartenalbum nach dem Einkleben der Bilder nicht stärker wird, als ursprünglich der Rücken gedacht ist, werden sämtliche Blätter mit Fälzelstreifen versehen, d. h., am Rücken ist das Album, solange es noch leer ist, doppelt so stark als an der Vorderkante. Zum Ankleben der Fälzelstreifen bauen die Jagenberg-Werke Düsseldorf eine automatisch arbeitende Maschine.

Um diese nun entstandenen Patentalbums weiter zu vervollkommnen, das häßliche Einschieben von unten oder oben und das Einreißen der Kulissen zu verhindern, wurde unterhalb der gedruckten oder geprägten Kulisse ebenfalls ein schmaler Druck angebracht (Abb. 89), und diese Stelle wurde gleichzeitig mit einer Kulissenstanze ausgestanzt, so daß das Einschieben der Bilder eine leichte Handhabung wurde.

Abb. 89

Die Ausstattung dieser Patentalbums bestand in der ersten Zeit in nur bestem Leder, wie Saffian, in feinen und groben Narben, Juchtenleder, Kalbleder u. dgl. Ausgeschmückt wurden die Albums mit einem einfachen Schild, vielfach wurden diese auch, aus flachem Metall bestehend, etwas graviert in die Lederdecke eingelegt oder eingeschnitten. Der Handvergolder versah sie außen mit einer starken Goldlinie und inneren Kantenvergoldung; die Innenteile hatten hinter dem Vorsatzblatt auch ein freies oder mit dem Wort „Album“ in Goldschrift versehenes Titelblatt. Auch wurde es üblich, das Wort *Album* auf den Außendeckel in Gold zu pressen oder in geschnittenen Metallbuchstaben einzulegen. Dieses nun in die Welt gesetzte neue verbesserte Photographiealbum zeitigte seinerzeit ganz ungeheure Aufträge, so daß auch andere Buchbinder und kleinere Lederwarenfabrikanten diesen „Schlager“ nachmachten und mit der Weiterverbreitung und Einführung dieses bedeutsamen Handelsartikels auch das *Quartalbum* schufen, worin 10—12 Kabinett- und 72—80 Visitbilder zu gleicher Zeit untergebracht werden konnten.

Diese in drei Größen hergestellten Albums gingen in Saffian, Juchten, glatt Juchten, Kalbleder und in allen möglichen anderen edlen und unechten Materialien in Preisen von 240 bis 350 M per Dutzend (seligen Gedenkens zur Zeit der Blüte der Albumfabrikation zu den heute märchenhaft billigen Preisen) unmittelbar oder durch Exporteure nach Amerika. Die beste und sicherste Abnehmerin war seinerzeit die amerikanische Firma Koch Sons & Co. in New York.

Da nun in der bestehenden Blüte der Albumerzeugung auch die Albumfabriken in hohem Maße zunahmen, auch dadurch nach berühmten Mustern ein Fabrikant immer billigere Ware als die anderen herstellte, so kann man das als Anlaß dafür betrachten, daß ein großer Umschwung in der Fabrikation der Albums selbst die Folge war. Es wurden Mädchen als billigere Arbeitskräfte angelernt, welche die leichteren Arbeiten zu verrichten hatten. — Wenn der „Kulissendrucker“ die Bogen mit Rändern und Kulissenstempeln versehen hatte, kamen diese zum Schneiden und Stanzen (später wurden sie auch geprägt) zu Händen eines Arbeiters, vom Stanzer nach der Zusammenhängepartie, zwei Mädchen, die eine zum Aufreihen und Anschmieren, die andere zum An- und Gegenhängen, alsdann nach Fertigstellung beide zum Falzen. — Die so zusammengehängten Kulissen kamen wieder zu zwei Mädchen, genannt die Klebepartie, von denen die eine zum Anschmieren der Rahmen, welche vom Pappenstanzer vorher geschnitten und gestanzt wurden, die andere, um die angeschmierten Rahmen und trockenen Papierkulissen in einem vorhandenen Holzwinkel übereinanderzukleben und das rohe Innenteil durch eine Holzpresse zum Festpressen zu bringen. Von der Klebepartie gingen die rohen Innenteile zum Kehlschneider an die Kehlmaschine, welcher die trockenen Bücher durch Blecheinlagen erst an einer Presse gleichmäßig niederpreßte, erstlich, um die auftragenden Kalikofälze in die Pappe zu pressen, und zweitens, durch diesen Druck die größere Gleichmäßigkeit der Schlösser wegen herzustellen. Sobald dies geschehen war, wurden die Rücken durch Überstreichen mit dünnem Kleister aufgeweicht und mit einem Holzschlägel gerundet, im trockenen Zustande dann an der Kehlmaschine der vordere Hohlschnitt gemacht. Ein Arbeiter beschnitt mit der Papierbeschneidemaschine die Bücher, die beiden übrigen geraden Schnitte, und dann begann die Arbeit des Goldschnittmachers, welcher sie wie folgt weiter bearbeitete. Der gelernte Goldschnittmacher hat in größeren Fabriken einen Hilfsarbeiter neben sich, um das Einsetzen der Bücher in die Handpresse, zwischen 2 Brettern entweder 2×1 Dutzend Oktav oder 1 × ⅔ oder ¾ bis 1 Dutzend Quartbücher, zu besorgen und mittels einer Schabeklinge, welche aus Stahlblech mit einer kleinen Schrägung angeschliffen ist, so lange auszuschaben, bis die Flächen, auf die später das Gold aufgetragen wird, fast blank sind und alle noch vorhandenen Unebenheiten fortgeschliffen werden; danach wird die Fläche mit gutem, dünnem Kleister bestrichen und mittels weichen Papiers blank gerieben. Um dann für das Gold den haltbaren Untergrund vorzubereiten, nimmt man guten französischen „Bolus" rot, läßt denselben in Wasser weichen, gibt zu der erfahrungsgemäß erforderlichen Menge Bolus 4—6 Stück Eiweiß (Eigelb und Hahntritt sind zu entfernen), dies wird zu einem weichen Brei gequirlt und vermittels eines weichen Schwämmchens werden die Ränder mit der Masse bestrichen. Nach erfolgter Trocknung wird die Fläche nochmals mit weichem Papier abgerieben, damit Unebenheiten und Boluskörnchen abgestoßen werden. —

Nachdem der Goldschnittmacher die Flächen mit einem weichen Pinsel mit Wasser bestrichen hat, trägt er vermittels eines Hohlaufträgers das Gold auf die feuchten Stellen und läßt dann das Wasser wieder gut ablaufen.

Wenn die Bücher, von denen 6—12 Pressen voll sind, je nach der Gewandtheit des Goldschnittmachers fertig stehen, werden diese im etwa $^5/_6$ trockenen Zustand vom Hilfsarbeiter angeglättet. — Es wird eine Fläche Schreibpapier mit hartem weißen Wachs bestrichen, die andere Seite über die Bücher gelegt, um nun auf der gewachsten Seite mit dem breiten und harten Achatzahn hin und her zu gleiten, um das Gold dadurch besser anzudichten. Sind die Bücher nun ganz trocken, was durch die Reibung fast gleich geschieht, dann glättet der Goldschnittmacher durch Überwachsen mit einem weichen Leinenläppchen, welches zart über die Schnitte gleitet, um dann wieder durch das leichtere Hin- und Hergleiten des weicheren Achatzahnes die Schnitte blank und feurig zu polieren. —

Dasselbe Verfahren gilt für Ober- und Unterschnitt. Dann kommen die Bücher zum Fertigmacher, welcher sie oben und unten am Rücken mit Kapitalband kapitalt und den Rücken mit Schirting überklebt; das Innenteil ist damit fertig. —

Der Albumdeckel wird wie folgt hergestellt. Die zugeschnittenen Lederstücke, welche durch Blindpressung und Vergoldung verziert werden, müssen 3teilig mit Schrenz aufgezogen werden, nachdem diese trocken und von der Goldaufträgerin (die Gehilfin des Vergolders ist) grundiert sind. Der Grund besteht aus ½ Eiweiß, ½ Essigwasser und wenigen Tropfen Meerzwiebelsaft, tüchtig durchgequirlt; damit

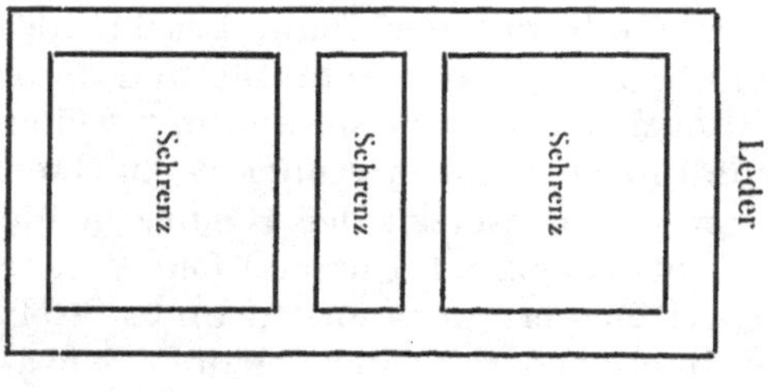

wird die zu vergoldende Seite vermittels eines weichen Schwämmchens überfahren. Vorher hat der Vergolder die Stellen, welche mit Goldschnitt versehen werden sollen, leicht vorgedruckt, damit die Aufträgerin das Gold dazu passend zuschneiden kann. Die vorgedruckten Stellen werden mit einem Öllappen leicht bestrichen, und das zugeschnittene Gold vom Kissen auf die Deckel übertragen; der Vergolder druckt diese dann in einer Presse, welche fast bis zum Zischen geheizt ist, ab. Der Blinddruckpresser preßt nun den zugehörenden Blinddruck auf, übergibt dann die so hergestellten Decken dem Deckelmacher. Zur Anfertigung der Cachets hat man abgerundete Holzleisten mit Falz, welche durch das Führungsmesser in genaue Größen geschnitten werden, mit Leim auf Schrenz befestigt und mit Pappe ausgefüllt, fertig für den Deckelmacher (Abb. 90), welcher die gepreßten Leder auf eine Mulde legt, die mit Leim angeschmierten Cachets hineindrückt und durch einen mäßigen Preßdruck zum Festhaften bringt; ist die in Arbeit gegebene Menge fertig, dann werden die Ecken des

Leders bestoßen oder abgeschrägt. Dann werden die mit Kleister angeschmierten Einschläge nach innen umgeschlagen; der Deckelmacher ist damit mit seiner Arbeit fertig. —

Sollen die inneren Deckelkanten vergoldet werden, so geschieht das durch den Handvergolder, welcher ebenfalls im Interesse schneller Arbeitsleistung seine Aufträgerin zur Seite hat. — Diese grundiert die Deckelkanten mit einem etwas stärkeren Eiweißgrund; nach Trockenwerden werden wieder auf einem Goldkissen die Blätter in 6—7 Streifen geschnitten und vermittels des Goldaufträgers auf die mäßig gefetteten Kanten aufgetragen. Der Handvergolder rollt sie vermittels einer gravierten und heiß gemachten Rolle ab und entfernt dann das übrige Gold durch einen etwas angefetteten Tuchlappen. —

Dem Fertigmacher verbleibt als seine Aufgabe, die Decken mit Schlössern oder sonstigen Verzierungen zu versehen und die Bücher mit Leim angeschmiert in die Decken zu hängen, um sie dann als fertiges Album zum Nachsehen, in die Kartons verpackt, in die Packstube zu liefern. —

Abb. 90

Das Extra-Album wird natürlich wesentlich sorgfältiger angefertigt und nur von Anfang bis zu Ende von einem tüchtigen Buchbinder ausgeführt, der den ganzen Veredelungsprozeß mit seinen eigenen Händen bewerkstelligen kann. Diese Sonderheit wird in Berlin von nur wenigen Firmen angefertigt, und zwar für Jubiläen, Hochzeiten, Silberhochzeiten, Ehrenalben für größere Vereine u. dgl. mehr. Die Kulissen selbst werden aus besten Kartons, Bütten, qualitativ sehr hochwertigen Elfenbeinkartons und Pergamentpapieren gefertigt, die Goldschnitte ziseliert usw., je nach dem vorher dafür vereinbarten Preis auch mit Seidenvorsatz im Buch versehen, die Decken aus jedem nur denkbar besten Leder, teils mit Silberbeschlägen nach gegebenen Zeichnungen, hergestellt.

Die Anfertigung von Koffern aus Pappe unter besonderer Berücksichtigung der Kofferpappen[1])

Der Koffer und eine ganze Reihe ähnlicher Werkstücke, wie Taschen, Schulranzen, Hut- und Musterkoffer, sind heute fast ausschließlich Erzeugnisse der Massenfabrikation. An der Verbesserung der zu diesen Stücken benutzten Pappen wird unablässig gearbeitet. Aber auch die

[1]) Die diesem Beitrag beigegebenen Abbildungen von Arbeitsgeräten und Maschinen sind sämtlich Erzeugnisse der Sächsischen Cartonnagen-Maschinen Act.-Ges., Dresden, Blasewitzer Straße.

zur Herstellung erforderlichen Maschinen haben auf die Wirtschaftlichkeit des Betriebes sowohl als auch auf die Qualität der Waren ganz erheblichen Einfluß. Die Kofferfabriken verfügen heute sogar über Kofferpappenlackiermaschinen. Die in die erforderlichen Größen geschnittenen Fiber- oder Hartpappentafeln erfahren eine Weiterbehandlung, bei welcher die Maschine eine ganz erhebliche Rolle spielt. Nach dem Schneiden kommen die Zuschnitte zur Ausstanzmaschine,

Abb. 91. Ausstanzmaschine für Fuß- und Kraftbetrieb

hier werden die Stanzarbeiten für die Ecken, die Schloßlöcher, die Rundungen der Kofferteile usw. in einem Zuge ausgeführt. Bei den modernen Stanzmaschinen (Abb. 91) sind Ober- und Untermesser in Tätigkeit. Diese sind mit zwangläufiger Führung versehen, leicht verstellbar und auswechselbar. In der Regel können die für den Zuschnitt erforderlichen Ausstanzungen in zwei Arbeitsgängen durchgeführt werden. Im Vergleich zu den früheren Maschinen sind die neueren Stanzvorrichtungen infolge der Verstellbarkeit der Werkzeugsätze und verschiedener Stanzmöglichkeiten für die Massenherstellung in hohem Maße geeignet (Abb. 92 u. 92a).

Der Werdegang der Vulkanfiber- und Hartpappenkoffer ist bei der Anwendung der modernen Maschinen im Vergleich zu früher nicht nur erheblich verkürzt, sondern infolge der technischen Vervollständigung auch bemerkenswert. Bevor die Seitenwände der ausgestanzten Zuschnitte zu fertigen Kästen gebogen werden, sind die Deckezuschnitte bereits mit Blechschienen versehen, die dem Deckel eine größere Stabilität verleihen und ihn vor Beschädigungen schützen. Diese Blechschienen werden entweder aus Rollenmaterial auf einer dazu gebauten Kofferschienen-Schneide- und -Biegemaschine auf genaue Länge zugeschnitten und gleichzeitig abgebogen oder aus geschnittenen Streifen auf einer kombinierten Vulkanfiber - Biegemaschine und -Prägemaschine vorgebogen. Auf der Kofferschienen-Biegemaschine wird das Blechmaterial zwischen Klemmbacken von Hand bis zu einem an einer Maßskala einstellbaren Anschlag eingeschoben, in den erwünschten Klemmbacken festgelegt, von der Rolle abgeschnitten und durch einfaches Drehen der Biegeeinrichtung auf die gewünschte Form gebracht. Sie wird dann auf der kombinierten Vulkanfiber- und -Prägemaschine (Abb. 93) mit entsprechenden Werkzeugen an den Zuschnitt angeschlagen und gleichzeitig mit vorgesehenen Körnerspitzen verdornt, wodurch sie unbedingt festsitzt.

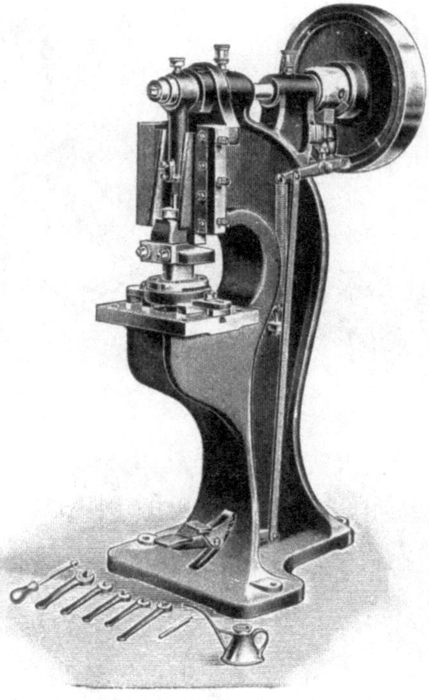

Abb. 92. Exzenterpresse für Massenstanzungen von Zuschnitten der verschiedensten Formen

Auch hier ist die ehemalige Handarbeit, besonders das Einfassen, restlos durch die Maschinenarbeit verdrängt. Mit Metallkanten sind heute nicht nur die kleineren Handkoffer, sondern auch die sogenannten Kupeekoffer (Abb. 94) in durchaus gefälliger und zweckmäßiger Weise ausgestattet.

Während die Deckel mit der Metallschiene versehen werden, erhält der Unterteil des Koffers eine entsprechende Kröpfung für das Aufstülpen des Deckels; vielfach werden auch noch Zierrillen eingedrückt, deren Einprägung ebenfalls vor dem Biegen der Zuschnitte erfolgen muß. Die in dieser Weise vorbereiteten Zuschnitte werden alsdann auf der gleichen Maschine mit dem nunmehr eingesetzten Biegewerkzeug hochgebogen. Die Biegewerkzeuge bestehen aus fünf Stücken von verschiedener Abmessung, welche je nach der Zuschnittgröße zusammengesetzt werden. Der Vorteil dieses Arbeitsganges besteht darin, daß ein späteres Aufbiegen bereits gebogener Kofferseiten während

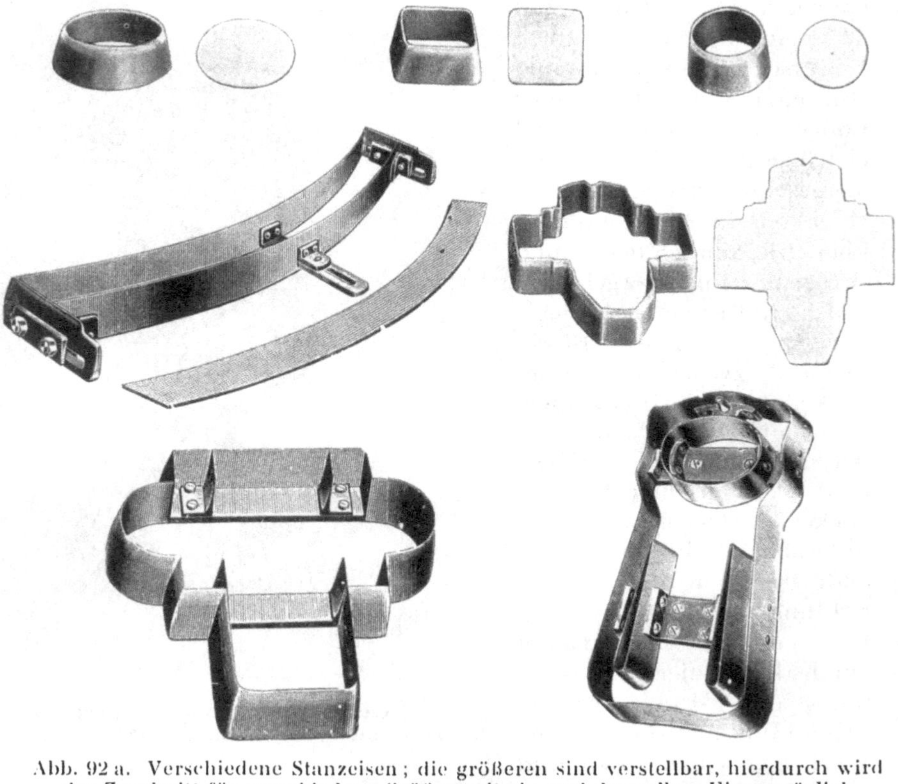

Abb. 92 a. Verschiedene Stanzeisen; die größeren sind verstellbar, hierdurch wird der Zuschnitt für verschiedene Größen mit ein und demselben Eisen möglich

der Weiterverarbeitung ausgeschlossen ist. So wie die Pappenfabrikation das Metall dem Verwendungszwecke anzupassen versucht, ist auch die Maschinenfabrikation bemüht, die Herstellung des Koffers zu erleichtern und zu vereinfachen. In den letzten Jahren sind die Maschinen der Kofferfabrikation in bemerkenswerter Weise umgestaltet und vervollständigt worden. Selbst bei größeren Zuschnitten ist heute ein tadelloses Biegen gewährleistet, so daß auch Qualitätskoffer in dieser Weise hergestellt werden können. Eine bemerkens-

Abb. 93. Kombinierte Biege- und Prägemaschine für Vulkanfiber und Pappen verschiedener Art. Sämtliche Zuschnitte bis 115 cm können hiermit abgebogen werden. Die Maschine dient aber auch zum Abkröpfen der Zuschnitte zum Einprägen von Rillen, Biegen und Anschlagen von Kofferschienen. Die hierzu erforderlichen Sonderwerkzeuge sind verstellbar und auswechselbar

werte Verbesserung besteht auch darin, daß nicht der Biegetisch mit dem angelegten Zuschnitt auf und ab bewegt wird, sondern der obere Biegebalken macht heute die Auf- und Niederbewegung. Hierdurch

Abb. 94. Kupeekoffer verschiedener Größe

wird erklärlicherweise ein wesentlich genaueres Anlegen und ein sicheres Ablegen gewährleistet; auch die Dauer des Arbeitsganges ist hierdurch erheblich verringert worden. Die Maschinen sind auch mit weiteren Verbesserungen ausgerüstet, auf die hier im einzelnen nicht eingegangen werden kann.

Je moderner und zweckmäßiger die zur Kofferfabrikation benutzten Maschinen, um so leistungsfähiger wird erklärlicherweise der Betrieb sein, vorausgesetzt, daß alle bei der Herstellung erforderlichen Maschinen den Anforderungen der Jetztzeit entsprechen; denn wenn ein Arbeitsgang auf der neuesten Maschine durchgeführt wird, muß dies logischerweise auch bei den folgenden geschehen. Nach dem Biegen werden die Schlösser, Handgriffe, die Bügel und schließlich die Scharniere mittels einer kombinierten Nietmaschine für Hohl- und Zweispitznieten (Abb. 95) eingenietet. Für diesen Arbeitsgang sind heute Maschinen vorhanden, die speziell für die Kofferherstellung bestimmt sind. Sie sind mit einem vereinigten schwenkbaren Flach- und Hakenamboß ausgerüstet, der für Flach- und Bodenheftung benutzt werden kann und durch seine eigenartige Ausbildung eine volle Ausnutzung der Amboßlänge (Abb. 96) gestattet. Mit dieser Nietmaschine können ohne Auswechslung der Füll- oder Nieteinrichtung Hohlnieten mit und ohne Deckplatte und auch Zweispitznieten gleicher Schaftstärke von verschiedener Länge verarbeitet werden. Die Nietenzuführung zum Nietstempel erfolgt automatisch, wodurch höchste Leistung erzielt wird. Bei den Maschinen für Fußbetrieb kann durch einen eingebauten Kniehebel jede Niete mit Leichtigkeit in das Material eingetrieben werden. Für rasches Umstellen der Maschine für verschiedene Materialstärken ist durch Anbringung zweckmäßiger Einrichtungen Sorge getragen. Wie bei allen modernen Maschinen sind auch bei den Koffer-

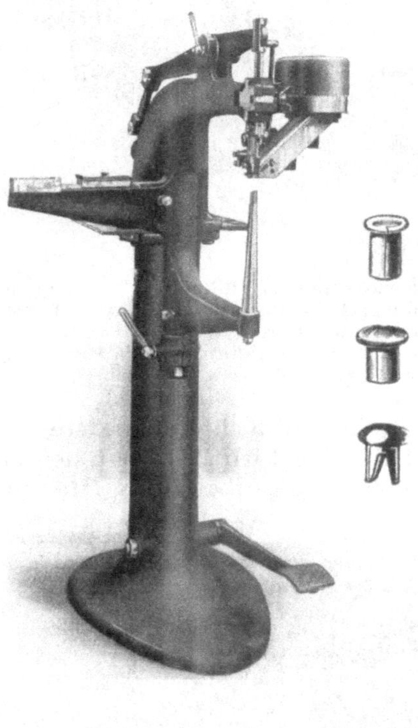

Abb. 95 Kombinierte Nietmaschine für Hohl- und Zweispitznieten

maschinen Ergänzungsteile von dem betreffenden Werk stetserhältlich.

Wo große Koffer in Massen gefertigt werden, spielt der Transport von einer Arbeitsstelle zur anderen eine erhebliche Rolle. Zur Erleichterung dieses Verkehrs liefern die Koffermaschinenfabriken Rollständer, die ein leichtes Weitergeben der Werkzeuge gestatten. Wenn sich nacheinander gelegene Nietungen öfters wiederholen, wie z. B. beim Annieten von Gurten, so wird die Maschine als Doppelnietmaschine eingerichtet.

Im weiteren Verlauf des Arbeitsganges erfolgt nunmehr das Aufnieten der Kofferecken mittels sogenannter Bodenschutz-Nietmaschinen. Zum Ausstanzen kleinerer Mengen dient eine Hand- oder Fußhebelstanze (Abb. 97) mit dem entsprechenden Stanzeisen. Wo größere Mengen einer bestimmten Sorte in einem Zuge hergestellt werden müssen, benutzt man hierzu die sogenannten Exzenterpressen. Die Formen erhalten die Kofferecken auf den Spezialprägepressen, die heute in verschiedenen Größen und Typen bis zu einer Stundenleistung von etwa 1200 Ecken gebaut werden.

Abb. 96. Nietmaschinen für Bodenschutznieten (Bodennägel) mit selbsttätiger Nietenzuführung für Fuß- und Kraftbetrieb

Der nächste Arbeitsgang umfaßt das Einnageln der Holzrahmen. Hierzu dient eine Nagelmaschine, welche im Prinzip der Nietmaschine gleicht (Abb. 98). Die Maschine verarbeitet Normalnägel, aber auch Polsternägel. Die Füllung erfolgt automatisch. Zum Eintreiben eines Nagels genügt eine kurze und energische Abwärtsbewegung des Tritthebels. Soll der Koffer Holzbügeleinfassungen erhalten, so sind diese sowohl am Ober- wie am Unterteil anzubringen. Mit den modernen Nietmaschinen (Abb. 99 und 100) können auch die stärksten Holzbügel angenietet werden. Wie weit die modernen Koffermaschinen die Handarbeit verdrängt haben, geht am besten daraus hervor, daß selbst das Annieten der Gurte, der Scharniere und der Schlösser mittels Maschinen erfolgt (Abb. 101).

Vor kurzem war die Herstellung, besonders der billigen Koffer, noch unrentabel. Ganz ähnlich wie in vielen anderen Industriezweigen wurden auch hier die Erzeugnisse mit primitiven Hilfsmitteln von Hand hergestellt. Eine Pappschere und einzelne Loch- und Ausstanzwerkzeuge waren in vielen Fällen das ganze Gerät, was zur Herstellung dieser Koffer diente. Daß der Betrieb auf die Dauer mit diesen Hilfsmitteln nicht wirtschaftlich arbeiten konnte, war vorauszusehen. Der Bedarf erweiterte sich von Jahr zu Jahr, und so mehrten sich auch die Anforderungen an die Hilfsmittel und Maschinen. Heute sieht eine Kofferfabrik ganz anders aus als ehedem. Die Arbeiten werden ausnahmslos von der Maschine hergestellt. Die enormen Leistungen der Großbetriebe haben die kleineren erdrückt.

Abb. 97. Hand- und Fußhebelstanze zum Ausstanzen kleiner Zuschnitteile

Die Hilfsmittel der Kofferfabrikation sind dauernd verbessert worden. Bezeichnend für die technische Ausgestaltung der Maschinen ist die Pappenkreisschere (Abb. 102). Mit dieser können Pappen, Wellpappen u.dgl. mit gleicher Zuverlässigkeit in allen gewünschten Größen geschnitten werden. Im Dauerbetrieb ist besonders bei starken und harten Materialien ein gratfreier Schnitt von erheblicher Bedeutung. Die kräftigen, für verschieden große Schnitte auf der Messerwelle leicht verschiebbaren Kreismesser schneiden auch bei hoher Arbeitsgeschwindigkeit selbst das starke Hartpappen- und Fibermaterial ganz einwandfrei.

Die großen Preisunterschiede der einzelnen Kofferarten lassen keinen Zweifel darüber, daß das formgebende Ausgangsmaterial, die Pappe, hinsichtlich der Art und Güte außerordentlich verschieden sein muß. Leder, Kunstleder, Wachstuch und ähnliche Überzugstoffe sind infolge der technisch gut durchgebildeten Pappe heute zum großen Teil verdrängt worden. Die Herstellung von Handkoffern aus imprägnierter Pappe hat sich heute zu einem bedeutenden Sonderartikel entwickelt, dem auch künftig die Absatzmöglichkeiten gesichert sind. Zu billigen und kleineren Handkoffern wird am besten die sogenannte Lederpappe verwendet. Wir verstehen darunter ein imprägniertes, dunkel gefärbtes, oft gemasertes Material, zu größeren Sorten dagegen wird kräftige Hartpappe oder auch Vulkanfiber verwendet. Die Pappenfabrikation stellt heute Produkte her, welche den Anforderungen

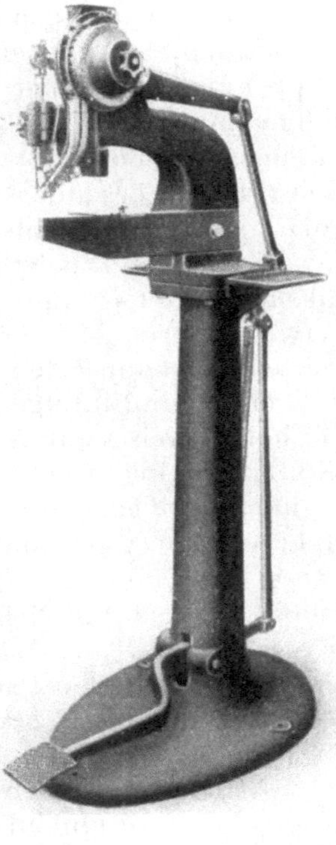

Abb. 98

Abb. 99. Nietmaschine mit Trommelfüllung für die Verarbeitung von Hohlnieten mit Deckplatte, Hohlnieten ohne Deckplatte und Zweispitznieten gleicher Schaftstärke (Die Länge kann verschieden sein)

in hohem Maße entsprechen. Die Pappen müssen sich in der Nutmaschine und in der Biegevorrichtung behandeln lassen, ohne zu brechen. Einige Sorten sollen die teure Vulkanfiber ersetzen. Sie müssen infolgedessen eine bedeutende Härte besitzen. Die Pappenfabrikation zählt die Kofferpappen zu den Hartpappen.

Die Imprägnierung der Kofferpappen erfolgt nach sehr mannigfachen Verfahren; denn die Anforderungen, die an die einzelnen Fertigprodukte gestellt werden, sind durchaus verschieden. In der

Regel wird es darauf ankommen, der Pappe einen möglichst großen Widerstand gegen Feuchtigkeit zu verleihen. Wie alle Hartpappen, zählen auch die Kofferpappen zu den geleimten, d. h. sie werden im Stoff geleimt. In der Regel folgt der Herstellung unmittelbar eine Oberflächenimprägnierung, aber auch bei der ganzen Herstellung der Pappen muß trotz der großen Preisunterschiede auf diese Eigenschaften hingearbeitet werden. Unzulängliche Imprägnierungen lassen sich hinterher sehr schwer verbessern. Der gesamte Fabrikationsgang der Pappen, wie die Stoffmahlung, die Behandlung in der Pappenmaschine, aber auch die Pressung, Trocknung usw. muß den Anforderungen angepaßt sein.

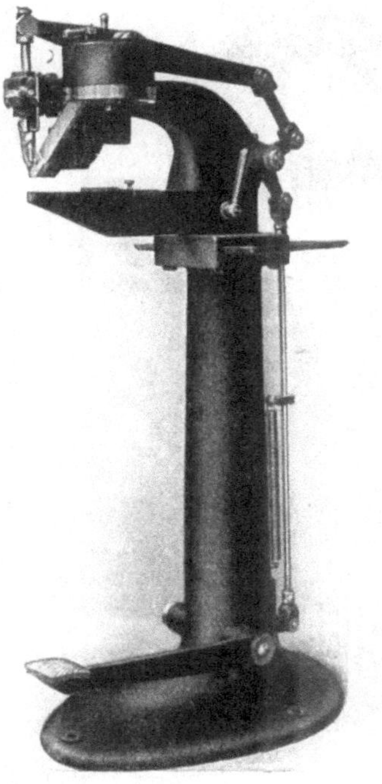

Abb. 100. Moderne Nietmaschine zum Anbringen der Holzbügel

Einige Pappensorten, die besonders sorgfältig imprägniert sind, werden als vulkanisierte Pappe bezeichnet. Das ist nicht ganz zutreffend; denn unter Vulkanisieren versteht man etwas anderes als das bloße Wasserdichtmachen. Vulkanisierte Faserpappe (Vulkanfiber) kommt infolge ihres verhältnismäßig hohen Preises nur für einzelne bessere Kofferarten in Betracht, aber auch diese hat mit verschiedenen imprägnierten Hartplatten den Übelstand gemeinsam, daß sie die einmal gegebene Form nicht dauernd behielt und Neigung zeigte, sich zu verändern. Die zur Fabrikation besserer Koffer benötigten Pappen müssen vor allen Dingen eine gewisse Zähigkeit und Härte aufweisen und gleichzeitig mit Rücksicht auf die Art der Verarbeitung eine gewisse Biegsamkeit und Elastizität besitzen. Ein großer Teil der zur Kofferfabrikation bestimmten Hartpappen hat gegen Brechen und Spalten bedeutende Widerstandsfähigkeit. Durch geeignete Wahl der Rohstoffe lassen sich diese gewünschten Eigenschaften erzielen. Voraussetzung ist jedoch, daß bei der Fabrikation ein Mindestsatz Lumpenfasern und holzfreies Altpapier Verwendung finden. Füllstoffe sollten bei der Kofferpappenfabrikation nur in begrenztem Maße Verwendung finden. Soweit aber Füllmaterialien einverleibt werden müssen, sollen diese das Erzeugnis dichten und dem Produkt die erforderlich geschlossene und glatte Oberfläche verleihen.

Die Papierfabrikation hat die Technik der Pappenherstellung in den letzten Jahren außerordentlich verbessert, besonders die Gruppe der Hartpappen findet in der Isoliertechnik, aber auch in der Kartonnagenindustrie umfangreiche Verwendung. Die Kofferpappen sind an diese Hartpappengruppen angegliedert. Man versteht heute unter Hartpappen eine ganze Reihe Sondererzeugnisse, die zum großen Teil auch in der Kofferfabrikation Verwendung finden können. Die Papierfabrikation unterscheidet in der Gruppe der Hartpappen die Kofferpappen von den übrigen Produkten. Unter Hartpappen verstehen wir, wie auch der Name sagt, Pappen mit besonders hohen Festigkeits-

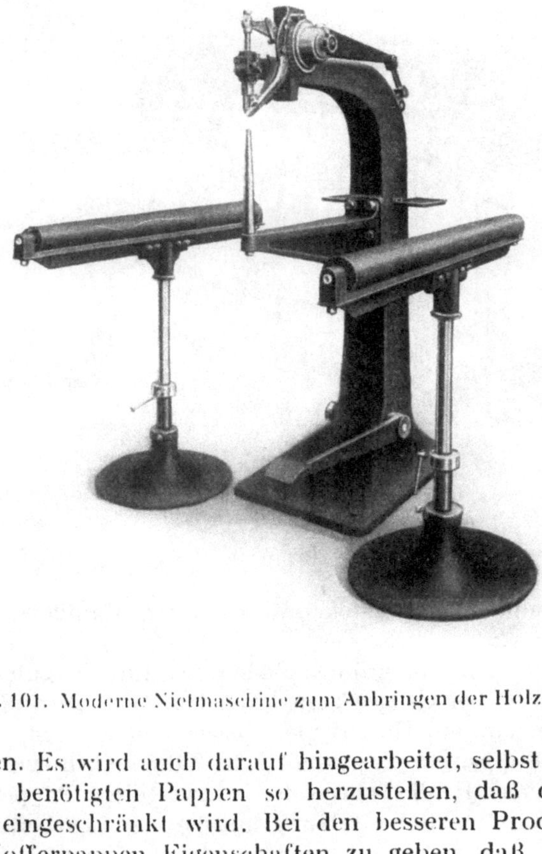

Abb. 101. Moderne Nietmaschine zum Anbringen der Holzbügel

eigenschaften. Es wird auch darauf hingearbeitet, selbst die für billigere Koffer benötigten Pappen so herzustellen, daß die Veränderungssucht eingeschränkt wird. Bei den besseren Produkten sucht man den Kofferpappen Eigenschaften zu geben, daß sie die teure Vulkanfiber zu ersetzen vermögen.

Fritz Hoyer, Cöthen,[1] äußert sich in einem Aufsatz in Nr. 34 der Kartonnagen- und Papierwaren-Zeitung (1923) über Kofferpappen

[1]) Die Pappenfabrikation. Von Ing. Fritz Hoyer, beratender Ingenieur. Praktisches Handbuch mit 155 Figuren im Text und einem Plan. Verlag M. Krayn, Berlin. Preis brosch. M. 18.—, geb. M. 20.—.

in einer Abhandlung über die Herstellung von Handkoffern u. a. aus Pappe auszugsweise wie folgt:

„Man verwendet für die Kofferfabrikation zum großen Teil nur noch Pappe, die als Kofferpappe besonders hergestellt wird und die natürlich ganz besondere Eigenschaften haben muß, die den hohen Anforderungen entsprechen. Man kann wohl für gewisse Zwecke auch andere, besonders aber gute Lederpappen verwenden; das trifft aber nur für kleinere Gegenstände zu, denen man nicht die Behandlung zumutet, die z. B. Handkoffer aushalten müssen. Für diese muß

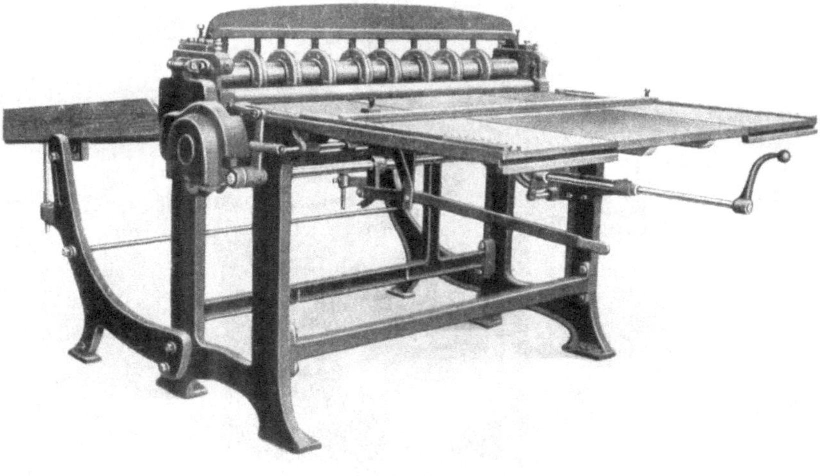

Abb. 102. Pappenkreisschere mit auf der Welle verstellbaren, rotierenden Messern

man eben besonders gearbeitete und widerstandsfähige Spezialpappen verwenden.

Da diese Pappen von größter Bedeutung für ein gutes Erzeugnis sind, so soll darüber einiges gesagt werden. Man wird also in erster Linie die sogenannten Hartpappen verwenden müssen, die sich vor den anderen Pappen durch große Härte, Zähigkeit, Biegungsfestigkeit usw. auszeichnen. Erklärlicherweise müssen diese Pappen natürlich auch in der Stoffzusammensetzung und bei der Bearbeitung auf den Maschinen anders behandelt werden als gewöhnliche Pappen. Sie dürfen keine solchen Fasern enthalten, die sie spröde und brüchig machen, sondern nur solche, welche ihnen große Zähigkeit und Geschmeidigkeit erteilen, damit sie nicht etwa schon bei der Verarbeitung, viel weniger aber noch bei späterem Gebrauch der daraus hergestellten Gegenstände brechen usw. Man muß also zu ihnen einen gewissen Prozentsatz Hadern verwenden, die ihnen die gewünschten

Eigenschaften erteilen und diese Hadern auch so behandeln, daß sie ihren Charakter möglichst beibehalten. Zum großen Teil müssen diese Pappen schon im Schliff geleimt werden, um sie wasserabstoßend zu machen; in einzelnen bestimmten Fällen werden sie noch einer besonderen Nachbehandlung unterzogen, um sie sogar in gewissem Grade wasserdicht zu machen. Weiterhin werden diese Pappen oft noch geprägt und so mit einer Oberfläche versehen, welche Leder vortäuschen soll. Aus diesem Grunde werden die Pappen häufig auch im Stoff gefärbt."

Die Hauptmerkmale einer guten Kofferpappe sind möglichst hoher Widerstand gegen Spalten und Brechen, aber noch wichtiger als diese Eigenschaften ist das Verhalten der Pappe beim Biegen; sie muß unter Umständen auch scharfe, fast rechtwinklige Biegungen aushalten, ohne den geringsten Schaden zu nehmen. Durch geeignete Wahl der Rohstoffe sind diese Eigenschaften durchaus zu erzielen. Sobald das Produkt einen bestimmten Prozentsatz zäher, harter Lumpenfasern, Zellulose und holzfreies Altpapier enthält, sind die Vorbedingungen für diese Anforderungen gegeben. Füllstoffe darf das Material nur soweit enthalten, als es durch die bereits beschriebenen Anforderungen bedingt ist.

Die früher zur Verbesserung der Struktur der Pappe angewendeten Imprägnierungsverfahren sind heute zum großen Teile durch zweckmäßigere Zusammensetzung des Rohmaterials abgelöst. Selbst die einfachsten Kofferpappen mußten früher durch Kaschieren, Behäuten, Streichen u. dgl. für die Verwendung hergerichtet werden. Wo die aus Faserstoff gefertigte Vulkanfiber zu kostspielig war, versuchte man die erforderliche Widerstandsfähigkeit auf sehr verschiedene Weise zu erreichen. Man imprägnierte die Pappe mit Materialien, die im Preis sehr ungleich waren, z. B. Paraffin, Kolophonium, Stearin, Steinkohlenteer, Braunkohlenteer, Firnis, Schellack, Metallsalze usw. Der Erfolg dieser Imprägnierungsverfahren befriedigte nicht immer. Wesentlich verbreitet war ein Anstrich mit einer Lösung von tierischem Leim (Tischlerleim), den man durch doppeltchromsaures Kali unlöslich machte. Der Tierleim geht mit dem doppeltchromsauren Kali unter dem Einfluß des Sonnenlichts eine im Wasser unlösliche Verbindung ein. Für viele Zwecke war eine derartig behandelte Pappe ausreichend.

Auch die heutigen, nach den technisch wesentlich verbesserten Herstellungsverfahren geschaffenen Kofferpappen werden in verschiedener Weise für Sonderanforderungen zugerichtet. Eine weitverbreitete Nachbehandlung besteht darin, daß man die Pappe preßt oder ihre Oberfläche in irgendeiner Weise gegen Witterungseinflüsse, Feuchtigkeit usw. widerstandsfähig macht. In diesem Verbesserungsverfahren können Pappen in hohem Grade wasserdicht gemacht werden. Meist werden diese Produkte in dunklen Farben geliefert.

Die Kofferfabrikation hat ganz ähnlich wie die Kartonnagenindustrie verschiedentlich Versuche mit Pappen gemacht, welche für andere Zwecke geschaffen sind. Der sogenannte Preßspan besitzt Eigenschaften, welche der besseren Kofferpappe durchaus nahekommen. Preßspan findet hauptsächlich in der Elektrotechnik Verwendung, und zwar nicht nur in der Schwachstromtechnik; seit einiger Zeit hat auch die Starkstromtechnik in zunehmendem Maße vom Preßspan Gebrauch gemacht. Die Kartonnagenindustrie, welche auch Vulkanfiber in erheblichem Umfange verarbeitet, hat mit dem Preßspan, wie Dr. Siedler, Syndikus des Vorstandes der deutschen Kartonnagenfabrikanten, in der Deutschen Kartonnagenindustrie, Sondernummer vom 3. Juni 1927, sagt, durchaus günstige Erfahrungen gemacht. Hier ersetzt Preßspan Vulkanfiber und Hartgummi und verrichtet seinen Zweck vollkommen. Preßspan darf keine Metallsplitterchen enthalten. Er soll eine vollkommen genaue Dicke bis auf $^1/_{10}$ mm aufweisen. Im übrigen kann die Anfertigung der Kofferpappe durch Stoffmischung auch bei Preßspan durch die Stoffmischung erzielt werden.

Die vielseitigen, in letzter Zeit erheblich erweiterten Verwendungsgebiete der Hartpappen und Preßspäne wird von Ingenieur Fritz Hoyer in dem Heft „Kunststoffe“ vom Juni 1928 eingehend besprochen. Der Name Preßspan ist dadurch entstanden, daß diese Pappen ursprünglich in der Tuchindustrie verwendet wurden, wo man sie als Zwischenlage beim Pressen unter den hydraulischen Pressen verwendete. An die Glätte der Pappen werden besonders hohe Anforderungen gestellt. Auf Apparaten mit Achatsteinen und den sonst üblichen Walzglättwerken ließ sich Glätte und Glanz in hohem Maße durchführen. Die Preßspäne mußten aber auch vollkommen faltenfrei und knotenlos sein. Farbflecke, Chlor und Säure durften sich auf diesen nicht festsetzen. Es war also bei der Fabrikation dieser Pappen eine besondere Vorbereitung des Stoffes erforderlich. Die Elektrotechnik hat für die Preßspäne viel Verwendung. Für diesen Zweck wird die Forderung gestellt, daß das Produkt vollkommen frei von Metallteilchen sein muß. Durch die Verwendung von Altpapier lag aber das Muster vor, daß die zerkleinerten Teile der Heftklammern in die Pappe eingearbeitet wurden. Heute werden diese durch den Magneten aus dem flüssigen Papierstoff entfernt.

Die Preßspäne sind, wie wir sehen, mit Eigenschaften ausgestattet, daß diese auch zur Kofferfabrikation in Betracht gezogen werden können. Preßspan zählt in die Gruppe der Hartpappen, die hohen Anforderungen gewachsen sind. Bisher mußte für Koffer, die großen Beanspruchungen ausgesetzt waren, ausschließlich Vulkanfiber oder Leder verwendet werden. Der mit hoher Zähigkeit ausgestattete Preßspan sowohl als auch verschiedene andere Hartpappenarten können heute für derartige Zwecke Verwendung finden. Ingenieur Hoyer beschreibt in den Kunststoffen den Fabrikationsgang und auch die mannigfachen hierzu benutzten Rohmaterialien. Die Ausgangsmaterialien bestehen aus zähen Hartpappen, Stricken, Netzen, Tauen, Leinenhadern und ähnlichen grobfaserigen Textilmaterialien, auch etwas Zellstoff wird verarbeitet. Es soll bester Natronzellstoff verwendet werden, wie dieser für die Zwecke der Spinn-, Sack- und Kabelfabrikation hergestellt wird. Der Stoff wird durch diese Zusammensetzung allerdings trübe und dunkelfarbig, aber bei Kofferpappen hat dies wenig auf sich. Der seit jeher übliche Zusatz von Altpapier soll nicht wahllos zugesetzt werden; dieses Material soll nicht holzschliffartig sein; geeignet ist nur Kraftpapier, wie Fadenpapier, Sackpapier und Kabelpapierabfälle.

Kofferpappen dürfen nicht die geringste Neigung zum Spalten zeigen, sie müssen vollkommen glatt liegen, dürfen sich nicht werfen oder wellig werden. Zum Färben der dunklen Pappen dürfen keine Erdfarben verwendet werden. Ein erheblicher Teil der Kofferpappen wird mit Prägung und Narbung versehen. Diese Pappenarten müssen gegen Befeuchtung eine erhebliche Widerstandsfähigkeit aufweisen. Man erreicht dies in der Papierfabrik in der mannigfachsten Weise durch gehärtete Leimung oder auch durch einen Zusatz von Wasserglas, aber auch nachträgliche Imprägnierungen sind vielfach üblich.

Trotz der technischen Durchbildung der Hartpappenfabrikation sind die Vulkanfiberpappen bei verschiedenen Kofferarten heute noch unentbehrlich. Das Ausgangsmaterial ist Baumwolle. Der gesamte Fabrikationsgang, besonders die Vorbehandlung des Rohmaterials hat große Sorgfalt und Erfahrung zur Voraussetzung. Das Kochen und Bleichen, aber auch das Mahlen des Stoffes erfolgt unter Berücksichtigung der Dicke der Tafel. Die Vulkanfiber wird hart oder auch geschmeidig hergestellt. Das Produkt kann auch beliebig gefärbt werden, die Naturfarbe ist gelblich braun bis graubraun. Die Vulkanfiberpappe findet in der Technik sehr mannigfache Verwendung; für die Kofferfabrikation ist dieser Produkt infolge seiner großen Zähigkeit besonders geeignet; denn es läßt sich bohren, nageln, ritzen, hobeln, biegen, schleifen, polieren, kurzum, es ist allen Behandlungen zugänglich.

Die Herstellung gefärbter Pappen kommt für die Kofferfabrikation kaum in Betracht. Zu derartigen Pappen wird die Baumwolle nicht gebleicht, bei hellen, ungefärbten Pappen ist dies aber notwendig. Der Bleichprozeß muß sehr sorgfältig, ähnlich der Hadernbleiche, durchgeführt werden. Ein wichtiger Teil des Fabrikationsganges ist das Pergamentieren, hierzu wird nicht mehr Schwefelsäure, sondern Zinkchlorid benutzt. Durch diese Einwirkung wird der Rohstoff in einen kolloidalen Zustand überführt, so daß er seine faserige Struktur verliert und jene Eigenschaft erlangt, welche der Vulkanfiber ein so vielseitiges Verwendungsgebiet erschlossen hat.

Das Werfen der Kofferpappen ist hauptsächlich deswegen eine so unangenehme Erscheinung, weil diese erst später an dem fertigen Stück, meist nach kurzer Benutzung, mitunter aber sogar schon bei lagernder Ware eintritt. Dieser Mangel tritt in sehr verschiedener Form auf, und es sind seitens der Pappenfabrikation Versuche in mannigfacher Beziehung zur Abstellung dieses Übels unternommen worden. Das Zentralblatt für die Papierindustrie, Nr. 16 vom 15. August 1928, befaßt sich mit diesem Thema und macht hierzu bemerkenswerte Feststellungen. Der Verfasser sucht anfänglich die Fabrikation zu entlasten und behauptet, daß die Schuld sehr oft auf die ungeeignete Behandlung der Pappe zurückzuführen sei. Auch bei dem Transport und auf dem Lager wird die Pappe oft nicht sachgemäß behandelt, daß alle zur Pappenfabrikation verwendeten Materialien mehr oder weniger hygroskopisch seien, also schon aus der Luft Feuchtigkeit aufnehmen. Bei ungeeigneter Lagerung in feuchten Räumen sättigen sich selbst imprägnierte Pappen bis zu einem gewissen Grade mit Feuchtigkeit.

Diese Ausführungen sind in gewissen Grenzen begründet. Der Verfasser des Aufsatzes im Zentralblatt für die Papierindustrie gibt aber schließlich zu, daß das Werfen und Welligwerden auch durch ungenügende Leimung verursacht sein kann. Geleimte und imprägnierte Pappen sind schon an und für sich weniger hygroskopisch als ungeleimte und unimprägnierte; aber auch die Art des verwendeten Leims oder des Imprägnierungspräparates hat hieraus großen Einfluß. Die Verwendung von Sulfitleim, die bei verschiedenen Pappenarten üblich ist, schränkt die Saugfähigkeit der Pappe niemals ein; denn der Sulfitleim wird aus der Sulfitlauge der Zellstoffabrikation gewonnen. Da dieses Material selbst stark hygroskopisch ist, kann es die Saugfähigkeit der Pappe niemals unterbinden.

Die Nachprüfung der Ursache des früheren oder späteren Werfens hat aber noch zu anderen Ergebnissen geführt. Der hauptsächlichste Grund liegt angeblich in der unrichtigen Mahlung des Stoffes. Alle schmierig gemahlenen Stoffe neigen stark zum Wachsen bzw. Welligwerden. Die Fabrikation hat es jedoch in der Hand, auch schmierig gehaltenen Stoff auf der Pappenmaschine noch so zu behandeln, daß die Gefahr des späteren Werfens nicht vorhanden ist. Die Fabrikation stellt Pappen für die denkbar verschiedensten Verwendungszwecke her, mitunter verlangen gerade die schmierig gehaltenen Stoffe ein ganz leichtes Pressen auf der Formatwalze und auf der hydraulischen Presse.

Die Formbeständigkeit der Kofferpappen ist aber auch im hohen Maße von dem hierzu benutzten Ausgangsmaterial abhängig. Bei einer

Mischung von viel Altpapier, Zellulose und Hadernstoffen soll die Neigung zum Werfen größer sein als bei der Verwendung von Holzschliff allein, ganz gleich, ob dieser weiß oder braun ist. Die Feststellung im Zentralblatt, daß das Werfen und Verziehen bei Strohpappen am seltensten beobachtet worden ist, dürfte der genaueren Nachprüfung kaum standhalten; denn selbst in der Kartonnagenfabrikation wird über die Veränderlichkeit verschiedener Strohpappenarten oft genug Klage geführt.

Im weiteren Verlauf dieser Besprechung ist die Wirkung der Trocknung mit in Betracht gezogen. Bei einer Reihe Pappensorten erfolgt die Trocknung im Trockenkanal, mitunter aber auch noch durch Lufttrocknung, und hier kann nach der Meinung des Verfassers ebenfalls die Vorbedingung für das spätere Werfen geschaffen werden. Bei luftgetrockneten Pappen soll das Werfen am wenigsten auftreten, vorausgesetzt, daß die Stoffmahlung und die Maschinenarbeit richtig waren. Dagegen kann sich bei Pappen, die im Kanal getrocknet werden, das Werfen auch dann zeigen, wenn die Stoffmahlung und die Maschinenarbeit sachgemäß durchgeführt worden sind. Der Pappenfabrikation wird infolgedessen nahegelegt, bei der Trocknung auf den Verwendungszweck der verschiedenen Pappen Rücksicht zu nehmen. Man ist mit den heutigen Trockenanlagen sehr wohl imstande, die Pappen so zu trocknen, wie es bei der Lufttrocknung der Fall ist.

Die Nachprüfung der Ursache des Welligwerdens und Werfens der Kofferplatten hat für die Kofferfabrikation das gleiche Interesse wie für die Pappenfabriken; denn diese unliebsame Erscheinung zeigt sich keineswegs nur bei einzelnen billigeren Pappenprodukten, selbst Vulkanfiber zeigt oft Krümmungen und unregelmäßige Werfungen. Dabei besteht das Ausgangsmaterial für die vulkanisierte Faserpappe aus reinem, ungeleimtem und ungefülltem Baumwollstoff. Das Pergamentieren und Vulkanisieren besteht in den Grundzügen darin, daß man das Rohpapier mit Chlorzink behandelt, wobei es zunächst seine faserige Struktur verliert. Im nächsten Arbeitsgang wird es durch Vereinigen mehrerer Bahnen und durch Zusammenpressen zu mehr oder minder starken Tafeln verbunden. Die so geschaffenen Tafeln erhalten durch diese Behandlung eine hornartige Zähigkeit. Die einzelnen Tafeln lassen sich nicht mehr voneinander trennen, auch die Verbindungsstellen sind vollständig ineinander übergegangen. Die Vulkanfiber wird entsprechend dem Verwendungszweck hart oder geschmeidig hergestellt. Das Produkt kann auch beliebig gefärbt werden, die Naturfarbe ist gelblichbraun bis graubraun.

Die Frage, wie den verschiedenen Kofferpappen die Neigung zur Veränderung genommen werden kann, hat die Pappenfabrikation seit jeher beschäftigt. Bei den abgerundeten Längskanten, der Wölbung des Deckels oder des Bodens ist eine stabile Wölbung unumgänglich notwendig. Obwohl das Biegen heute mit Hilfe der Maschine ganz einwandfrei durchgeführt wird, behalten die Koffer die gewünschte Form sehr oft nicht bei. Das Material hat das Bestreben, in seine ursprüngliche Form zurückzukehren, und diese Neigung überträgt sich auch auf die benachbarten Flächen, welche eben bleiben sollen, so daß das Stück schließlich unregelmäßige Krümmungen und Werfungen aufweist. Dieser Mangel tritt bei der Vulkanfiber sowohl als auch bei verschiedenen anderen Hartpappen besonders dann hervor, wenn die gebogenen Platten mit einem Überzug verklebt werden.

Die Vulkanfiberprodukte sind erheblich kostspieliger als die übrigen Kofferpappen, und man war auch hier unablässig bemüht, diesen Mangel abzustellen. Bei abgepaßten Größen für Massenartikel hat man die zu biegenden Stellen heißen Wasserdämpfen ausgesetzt, worauf das Biegen über erhitzten Körpern erfolgte. Die derartig behandelten Arbeitsstücke werden durch Berührung mit gekühlten Körpern plötzlich abgeschreckt. Dadurch, daß die Platten an den zu biegenden Stellen für längere Zeit strömenden heißen Wasserdämpfen ausgesetzt werden, erweichen diese etwas. Über den erhitzten Röhren, Stäben, Platten und dgl. erfolgt das Biegen, was eine rasche Verdunstung des aufgenommenen Wassers zur Folge hat. Hierbei wird die erhaltene Biegung schon etwas fixiert. Die Abschreckung auf den von Kühlwasser durchströmten Röhren vervollständigt diese Fixierung der Biegung und gibt dieser gleichzeitig eine gewisse Härte, vermöge welcher die so behandelten Platten an den betreffenden Stellen zwar keineswegs spröde, wohl aber elastisch hart werden. Auf diese Weise gelingt es, den Platten oder sonstigen Werkstücken aus vulkanisierter Faser die Neigung zum Zurückgehen der Krümmung zu nehmen.

Die Neigung der Vulkanfiber, sich bei Temperaturschwankungen oder auch unter dem Einfluß der Feuchtigkeit zu verändern, hat man auch in anderer Weise zu bekämpfen versucht. Durch Verbindung stärkerer Platten hätte sich dies sicher erreichen lassen. Hierbei wäre jedoch der Hauptvorteil der Vulkanfiber, nämlich ihre Leichtigkeit, die bei Reiseutensilien ganz besonders wertvoll ist, verloren gegangen. Die Vulkanfabrikation hat zur Abstellung der Formveränderung auch versucht, die Pergamentierung zu ändern, die Ausgangsmaterialien anders zusammengestellt, den Druck und die Temperatur jeweilig verschieden angewendet, und im Vergleich zu früher auch gewisse Verbesserungen erzielt, aber eine völlige Beseitigung des Werfens wurde nicht erreicht. Nach der lang andauernden Behandlung der Rohfaser in immer schwächeren Chlorzinklösungen wird diese Masse bei 40 bis 60° zwischen Kalandern getrocknet und gepreßt. Sie schrumpft dabei bis auf die Hälfte zusammen. Die physikalischen Eigenschaften des erzielten Produktes wechseln mit der Art der Herstellung. Im allgemeinen unterscheidet man biegsame und harte Vulkanfiber. Beide Arten werden in mannigfachen Qualitäten hergestellt. Mitunter hat sich das Werfen meiden lassen, wenn das Einkleben der Futterstoffe und das Behäuten geändert worden ist. Auch die Verwendung gewellter oder gerillelter Vulkanfiberplatten hat den gewünschten Erfolg nicht gezeitigt, weil dadurch das Aussehen der verfertigten Stücke leidet, und schließlich werden diese hierbei zu umfangreich.

Nach einem vor einigen Jahren patentierten Verfahren wird der Vulkanfiber die Veränderungssucht dadurch genommen, daß man auf diese eine Holzunterlage klebt. Man benutzt hierzu Holzunterlagen, deren Lagen kreuzweise verleimt sind, so daß die Fasern in verschiedener Richtung verlaufen, bei denen also Verziehen und Werfen nicht eintreten kann. Auf diese Unterlagen wird die Vulkanfiberplatte mit einem guten Bindemittel aufgeklebt. Die vereinigten Stellen werden einem starken Druck, z. B. einer hydraulischen Presse, ausgesetzt. Man erreicht hierbei ein leichtes, widerstandsfähiges, elastisches und unveränderliches Produkt.

Die Behandlung mit heißen Dämpfen, die Abschreckung usw. kommt natürlich nur für größere Betriebe in Betracht, und es muß darauf hingewirkt werden, daß die Vulkanfiberfabrikation das Erzeugnis von Hause aus mit Eigenschaften ausstattet, die eine gewisse Beharrlichkeit im verarbeiteten Zustande gewährleisten. Mit Imprägnierungen ist diesem Übelstande nicht beizukommen.

In ganz ähnlicher Weise war auch die Pappenfabrikation bemüht, für die Kofferfabrikation raumbeständige Pappen herzustellen. Die Auflösung des Altpapiers im Kollergang oder im Zerfaserer ergibt einen durchaus verschieden gearteten Stoff. Infolge der eigenartigen Wirkung seiner Steine macht der Kollergang den Stoff schmieriger, der Zerfaserer hingegen beruht mehr auf einer Knetung. Er läßt den Mahlgrund fast unverändert. Es wird auch in Zukunft zu erwägen sein, ob die Auflösung des zu Kofferpappen verwendeten Altpapiers im Zerfaserer vorzuziehen sein wird. Bei Holzpappen und den sogenannten Kofferpappen muß beim Schleifen des Holzes auf den Mahlgrund Rücksicht genommen werden, indem man den Stoff rasch schleift. Das zu schmierige Vermahlen läßt sich auch dadurch meiden, daß das Altpapier im Kollergang oder im Zerfaserer schon gut aufgeschlossen wird, und daß eben der Holländer keine eigentliche Mahlarbeit, sondern nur eine Mischarbeit zu leisten hat. Die Pappenfabrikation hat auch herausgefunden, daß die Arbeit auf der Pappenmaschine selbst einen Einfluß auf das spätere Werfen hat. Hier ist man jedoch angeblich vom Charakter der herzustellenden Pappensorten abhängig. In dem weitverzweigten Arbeitsgange kann in mannigfacher Weise auf das Produkt eingewirkt werden. Bei der Nachentwässerung in der hydraulischen Presse muß sehr stark gepreßt werden. Das absatzweise Pressen soll sich als vorteilhaft erwiesen haben. Die Pappen wurden umgepackt und schließlich in einem zweiten Arbeitsgange fertig gepreßt, worauf man sie einige Zeit unter hohem Druck stehen läßt. Durch dieses Verfahren erhält man Pappen, die sich später nicht so leicht werfen. Das Pressen und Flachlegen wird besonders durch die Verwendung von Preßblechen begünstigt. Man legt diese etwa alle 15 cm zwischen die Pappe ein, wobei aber darauf zu achten ist, daß die Preßbleche selbst nicht etwa beulig sind, sie müssen auch vollkommen rostfrei sein. Preßplatten aus Holz haben sich nicht bewährt. Sie mußten wesentlich dünner als Preßbleche verwendet werden und haben sich schließlich selbst geworfen.

Im allgemeinen kann jedoch festgestellt werden, daß infolge dieser mannigfachen Bemühungen das Werfen der Kofferpappe in den letzten Jahren weniger Anlaß zu Klagen gegeben hat als früher.

Die Herstellung der Papphülsen[1])

Das Wickeln von Papier zu Hülsen

Zu Papphülsen aus Papier gewickelt können alle Papiersorten verwendet werden mit Ausnahme von sehr harten Papieren, die den Leim nicht festhalten. Auch sollen die Papiere zweckmäßigerweise nicht geglättet sein, sondern der Leim soll in die Poren eindringen können. Ist man gezwungen, geglättetes Papier zu verwenden, dann wähle man dasselbe nicht über 70—80 g per qm. Der Kleisterverbrauch ist bei Verwendung dünneren Papiers allerdings größer, dafür werden die fertigen Hülsen fester, und die Wandstärke kann entsprechend verringert werden. Für billige Papprohre wird meist am zweckmäßigsten Strohpapier verwendet, weil es von allen Sorten am billigsten ist und die Rohre leicht im Gewicht sind. Sollen Papprohre sehr fest und nicht zu dickwandig werden, dann ist die Verarbeitung von schwach geleimtem Papier vorteilhafter, weil der Klebstoff besser in die Struktur des Papiers eindringen kann und so das Ganze innig verkittet. Sollen solche Rohre wasserfest sein, dann werden sie gleich nach der Fertigstellung entsprechend behandelt oder, wenn es sich um Hartrohr handelt, geölt und unter hoher Temperatur gebacken.

Unter der Herstellung von Papphülsen bzw. -röhren versteht man alle in verschiedenen Formen verwendeten Hohlkörper, die ent-

[1]) Verfasser *Carl Url*, Gröningen.

weder als Futteral oder als Schutz eines anderen Körpers dienen und aus Papier gewickelt sind. Rohre direkt aus Pappe herzustellen, ist umständlich, sie werden zudem niemals genügend fest und die Schlußstelle entweder mangelhaft oder sie wirkt unschön. Rohre, die aus Strohpapier unter Anwendung von Stärkekleister (Kartoffelmehl mit 10 vH Tierleim) hergestellt wurden, an beiden Seiten mittels eines passenden Holzstöpsels verschlossen und vier Wochen im Wasser lagen, ergaben bei ihrer Prüfung, als man sie herausnahm, daß nur wenige Lagen ganz aufgeweicht waren, während der Hohlraum ganz trocken war.

Da die Rohre meist mit Papier überzogen werden, wird man das billigste Material verwenden, um die Rohre herzustellen. Hierfür kommen in Betracht: in erster Linie Strohpapier, dann Schrenzpapier, hergestellt aus Papierabfällen, und zuletzt Braunholzpapier. Will man leichte Rohre herstellen, dann ist das spezifisch schwere Schrenzpapier ungeeignet. Das leichteste Papier der vorerwähnten drei Sorten ist das Strohpapier.

Die Wicklung der Hülsen respektive Papprohre erfolgt auf polierten Modellen, die entweder aus Holz oder Eisen hergestellt werden. Diese Modelle, oder auch Dorne genannt, sind im Durchmesser verstellbar, um sie vor dem Abziehen der Rohre verkleinern zu können. Durch Wicklung können nur *gerade* Rohre hergestellt werden. Gebogene Fassonrohre können entweder nur gegossen oder auf biegsamen Modellen zweiteilig hergestellt werden, worauf sie dann zusammengeleimt werden müssen.

Die gebräuchlichste Maschine für die Hülsenherstellung ist die Jagenberg-Hülsenwickelmaschine, Modell P.W.K., auf der Papprohre bis zu 3 m Länge und in jeder beliebigen Wandstärke herzustellen sind. Zur Verwendung gelangt fast ausschließlich Strohpapier von etwa 150—220 g per qm je nach dem Hülsendurchmesser und der Wandstärke. Geklebt wird fast in den meisten Fällen mit Wasserglas, trotzdem das Wasserglas den einen Nachteil hat, daß die Hülsen nach längerem Lagern ausblühen, wie man sich auszudrücken pflegt; das Wasserglas wird durch die Einwirkung der Luft an der oberen Fläche der Hülse zersetzt und die Hülse wird, wie von einem Mehltau überzogen, unansehnlich. Man kann aber jederzeit durch nachträgliches Bestreichen der Hülsen mit Wasserglas diesen Übelstand wieder beseitigen, sofern besonderer Wert darauf gelegt wird. An Stelle von Holztambouren werden in Papierfabriken, Webereien, Färbereien usw. Papierhülsen in ungeheurer Anzahl gebraucht. Die Wandstärke für kräftigere Papierhülsen beträgt durchschnittlich 10—15 mm.

Klebstoff zum Ziehen von Hülsen[1])

Zum Ziehen von Hülsen und Rohren aus Pappe auf heißem Wege kann Kaltleim Verwendung finden. Der Pappenzerschnitt wird an den Seiten, die später durch Überlappung an dem fertigen Rohr die Klebnaht bilden, am besten auf einer Pappenfräsmaschine abgeschärft. Als Klebstoff wird Pflanzenleim (Kaltleim) von guter Bindekraft verwendet. Dieser Leim wird mit dem Pinsel oder mit einem geeigneten Apparat auf die abgeschärften Ränder aufgetragen und muß dort trocknen, bevor das Rohr gezogen wird. In der erwärmten Ziehform wird er wieder flüssig, bindet aber unter dem Einfluß der Wärme an den Klebestellen gut und fest. Vor dem Bestreichen mit Leim ist der Zerschnitt auf einem geeigneten, ebenfalls gewärmten, Zargenbiege- oder Rundeapparat vorzurunden.

In letzter Zeit verwendet man als Klebstoff vielfach Kasein. Dieser Klebstoff besitzt große Bindekraft und quillt nicht aus der Bindestelle heraus, so daß die Ziehform stets sauber bleibt. Bei Verarbeitung dieses Klebstoffes an der Bindestelle der Rohre wird die Stelle mit einem Schwämmchen ganz schwach bestrichen, so daß die Stellen feucht erscheinen. Man lasse das Arbeitsstück einen Augenblick liegen und verarbeite die Zuschnitte in bekannter Weise. Die Naht klebt vorzüglich und ist feuchtigkeitsbeständig.

Sollen die gezogenen Rohre Glanz zeigen, so werden die Zuschnitte vorher mit einer stark verdünnten Kaseinlösung (etwa 4 l Wasser auf 1 l normaler Lösung) bestrichen und trocknen gelassen. Die Arbeitsstücke gleiten sehr gut in der Form, und die Materialfläche wird völlig und mit guter Glanzbildung gebunden.

Über das Kasein als Klebemittel, das noch verhältnismäßig wenig bekannt ist, sei gesagt, daß es ein aus Magermilch mittels Zentrifugalapparaten hergestellter Leim ist, welcher in grießähnlicher Form in zwei Sorten in den Handel gebracht wird, das eine Mal als wasserunlöslich, das andere Mal als wasserlöslich. Der Unterschied zwischen beiden Arten besteht darin, daß das wasserunlösliche Kasein reiner, aus der Milch ohne Zusatz gewonnener Stoff von hellgelber Farbe ist, während das wasserlösliche Kasein bereits mit Alkalien (Borax) versetzt ist und daher auch eine mehr weißliche Färbung zeigt. Daß das Kasein bisher in der Kartonnagenindustrie so wenig verwendet wurde, hat seinen Grund darin, daß meist beim Lösen desselben nicht richtig verfahren wird. Um Kasein am besten und sichersten zu voller Lösung zu bringen, kaufe man nur wasserunlöslichen Kasein und verfahre wie folgt: 5 kg Kasein werden in eine Bütte geschüttet von 50—60 l Inhalt. In diesem Gefäß wird es zunächst zweimal mit reinem Wasser ausgewaschen, um die darin enthaltene Säure zu entfernen. Dazu

[1]) Verfasser: Karl Gustav Junge, Niedersedlitz-Dresden.

wird die Bütte, in welcher das Kasein ist, voll Wasser gefüllt und mit einem Holzstabe gut umgerührt. Nachdem sich das Kasein in sechs- bis zwölfstündiger Ruhe zu Boden gesetzt hat, wird das Wasser sorgfältig abgezogen mittels Gummischlauch, ohne daß der Inhalt erschüttert und vermischt wird. Die noch in dem Kasein befindliche Säure wird mit dem Wasser abgeführt. Je öfter auf diese Weise verfahren wird, desto reiner wird das Kasein sein. Dem dicken Brei werden nun 15 l warmes Wasser zugesetzt und gut verrührt. Hierauf werden 600 g Borax in 2 l heißem Wasser gelöst und unter beständigem Rühren zugesetzt. Das Kasein wird währenddessen dick und läßt sich schwer kneten. Dies ist jedoch für eine innige Vermischung günstig. Das Kneten und Rühren wird so lange fortgesetzt, bis kein ungelöstes Kasein in Form von Grieß oder Klümpchen mehr vorhanden ist. Die Masse muß dickes, sämiges Aussehen haben. Dieses läßt man wieder 1—2 Stunden stehen und verdünnt dann mit warmem Wasser so weit, als der Verwendungszweck erfordert.[1])

Herstellung von Hülsen für Glühkörper, Fahrradgriffe, Pappdosen, Streudosen, Papierfässer usw.

Die Verwendung von Pappdosen hat einen sehr großen Umfang angenommen, aus welchem Grunde derartige Massenartikel nicht mehr wie früher von Hand hergestellt werden, sondern mit modernen Maschinen. Für Hülsen mit kleinerem Durchmesser baut Jagenberg eine automatische Hülsenwickelmaschine, Modell GHM. Die Maschine verarbeitet Rollenpapier. Die Hülsen können im gleichen Arbeitsgang etikettiert, paraffiniert oder mit einem Hals versehen werden. In letzterem Falle wird aus der Papierbahn am Rand ein Streifen ausgeschnitten, wodurch die Wandstärke der Hülse an der Deckelkante um 1 oder 2 Umdrehungen schwächer wird. Für größere Pappdosen bauen die Jagenberg-Werke eine Pappbüchsen-Wickelmaschine. Der Maximaldurchmesser einer Pappdose kann 150 mm betragen. Auch diese Maschine wird auf Wunsch mit den Spezialeinrichtungen für Etikettierung, Paraffinierung oder Halsausschnitt geliefert. Die Trocknung der gewickelten Hülsen erfolgt anschließend an die Wicklung automatisch. Zum Ziehen von Pappdeckeln für derartige Dosen, Käseschachteln und ähnlichen Runddosen kommt fast ausschließlich eine

[1]) Über diesen Klebstoff und seine Verwendung unterrichtet in ausführlicher Weise das Werkchen „Die Klebstoffe usw.“, Verlag Papier-Zeitung, Berlin. Auch auf allen anderen Gebieten der Klebetechnik unterrichtet es in ausführlicher Weise. Das Buch des Herausgebers „Die Buchbinderei in der Papierverarbeitung“, Verlag des „Allgem. Anzeiger für Buchbindereien“ in Stuttgart (1929 erschienen), bringt ebenfalls sehr wertvolle Abhandlungen über die Technik der Klebstoffe und des Klebens von dem gleichen Verfasser und anderen Berufspraktikern.

Maschine in Frage, welche von der Rolle vollautomatisch arbeitet. Die Werkzeuge, die in solchen Fällen Verwendung finden, sind als Stanz-, Zieh- und Schneidewerkzeuge ausgebildet, d. h., aus der Rollenkartonbahn wird zuerst eine Scheibe ausgestanzt, dieselbe wird gezogen und vor dem Auswerfen wird noch die Kante des Schachtelteiles beschnitten.

Größere Aufträge von Hülsen mit ein und demselben Durchmesser werden durchweg auf der *Hülsenwickelmaschine* hergestellt. Die

Abb. 103. Automatische Hülsenwickelmaschine für Glühkörperhülsen, Fliegenfängerhülsen, Nachtlichthülsen etc. Erzeugnis der Jagenberg-Werke Akt.-Ges.. Düsseldorf

Hülsen werden hierbei aus starkem Papier oder Karton von der an der Maschine aufgesteckten endlosen Rolle gewickelt. Das Wickelmaterial ist in Rollen geschnitten, welche stets der Länge oder Höhe der Hülse entsprechen. Es läuft zunächst über einen Auftragapparat, der es mit Kleister versieht. Das so beleimte Material wird nunmehr der Wickelspindel zugeführt, dort eingeklemmt, geformt und nach ein- oder zweimaliger Umdrehung der Wickelspindel mittels einer an der Maschine angebrachten Abschneidevorrichtung automatisch abgeschnitten. Die gewickelten Hülsen werden nunmehr gegen einen Etikettierapparat gedrückt und dort mit dem entsprechenden Etikett versehen. Jetzt werden die Hülsen auf der Ausstoßstange weitergeleitet und passieren zunächst den unmittelbar unter derselben angebrachten Trockenapparat. Am Ende der Ausstoßstange angelangt, sind die Hülsen bereits völlig trocken und werden dann automatisch abgestreift oder ausgestoßen. Die neuesten Trockenapparate sind so erbaut, daß die Hülsen auf langsam rotierende Gabeln aufgeschoben werden. Während der rotierenden Bewegung dieser Gabeln werden die Hülsen allmählich getrocknet und dann in gebrauchsfertigem Zustande ausgeworfen oder abgestreift (Abb. 103). Derartige Maschinen wickeln Hülsen in den verschiedensten Durchmessern, wobei jedoch für jeden einzelnen Durchmesser eine besondere Wickelspindel benötigt wird. Die einzelnen Wickelspindeln sind auswechselbar, was sich ohne jeden Zeitverlust im Handumdrehen bewerkstelligen läßt. Die neuesten Maschinen dieser Art, welche für zwei Rollen konstruiert sind, also zwei Hülsen zu gleicher Zeit wickeln und etikettieren, besitzen eine große Leistungsfähigkeit und fertigen bis zu 50 Hülsen in der Minute, wobei nur eine Person zur Bedienung der Maschine erforderlich ist.

Abb. 104

Die Deckel zu derartigen Hülsen werden entweder auf Friktions- oder Exzenterpressen, vielfach auch auf den bekannten automatischen Stanz- und Ziehapparaten gezogen. Diese Maschinen verarbeiten gleichfalls Pappe oder Karton von der endlosen Rolle, wobei die Deckel in einem Arbeitsgange gestanzt und gezogen werden. Der Materialstreifen wird hierbei auf automatischem Wege dem Stanz- und Ziehwerkzeug zugeführt und nach jedem Rückgang des Stempels in der erforderlichen Art und Weise weiter vorgeschoben. Die Werkzeuge können auch so angefertigt werden, daß bei kleineren Artikeln unter Umständen 2—6 Deckel in einem Arbeitsgange hergestellt werden, wodurch natürlich die Leistungen der einzelnen Maschinen, an denen vielfach auch noch Zählapparate angebracht sind, außerordentlich gesteigert werden.

In Abb. 104 wird eine Papphülsen-Wickelmaschine der Jagenberg-Werke A.-G., Düsseldorf, gezeigt (Modell P.W.K.). Auf dieser Maschine, die in Breiten bis etwa 3 m gebaut wird, werden eisenharte

Papierrohre mit jeder beliebigen Wandstärke hergestellt. Zur Verwendung gelangt im allgemeinen ein geeignetes Strohpapier, zum Kleben Wasserglas.

Zigarren- und Zigarettenspitzen

Die Zigarren- und Zigarettenspitzen aus Papier verdanken nicht nur ihrem billigen Preise, sondern auch ihren vielen Vorzügen in hygienischer Beziehung ihre schnelle und allgemeine Einführung in allen Raucherkreisen. — Eine Papierzigarrenspitze wird meistens nur einmal oder nur wenige Male benutzt, im Gegensatz zu Spitzen aus Holz, Bernstein, Meerschaum u. a. m., die infolge dauernder, oft jahrelang ununterbrochener Verwendung richtige Bazillenbrutstätten und vielfach Träger von Krankheitskeimen werden. Eine Spitze aus Papier ist das denkbar sauberste und appetitlichste Rauchgerät.

Ihren Ursprung scheint die Papierzigarrenspitze in Österreich gehabt zu haben. Heute werden solche Spitzen in der ganzen Welt fabriziert. Auch in Deutschland gibt es eine Anzahl namhafter Fabri-

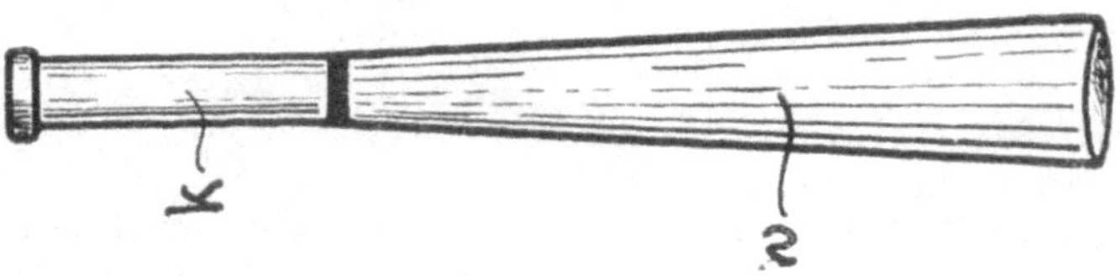

Abb. 105

ken, die sich ausschließlich mit der Herstellung von Papierzigarrenspitzen beschäftigen. Unter ihnen sind Betriebe mit mehreren Hunderten von Arbeitern und Arbeiterinnen und mit einer Tagesproduktion von weit über 100 000 Stück.

Zigarrenspitzen und Zigarettenspitzen unterscheiden sich im allgemeinen nur in der Größe. In der Art der Ausführung sind sie einander vollkommen gleich, so daß zwischen beiden nicht unterschieden werden soll.

Jede Zigarrenspitze aus Papier (Abb. 105) besteht in der Hauptsache aus zwei Teilen: dem sogenannten Wickel w aus Papier und dem Federkiel k, der das Mundstück bildet.

Der Wickel wird aus Papier über einen konischen Metalldorn von Hand gerollt, der Kiel wird in die Spitze des Wickels mit eingerollt. Der flache Zuschnitt hat die Form eines länglichen Paralleltrapezes (Abb. 106) und wird in Stößen aus Streifen auf der Schneidemaschine geschnitten. Die Zuschnittform entspricht dem mehrfachen Mantelabwickel des einen abgestumpften Kegel bildenden Wickels. Abb. 106

stellt einen solchen Zuschnitt dar: die Seite a—b bildet bei dem Wikkeln den inneren Anfang; an diese wird der konische Dorn, der zugleich das Kaliber für das Wickelinnere ist, angelegt.

Man verwendet für den Wickel gewöhnliche wohlfeile weiße oder gelbliche Papiersorten. Vor dem Wickeln wird der Zuschnitt (mit dem Pinsel oder auf dem Leimbrett) auf der einen Fläche mit Klebstoff versehen. Die Länge des Zuschnittes wird so bemessen, daß der fertige Wickel aus etwa 2—3 übereinandergerollten Lagen besteht. Die Höhe ist verschieden und richtet sich nach der Größe der herzustellenden Spitzen. Um diesen ein geschmackvolles, sauberes Äußere zu verleihen, wird der rohe Wickel noch mit einem Papierüberzug umklebt. Statt den Kiel schon beim Wickeln mit einzurollen, kann man denselben auch nachträglich an die Spitze des Wickels ansetzen und mit dem Papierüberzug umkleben. Für den Papierüberzug werden bessere Papierqualitäten gewählt, insbesondere weiße oder farbige Glanzpapiere, die mit schwarzem oder farbigem Druck, vielfach mit Gold- oder Silberdruck kombiniert, ausgestattet sind.

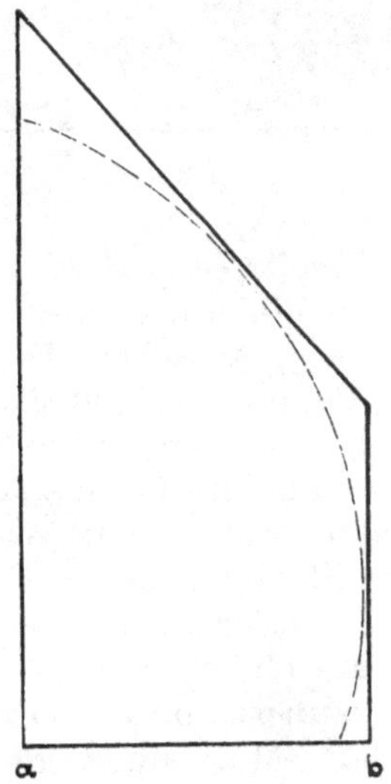

Abb. 106

Mit Vorliebe wird auch für den Überzug echte oder imitierte Korkfolie, echtes Holzfurnier und Papier mit Holzmaserung benutzt, letztere Sorten, um im Aussehen der Spitze eine natürliche Holzspitze vorzutäuschen. Bei Wickeln, die mit unbedrucktem oder gemustertem Papier überzogen sind, bildet ein schmaler umklebter Reif aus Gold- oder Silberpapier meist den Übergang außen vom Wickel in den Kiel (Abb. 105). Bei bedruckten Überzügen ist dieser Reif durch eine gold- oder silbergedruckte Borte gekennzeichnet, die in gleicher Ausführung oft auch das andere (weite) Ende des Wickels außen abschließt.

Die flachen Zuschnitte der Überzüge haben als einfache Abwicklung eines abgestumpften Kegels die Form eines hohen Paralleltrapezes (Abb. 107). Der günstigen Materialausnützung wegen werden aus den bedruckten oder lithographierten Bogen geschnittene Streifen nach Abb. 107 auf der Schneidemaschine zerteilt; die schrägen schwachen Linien sind die Trennlinien. Bei zwei benachbarten Zuschnitten im Streifen ist daher der eine aufrecht, der andere umgekehrt bedruckt.

Bei allen Massenartikeln spielt jedoch auch die geringste Ersparnis im verwendeten Material eine große Rolle: Da die zwischen der innersten Lage und dem Überzug befindlichen Lagen nicht sichtbar sind, verwendet man für diese oft ganz ordinäres Papier, vielfach sogar das bedruckte Papier alter Zeitungen. Es werden dann gleich beim Wickeln zwei Lagen übereinander um den konischen Wickeldorn gerollt. Der Zuschnitt hat in diesem Falle die Form der Abb. 108. Das

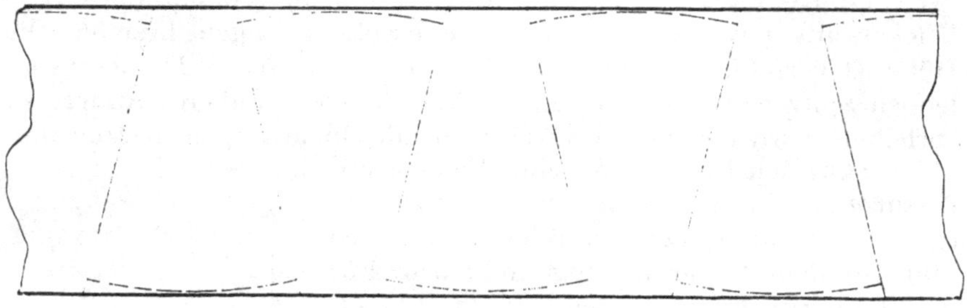

Abb. 107

Stück a—b—c—d ist weißes Papier, wie bei Wickeln aus einem Stück. Es bildet die innere Lage und gibt somit dem Spitzeninnern ein sauberes Aussehen. Das Stück a—e—f—g aus ordinärem Papier bildet die mittleren unsichtbaren Lagen; es wird innen durch das Stück a—b—c—d und außen durch den Überzug verdeckt.

Für das Mundstück werden Kiele von Gänsefedern verwendet. Die an den inneren Wandungen festsitzenden Markbestandteile werden mit einem Stierer herausgestoßen und die Kiele dann auf chemischem Wege gesäubert und gebleicht. Das als Mundstück dienende freie Ende wird nach einem

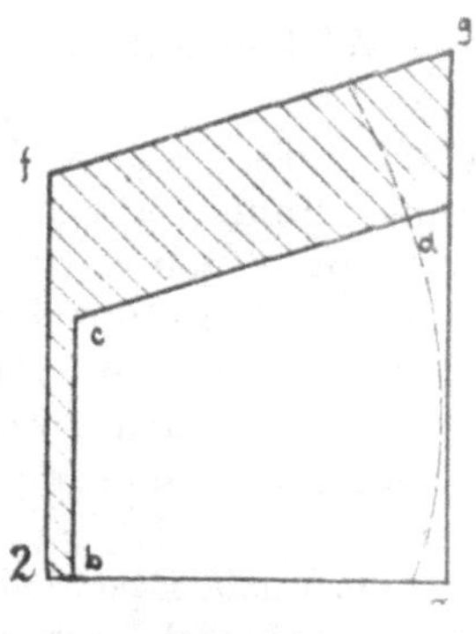

Abb. 108

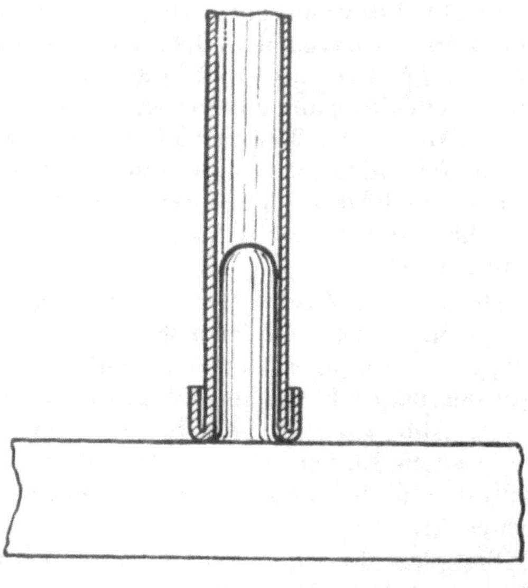

Abb. 109

früher patentierten Verfahren (daher die Bezeichnung Patentkiele) nach außen umgestülpt (Abb. 109). Es kann so die Spitze besser zwischen den Zähnen im Munde gehalten werden. Das Stülpen erfolgt auf einer mit einem Zapfen versehenen Platte. Die Platte wird erwärmt, der den Dorn umschließende Teil des Kieles wird durch die Wärme weich. Drückt man das Ende des Kieles nun gegen die Platte, stülpt sich der untere Rand nach außen um. Durch Variierung des Verfahrens kann man auch Innenstülpung und durch Wiederholung Mehrfachstülpung erreichen.

Wenn der Wickel schon, nachdem er um den konischen Dorn gerollt ist, an seinem unteren (weiten) Ende eine senkrecht zur Spitzenachse verlaufende gerade Begrenzung erhalten sollte, müßte der Zuschnitt an seiner langen Seite bogenförmig begrenzt sein und das

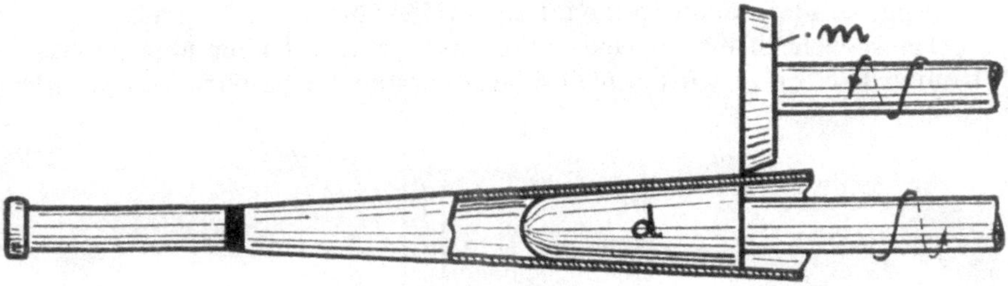

Abb. 110

Wickeln um den Dorn müßte äußerst peinlich gehandhabt werden. Es würde dieses die rationelle Fabrikation sehr erschweren, deshalb schneidet man den unteren Rand gerade erst an der fertigen Spitze.

Hierzu dient eine einfache Kreismesservorrichtung, die schematisch in Abb. 110 zur Darstellung gebracht ist. Die Spitze wird auf den Dorn d passend aufgesteckt. Der Dorn wie das Messer m werden in Drehung versetzt, und durch Abwärtsbewegung des Messers wird der über die Schneidkante des Dornes d überragende Rand des Wickels sauber abgeschert.

Der Dorn bildet auch hierbei wieder das Kaliber für den nach Format der Zigarre verschiedenartigen Durchmesser der unteren Spitzenöffnung.

Besonders genau in der Weite muß die untere Öffnung sein, wenn dieselbe mit einem Metallring eingefaßt wird, wie dies bei besseren Zigarrenspitzen beliebt ist.

Die Metallringe werden in der Hauptsache aus vernickeltem oder vermessingtem Zinkblech auf automatischen Pressen als Massenartikel hergestellt. Sie haben u-förmigen Querschnitt laut Abb. 111. Für das Andrücken an den Wickel werden kleine Fußtrittpressen benutzt mit einfachen Andrückwerkzeugen. Ein solches stellt Abb. 112 dar. Der Ring wird auf die mit der weiten Öffnung nach oben zur Hand genommene Spitze aufgelegt und diese in das Gesenk g eingesteckt. Der Andrückstempel a wird kräftig in das Gesenk eingedrückt und preßt den Ring fest an den Wickelrand an. Für jede Spitzenweite gehört eine besondere Größe Ringe und ein besonderes Andrückwerkzeug, welches in die Trittpresse bequem auswechselbar eingesetzt wird.

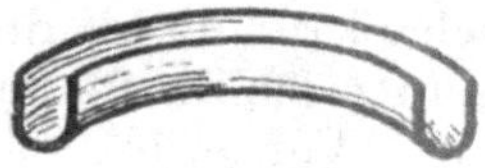

Abb. 111

Wenn auch der Papierspitze durch ihren Verwendungszweck die einfachste kegelförmige Gestalt gegeben ist, so ist diese Gestalt doch bereits eine Nachahmung der früher verwendeten Zigarrenspitze aus Holz und anderen Materialien. Es werden aber außer den geraden auch gebogene Formen nachgeahmt, und zwar nicht nur stumpfwinklig, sondern auch spitzwinklig (pfeifenförmig) gebogene.

Das Biegen ist ein einfacher Vorgang, erfordert aber eine gewisse Übung. Die Spitze wird zunächst, wie vorstehend beschrieben, *gerade*

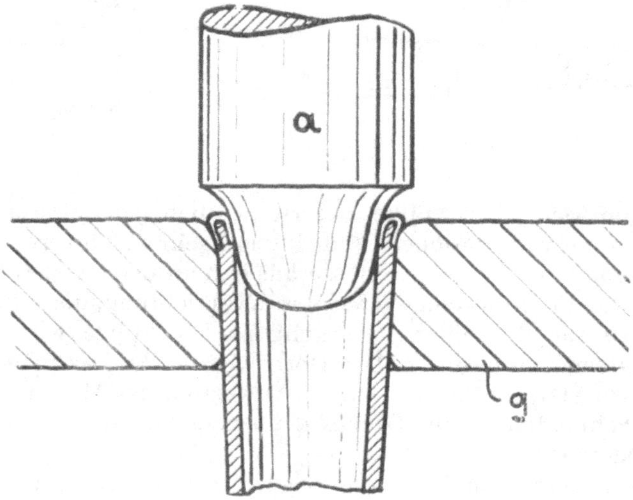

Abb. 112

hergestellt, nur wird für den Wickel besseres Papier verwendet, weil bei dem Biegen das Papier in der äußeren Krümmung stark auf Zug beansprucht wird und bei ungenügend fester Qualität leicht reißen kann. Die Spitze wird dann auf einen konischen Gummidorn aufgesteckt, der ihr Inneres ganz ausfüllt, und in einem Handapparat mit einem zweiteiligen gewärmten Gesenk aus Metall krumm geprägt (Abb. 113). Die Gesenkteile o und u sind in ihrer Prägefasson so ausgearbeitet, daß sie die Krümmung der Spitze ganz umschließen. Die Wärme, welche man kurze Zeit auf die Krümmung wirken läßt, bedingt es, daß sie „Stand“ bekommt und ihre Bogenform dauernd behält. Noch sauberer werden solche gebogenen Spitzen, wenn sie nach dem Vorprägen auf einem Gummidorn noch auf einem gebogenen Metalldorn ebenfalls zwischen Gesenken nachgeprägt werden.

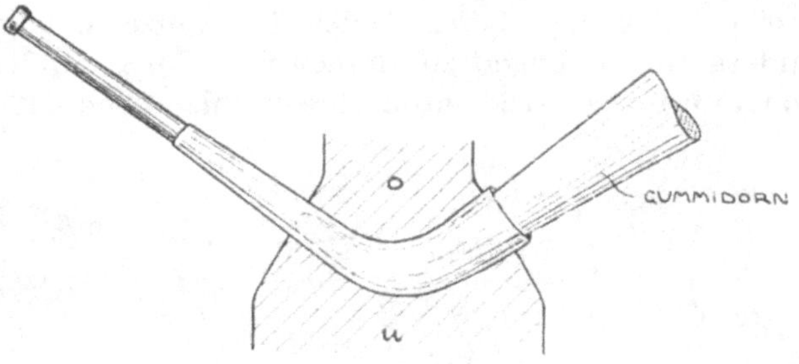

Abb. 113

Dieses Verfahren läßt sich jedoch nur bei solchen Spitzenformen anwenden, bei denen sich der gekrümmte Metalldorn in den bereits gebogenen Wickel der Spitze bequem einführen läßt. Bei stark spitzwinkligen Krümmungen und bei Krümmungen, die nach dem Ende in ein längeres gerades Stück auslaufen, muß man auf das „harte“ Nachprägen verzichten.

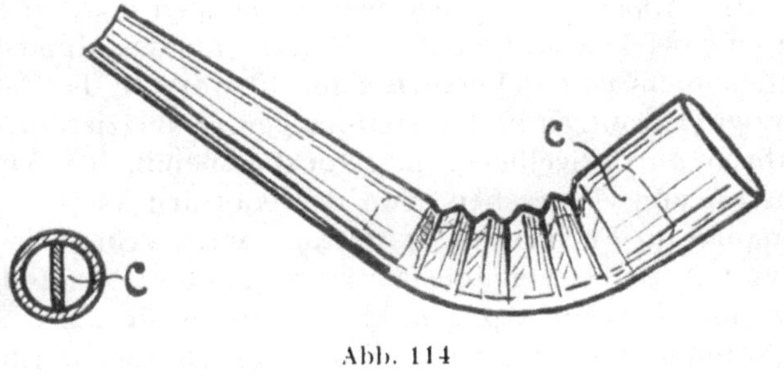

Abb. 114

Dieses Biegeverfahren ist durch DRP. geschützt. Ein anderes, ebenfalls patentiertes Verfahren besteht darin, in den zunächst gerade hergestellten Wickel auf einer besonderen Vorrichtung an der Biegestelle ringsherumgehende Querrillen einzuprägen. Die Spitze, hierdurch elastisch geworden, läßt sich dann ähnlich wie ein Ofenrohrknie aus Schwarzblech in gekrümmte Form bringen. Die Rillen werden nun mit Harz oder Leim ausgestrichen, die nach dem Erhärten der gebogenen Spitze ihre Form erhalten. Um den Stand zu erhöhen, wird in das Innere der Krümmung noch ein in Bogenform ausgestanztes Kartonstück (C, Abb. 114) eingesetzt, welches in der Krümmung des Rohres innen gewissermaßen eine Mittelwand bildet.

Eine von der vorstehend beschriebenen wesentlich abweichende Papierspitze ist in Abb. 115 in natürlicher Größe abgebildet (DRP.). Sie wird als Zigarrenspitze benutzt und besteht nur aus dünnem weißen Papier ohne Kiel. Der Kiel ist gewissermaßen ersetzt durch eine Paraffinierung des oberen Teiles der Spitze, die zugleich die übereinandergerollten Lagen zusammenhält. Ein besonderes Kleben oder Leimen erübrigt sich infolgedessen hier. Abb. 116 zeigt den

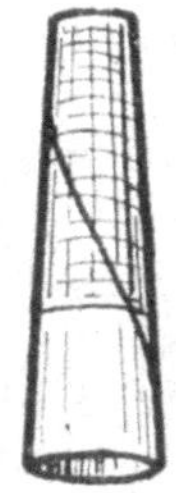

Abb. 115

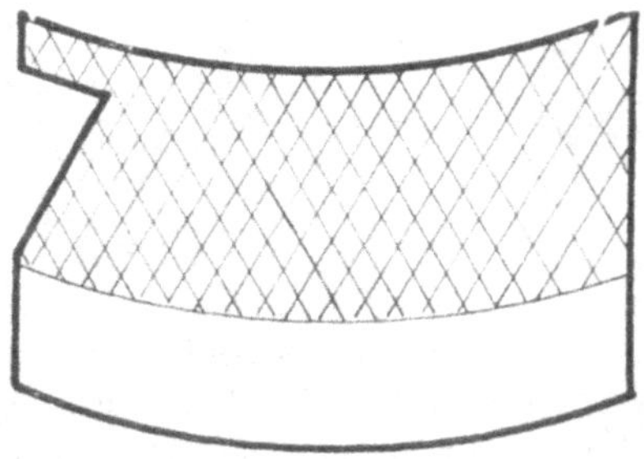

Abb. 116

flachen Papierschnitt dieser Spitze. Der Verlauf der Paraffinierung ist in demselben durch Schraffur angedeutet. Der oben links befindliche schmale Lappen wird innen an der obersten engsten Stelle der Spitze mit eingewickelt und dient als Versteifung des Mundstückes.

In Vorstehendem ist der Versuch gemacht worden, die Fabrikation der Papierzigarrenspitzen in den Hauptzügen zu skizzieren. Es würde zu weit führen, auf Einzelheiten und auf die unendlichen Variationen in der Ausführung einzugehen. Von der enormen Vielseitigkeit, die die Papierspitze in Form und Ausstattung zeigt, geben die umfangreichen Kataloge der einschlägigen Firmen ein beredtes Zeugnis.

Zigarren- und Zigarettenspitzen, kleine Hülsen für Garn, Seide und sämtliche Spinnereihülsen, ferner Fliegenfängerhülsen werden gegenwärtig auch auf Spezialmaschinen in großen Mengen hergestellt.

Einlegesohlen aus Papier und Pappe

Zu den Massenartikeln aus Pappe und Papier, die in ganz erheblich größeren Mengen verbraucht werden, als es bei oberflächlichem Betrachten der Fall zu sein scheint, gehören unzweifelhaft auch die Einlegesohlen. Von ihnen wird jedoch meist so gut wie gar nicht gesprochen und noch weniger geschrieben. Dies hat anscheinend seinen Grund darin, daß die Papier- oder Pappe-Einlegesohlen zu einfache Industrieerzeugnisse sind. Gewöhnlich werden derartige Massenartikel völlig übersehen. Warum sollte da schließlich die Einlegesohle eine rühmliche Ausnahme machen? Als Handelsartikel spielt sie aber bestimmt eine nicht zu unterschätzende Rolle; denn sie wird tatsächlich viel gekauft, vor allem auch von Kreisen, die einen besonderen Wert auf die Hygiene der Fußbekleidung legen und auf die sogenannten Dauereinlegesohlen deswegen gern verzichten. Weiter finden die aus Pappe oder Papier hergestellten Einlegesohlen auch in den Kreisen der minderbemittelten Bevölkerung eine recht gute Beachtung. Die Billigkeit ist heute aber keineswegs mehr der Hauptbeweggrund, daß das Publikum diese Sohlen in den Warenhäusern, Schuhgeschäften usw. ersteht, sondern es ist die gesteigerte Sauberkeit unseres Volkes, die wir erfreulicherweise feststellen können, und ebenso das Bestreben, die Körper in jeglicher Hinsicht möglichst zu stählen und die Gesundheit zu heben. Da kann man selbstverständlich auch nicht vor der Fußbekleidung Halt machen. Während nämlich andere Schuheinlegesohlen in sehr kurzer Zeit beim Benutzen im höchsten Grade unästhetisch, ja geradezu ungesund, um nicht zu sagen gesundheitsschädlich werden, weil sie schon ihres verhältnismäßig hohen Preises wegen zu selten erneuert werden können, dann aber alle menschlichen Ausdünstungen, schimmelbildende Feuchtigkeit usw. überreichlich in sich aufnehmen, ist dies bei den aus Pappe oder Papier hergestellten Einlegesohlen anders, weil man sie gewöhnlich schnell erneuert. Sie kosten ja nicht viel und werden einfach in den Ofen gesteckt, sobald ihr Äußeres unansehnlich geworden ist. Aus diesem Grunde allein schon sind sie unbedingt hygienisch einwandfreier und entschieden jeder anderen Sohlenart vorzuziehen. Ihre Erneuerung verschlingt nämlich nicht so viel Kosten als das — bekanntlich meist unterlassene — Säubern von Stoff-, Stroh- und sonstigen gleichartigen Erzeugnissen, die trotzdem auch dann noch nicht denselben Grad von Hygiene aufweisen könnten. Wir brauchen uns demnach über den größeren gesundheitlichen Wert der aus Pappe oder Papier fabrizierten Einlegesohlen gegenüber denjenigen aus anderem Material hier nicht weiter auszulassen.

Ihre Hauptabsatzgebiete sind, wie das in der Natur der Sache liegt, in erster Linie die Schuhwarengeschäfte, dann aber auch die Warenhäuser usw. In Massen zu vertreiben sind sie außerdem in Militär- und Arbeiterkantinen, und schließlich treffen wir sie noch im Hausier-, Markt- und Straßenhandel sehr häufig an. Ihr Preis ist je nach der Art ihrer Ausführung zwar sehr verschieden, in jedem Falle aber sehr billig. Am billigsten sind natürlich die ganz einfachen Stanzprodukte, die aus gewöhnlichen Pappen bestehen. Daß solche Sohlen nur dann wirklich lohnend sein können, wenn sie aus einer Massenfabrikation hervorgehen, bedarf wohl keiner Erläuterung. Sie eignen sich aber trotzdem nicht weniger als Nebenartikel oder als Füllarbeiten in auftragsruhigeren Zeiten. Ihre fabrikmäßige Erzeugung, als Nebenerwerbsquelle von manchen Schuhfabriken und Ledersohlenausstanzereien betrieben, bietet selbstverständlich auch den Kartonnagen- und verwandten Fabriken Gelegenheit zur Beschäftigung der Arbeiterschaft in stilleren Perioden bzw. zur gleichzeitigen vollen Ausnützung von Menschen- und Maschinenkräften. Die Einlegesohlenfabrikation hat nur einen Fehler, der indessen unschwer zu überwinden ist, daß sich bei ihr eine ganze Reihe von Schnitten nötig macht, die bekanntlich nicht zu den billigsten Werkzeugen zählen. Ohne Stanzeisenverwendung würde die Fabrikation von pappenen oder papierenen Einlegesohlen keinen Gewinn abwerfen können.

Das Ausstanzen erfolgt, wenn es sich um ganz einfache Sohlen handelt, in einem Arbeitsgange. Sofern es sich aber um Sohlen dreht, in die auch noch Luftzirkulations- und Schweißaufnahmelöcher hineingestanzt werden sollen, machen sich selbstredend zwei oder mehr Arbeitsgänge nötig. Die wiederholt versuchte Verbindung beider Stanzvorgänge in einem Hub mit kombinierten Eisen hat sich in der Praxis nicht bewährt, und die Fabrikanten sind deshalb schnell wieder davon abgekommen, weil sie zu oft verbogene Eisen aus den Pressen hervorholen mußten. Außerdem wurde immer eine viel exaktere Arbeit bei einem weit geringeren Materialverlust, ganz abgesehen von der besseren Schonung der Werkzeuge, erzielt, wenn man zuerst die Einlegesohlen selbst und dann die Löcher usw. in denselben stanzte.

In manchen Fällen ist die Arbeit bei der Herstellung von Einlegesohlen mit dem Ausstanzen jedoch noch nicht erledigt; denn die gewöhnlichen Sohlen aus gewöhnlichem Papier oder einfacher Pappe weisen bekanntlich eine sehr geringe Haltbarkeit auf, die überall dort, wo die Verbraucher mit leicht schweißigen Füßen behaftet sind, nicht ganz ihre Aufgabe erfüllen können. Die Sohlen müssen deshalb, will man bessere, dabei jedoch keineswegs nennenswert teurere Produkte liefern, gegen die Feuchtigkeit widerstandsfähiger gemacht werden. Hierzu dient das Präparieren, das auf die unterschiedlichste Art vorgenommen werden kann. Hat der Fabrikant für solchen Zweck billige Flüssigkeiten zur Verfügung, können die zum Ausstanzen bestimmten Pappen als Ganzes imprägniert werden. Meist wird sich ein derartiges Verfahren indessen wenig lohnen, nicht zuletzt auch dann, wenn die verwendeten Flüssigkeiten nachteilige Einwirkungen auf die Schärfe der Werkzeuge ausüben. Mehr oder weniger eignen sich zum Präparieren der Einlegesohlen fast alle bekannteren Wasserdichtmachungsverfahren. Von diesen seien hier jedoch einige der für unsere Zwecke bewährtesten Methoden angeführt. Man mischt Wasserglas mit Öl, setzt der Mischung geschmolzenes Wachs zu und verrührt das Gemisch solange, bis alles gut miteinander verbunden ist. Das Natron im Wasserglas führt hierbei eine innigere Verbindung des Wachses mit dem Öl herbei, was die Widerstandsfähigkeit der Pappe bzw. des Papieres erhöht. Als Öl eignet sich für den vorgesehenen Zweck am besten ein aus Pflanzen gewonnenes. Mineralische Öle soll man dagegen bei der Herstellung von Flüssigkeiten für das Wasserdichtmachen von Einlegesohlen weniger benutzen, da sie oftmals eine unerwünschte Verhärtung und damit gleichzeitig ein leichtes Brüchigwerden der Sohlen herbeiführen. Die mit pflanzlichen Ölen hergestellten Flüssigkeiten bzw. Imprägnierungsmassen, die das Papier und die Pappe geschmeidig erhalten, werden in geschmolzenem Zustande auf die beiden Seiten der Einlegesohlen aufgetragen, entweder von Hand mit dem Pinsel oder mit Hilfe von Maschinen, wozu im Notfalle sogar eine Anleimmaschine verwendet werden kann. Um dabei ein zu starkes Aufsaugen von Wachs zu verhüten, kann man zuvor die Sohlen zweckmäßig durch ein Bad von Öl ziehen.

Das andere bewährte Verfahren, das unseres Erachtens noch besser ist als das vorbeschriebene, aber noch nicht allgemein bekannt ist, besteht darin, daß man eine Mischung von Leim, Seife, Mehl, Salz und Wasser herstellt und die Sohlen darin badet. Erforderlich sind hierzu 9 l weiches, also kalkfreies Wasser, das bis zum Sieden erhitzt wird, und dem man darauf ¾ Pfund Leim und, wenn derselbe zergangen, ½ Pfund gute Schmierseife sowie 1 Pfund Mehl und ¼ Pfund Salz zusetzt. Das Ganze muß dann längere Zeit kochen und wird hierauf warm auf beide Seiten der Sohlen mit einem Pinsel aufgetragen, nachdem man zuvor die Papp- oder Papiersohlen in einer Alaunlösung gebadet hat. Selbstverständlich müssen die Sohlen nach diesem, wie überhaupt nach jedem Präparieren wieder geglättet werden, was am besten in noch etwas feuchtem Zustande unter dem starken Drucke einer Presse lagenweise vorgenommen wird.

An Mitteln zum Wasserdichtmachen von Pappen und Papieren haben wir heute ja ganz und gar keinen Mangel mehr. Bei der Anwendung solcher Mittel muß aber stets darauf geachtet werden, daß sie die Einlegesohlen nicht etwa, wie dies mitunter geschieht, manchmal allerdings auch erst nach längerem Lagern, hart und damit zugleich auch meist leicht zerbrechlich machen, sondern, daß die Sohlen unbedingt ihre Elastizität bewahren, womöglich noch elastischer werden, als die Materialien sind. In den weitaus meisten Fällen werden die Einlegesohlen aus Pappe bzw. Papier auch nur dem bekannten einfachsten Paraffinierverfahren unterworfen, das schließlich ebenfalls vollauf genügt.

Hierzu sei indessen bemerkt, daß alle präparierten Einlegesohlen den starken Schweißfüßen natürlich nicht gerade nützlich sind, weil sie ja immer bis zu einem wesentlichen Grade die Saugkraft der

Sohlen unterbinden. Vom rein gesundheitlichen Standpunkte aus betrachtet, sind für solche Füße demnach Einlegesohlen aus saugfähigerem Material immer die besten, nur müssen sie dann selbstverständlich sehr oft, gewöhnlich jeden Tag erneuert werden.

Als Material für Einlegesohlen ohne besondere Ausstattung eignet sich am besten eine Pappe, die zähe, nicht zu rauh, leicht biegsam und ungefähr 1,20 mm stark ist. Lederpappe ist zweifellos die vorteilhafteste. Ungeeignet sind dagegen die Strohpappen und andere Pappen, die gegen Bruch nicht widerstandsfähig genug sind. Werden die Einlegesohlen aber überzogen, was vielfach geschieht, kann man schon zu einer geringeren Pappenqualität greifen, ohne daß man Gefahr laufen müßte, die Abnehmer bzw. die Verbraucher der so hergestellten Sohlen als Kunden zu verlieren. Das Beziehen geschieht mit einem Klebstoff, der von dem warmen Fußschweiß oder der in das Schuhwerk eindringenden Feuchtigkeit bzw. der Fußwärme nicht zur Auflösung gebracht wird. Hierauf ist jedenfalls das Augenmerk zu richten. Häufig verwendet man zu überzogenen Einlegesohlen allerdings Wiener Papp. Diesem Klebstoff möchten wir indessen doch nicht das Wort reden. Sobald sich nämlich eine gewisse Feuchtigkeit im Schuhwerk angesammelt hat, tritt die Lösung des Wiener Papp ein, er dringt durch den Bezugsstoff und führt in unangenehmer Weise zum Übertragen des klebenden Materials auf die Strümpfe usw. Zum Aufkleben (Überziehen) können alle möglichen Abfallstoffe, wie Zellstoff, Schirting, Leinen usw., sowie auch Reste von gegerbten Fellen usw. benutzt werden. Die mit Stoffen überzogenen Einlegesohlen, ausgenommen die mit Fellwerk versehenen, können ebenfalls mit Schweißaufsaug- oder Luftzirkulationslöchern versehen werden. Wer dann noch ein übriges bei den bezogenen Einlegesohlen tun will, kann sie mit dünnem Band einfassen lassen, was indessen unseres Erachtens gerade mit Rücksicht auf den erstrebten Zweck des öfteren Erneuerns der Sohlen überflüssig sein dürfte, zumal dieses Randeinfassen ja auch noch verteuernd wirkt. Der hygienische Wert einer Einlegesohle ist schließlich nicht die sehr lange Haltbarkeit, sondern eben das oftmalige Ersetzen, sonst wäre ja eine sehr haltbare Filzsohle wohl die beste. Eine Sohle im Schuhwerk, die den Anforderungen der Gesundheits- und Körperpflege gerecht werden soll, darf überhaupt nicht lange darin bleiben, sondern soll immer möglichst schnell wieder ausgewechselt werden. Das ist der Zweck, den die einfachste Einlegesohle aus Pappe oder Papier am allerbesten erfüllt.

Neben den Pappe-Einlegesohlen werden auch solche aus Papier hergestellt. Diese, aus mehreren Lagen zähen, biegsamen und saugfähigen Papiers zusammengeleimten Sohlen haben vor den Pappsohlen sogar das Gute voraus, daß sie gewöhnlich nicht nur besser den Schweiß und die sonstige Feuchtigkeit im Inneren der Fußbekleidung aufsaugen, sondern im Winter auch wesentlich mehr wärmen, ohne dabei, wie man annehmen könnte, in ihrer Haltbarkeit geringer zu sein. Gute schweißfeste Einlegesohlen dieser Art werden aus zwei, drei oder mehr Bahnen Papier hergestellt, von denen die erste mit Chromleim, die mittlere auf der Oberseite mit Stärkekleister und die weitere auf der oberen Seite mit Stearin bestrichen wird. Alle Papierbahnen werden unter Walzendruck innigst verbunden, darauf auf der mit Chromleim bestrichenen Seite belichtet und durch warme Walzen getrieben, in Bogen zerteilt, in einer hydraulischen Presse unter 500 000 bis 600 000 kg Druck genommen und bei 35 ° C getrocknet, worauf das Ausstanzen der einzelnen Sohlen vor sich gehen kann.

Die Einlegesohlen, zu denen derartig behandeltes Papier benutzt wird, sind ungemein haltbar. Sie erübrigen außerdem jede andere Imprägnierungsmethode. Man kann sie als die bisher vorteilhaftesten und dabei doch billigsten Einlegesohlen bezeichnen. Die für solche Zwecke hergestellten Papierbogen sind im Handel zu haben, so daß also auch kleinere Betriebe die Fabrikation dieser zweckmäßigen Sohlen vornehmen können.

Für die einfachsten Gebrauchszwecke genügen aber bereits die einfachsten ausgestanzten Pappe-Einlegesohlen aus haltbarerem Material und ausgiebig durchlöchert vollauf. Auch sie wärmen in der kalten Jahreszeit und sind in gesundheitlicher Beziehung hundertmal besser als alle sonstigen aus Filz, Stroh, Geweben usw. hergestellten Erzeugnisse.

Die Herstellung von Element- und Batteriehülsen

Die Maschine, die ein Arbeitsgebiet nach dem anderen erobert, hat auch Eingang in der Fabrikation von Element- und Batteriehülsen gefunden, die bisher durchweg Heimarbeit war. Der Erfolg ist ohne Zweifel ein durchschlagender, und man kann ruhig sagen, daß dadurch in der Elementhülsenherstellung eine neue Epoche eingeleitet wurde. Die Maschinenhülse, wie sie in Fachkreisen allgemein genannt wird, verdrängt die von Hand gearbeitete Hülse immer mehr und mehr, und es gibt wohl nur wenige Batteriefabriken von Ruf, die nicht der Maschinenhülse gegenüber der Handhülse den Vorzug geben. Diese Erscheinung ist vollkommen verständlich, wenn man sich vor Augen hält, daß die Maschinenhülse nicht nur billiger ist, sondern auch gleichmäßiger in der Form und schöner im Aussehen. Nachstehend geben wir eine kurze Beschreibung dieses neuen maschinellen Arbeitsverfahrens.

Man unterscheidet zwei Arten von Elementhülsen, solche *mit* und solche *ohne* Bodenetikett. In beiden Fällen kommen die gleichen Maschinen zur Anwendung. Die häufigere ist allerdings die Herstellung der Hülsen ohne Etikett, da das Aussehen und die Haltbarkeit den Hülsen mit Etikett ebenbürtig ist, der Preis aber geringer. Aus diesem Grunde werden wir daher auch zuerst die Fabrikation von Hülsen ohne Etikett, die übrigens, wie so viele andere in der Kartonnagenindustrie übliche Arbeitsverfahren, von der Sächsischen Cartonnagen-Maschinen A.-G., Dresden, vorgeschlagen wurde, beschreiben.

Elementhülsen ohne Bodenetikett bestehen aus der Zarge a und dem Boden b, die durch Umbördeln des Hülsenrandes c und Ankleben desselben an den gummierten Boden b zur fertigen Hülse geschlossen werden (Abb. 117).

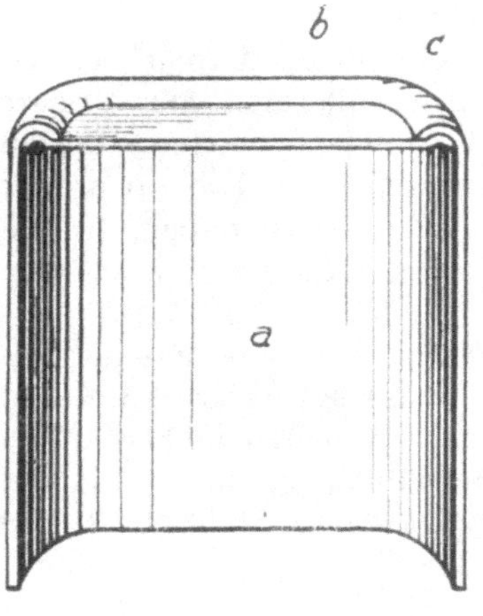

Abb. 117

Die Herstellung ist folgende:

a) Die Herstellung der Zargen

Die Pappbogen (zur Verarbeitung kommt in der Regel Duplexkarton von 0,3 mm Stärke) werden zunächst nach der Auflage mit Pappenscheren, Kreisscheren oder Schneidemaschinen in rechteckige Zuschnitte zerschnitten (Abb. 118) und anschließend hieran an dem einen Rand (in Abb. 118 gestrichelt) auf einem Kantenanleimer mit Klebstoff versehen. Die gummierten Zuschnitte werden zum Trocknen ausgelegt, um dann später auf einer Friktionspresse (F R II oder F R III) zu fertigen Hülsen geschlossen und gleichzeitig kalibriert zu werden. Damit eine möglichst hohe Leistung erreicht wird, werden die hierzu dienenden Friktionspressen mit einer sogenannten Pendelvorrichtung (D.R.P.) ausgerüstet, die bewirkt, daß der Pressenstößel sich ununterbrochen auf und ab bewegt. Des weiteren werden die Pressen mit Mehrfachwerkzeugen ausgerüstet, und zwar die F R II mit 2 (Abb. 119), die F R III mit 4 solchen Werkzeugen. Die Dorne dieser Werkzeuge sind an einer bis über den Maschinentisch hinausgehenden Platte befestigt und arbeiten mit den ebenfalls auf einer über den Maschinentisch vorstehenden Platte befestigten und geheizten Werkzeugunterteilen mit durchgehender Zugbüchse zusammen. Die Dorne sind so tief eingestellt bzw. be-

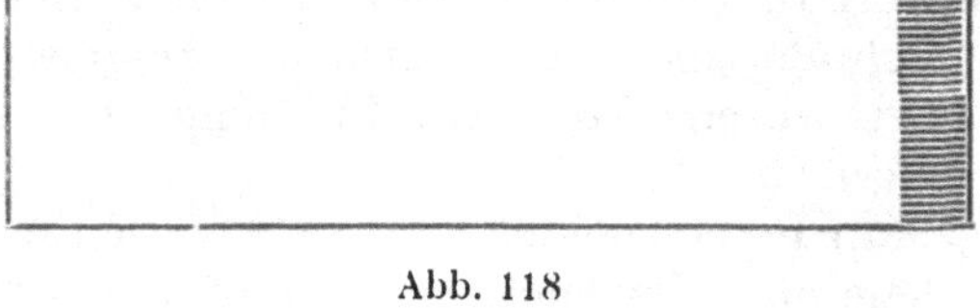
Abb. 118

sitzen eine solche Länge, daß sie auch in höchster Stößelstellung sich noch in der Zugbüchse der Werkzeugunterteile befinden.

Abb. 119

Vor jedem Dorn sitzt ein Mädchen (bei F R II im ganzen also 2, bei F R III 4), das vor jeder Stößelabwärtsbewegung einen Hülsenzuschnitt überlappt um den Dorn legt (Abb. 120) und ihn dann so weit nach abwärts schiebt, daß er vom Dorn in die Form gezogen werden kann (Abb. 121), wobei das Schließen und Kalibrieren der Hülsen erfolgt. Während des Stößelhochganges wird die fertige Hülse vom Dorn selbsttätig abgestrichen und fällt nach unten aus der Maschine heraus in einen hierfür aufzustellenden Sammelbehälter (Korb oder dgl.).

Das Arbeiten an den Pressen ist spielend einfach. In ganz kurzer Zeit haben sich die Mädchen die nötigen Handgriffe angeeignet und stellen dann stündlich bei Doppelwerkzeug 2000 bis 2400, bei dreifachem Werkzeug 4000 bis 4800 Hülsenzargen sauber geschlossen und kalibriert her.

Abb. 120

Abb. 121

b) Die Herstellung der Böden

Die Pappenbogen, aus denen die Böden gestanzt werden (als Material hierfür kommt in der Regel Graupappe von 0,8 bis 1,0 mm Stärke in Frage), werden auf einer bekannten Anleimmaschine auf ihrer ganzen Fläche mit einem farblosen Spezialleim gummiert und dann in bekannter Weise in Hürden oder dgl. zum Trocknen ausgelegt, Die getrockneten Bogen werden dann in Streifen zerschnitten und aus diesen dann die Bödenzuschnitte auf einer Exzenterpresse oder dgl. mit Mehrfachwerkzeug ausgestanzt. Es können stündlich mit einem Dreifachwerkzeug etwa 9000 Böden ausgestanzt werden.

c) Das Formen der Hülsen

Das Verbinden von Zargen und Böden untereinander und das Fertigformen der Hülsen erfolgt auf einem Drehtisch in Spezialausführung lt. Abb. 122. Das vor der Maschine sitzende Mädchen setzt auf die Werkzeugkerne des absatzweise geschalteten Drehtisches die geschlossenen und kalibrierten Hülsenzargen auf und legt dabei gleichzeitig einen Boden mit ein. Durch den Formstempel, der geheizt ist, erfolgt dann das Umbördeln der Zarge und das Aufpressen und Ankleben dieses umgebördelten Randes auf den Boden. Damit der auch außerhalb der Umbördelung sich lösende Leim den Oberstempel nicht verschmiert bzw. die fertigen Hülsen beim Stößelhochgang nicht hängenbleiben, sind die Kerne (Unterteile) derart ausgespart, daß der innerhalb der Umbördelung liegende Teil des Bodens keinen Druck erhält.

Abb. 122

Die fertigen Hülsen werden selbsttätig aus der Maschine ausgeworfen. Es geschieht dies in der Weise, daß ein über den Werkzeugkern gesteckter Abheberahmen mit drehbar gelagertem Doppelhebel, dessen äußerer Arm eine Rolle trägt, durch eine vorgesehene Kurve, gegen welche die Rolle läuft, angehoben und dabei auch die fertige Hülse vom Kern abgezogen und bis über diesen angehoben wird. Ein seitlicher, federnder Auswerfer wirft die angehobene Hülse von dem Rahmen herab. Die Hülse fällt auf ein schräges Blech und gleitet auf diesem dem Sammelkorb zu. Es können stündlich 1200—1400 Elementhülsen ohne Etikett hergestellt werden.

Sollen Hülsen mit Etikett hergestellt werden, sind die Werkzeuge in Spezialausführung hierfür zu bestellen. Es können aber auch Werkzeuge für beide Arbeitsmethoden eingerichtet geliefert werden. In diesem Falle werden zu den Unterteilen einschraubbare Einsatzstücke mitgeliefert, die, nachdem sie auf die Kerne aufgeschraubt wurden, bewirken, daß nunmehr der Oberstempel auch innerhalb der Randwulst preßt. Im übrigen besitzen in beiden Fällen die Werkzeugunterteile federnde Anlegerahmen für die Bodenetiketten, und die Hebel der Abheberahmen sind geteilt angeordnet (die Maschine in Abb. 122 ist mit solchen Werkzeugen ausgerüstet), und zwar so, daß der nach außen ragende Hebelarm lose auf der als Drehpunkt dienenden Achse sitzt und durch eine Feder gegen den fest mit dieser Achse verbundenen Teil gedrückt wird, wobei eine Art Klauenkuppelung die entsprechende Verbindung herstellt (D.R.P. angemeldet).

Abb. 123. Prägeautomat XAR zur Herstellung von Stabbatteriehülsen

Das Formen der Hülsen erfolgt bei zweimaligem Rundgange des Drehtisches. Im ersten erfolgt das Umbördeln des oberen Zargenrandes auf den Boden, wie schon oben beschrieben. Damit die Hülse nun nicht ausgeworfen wird, wird der äußere Hebel zunächst soweit nach seitwärts gedrückt, bis die Verbindung der Kuppelung gelöst ist, und dann weiter nach abwärts heruntergelegt, so daß er beim Durchlaufen der Kurve diese nicht berührt und den Rahmen infolgedessen auch nicht hochheben kann. Die Hülsen bleiben auf dem Kern, und das vor der Maschine sitzende Mädchen legt während dieses zweiten Rundganges auf die so vorgeformte Hülse das Etikett auf, das in diesem Falle den Klebstoff trägt, während der Boden ungummiert zur Verarbeitung kommen kann, und rückt gleichzeitig durch Anheben des äußeren Hebelarmes die Kuppelung des Auswerfrahmengestänges ein (Abb. 122). Nach dem Überziehen in der Presse erfolgt dann in bekannter Weise das Auswerfen der fertigen Hülse. Da in diesem Falle jede Hülse 2 Rundgänge ausführt, können stündlich nur 600—700 Hülsen, also nur die Hälfte gegenüber der zuerst beschriebenen Fabrikationsmethode hergestellt werden.

Bei den soeben beschriebenen Arbeitsmethoden handelt es sich um die Herstellung von sogenannten ovalen Elementhülsen. In ähnlicher Weise geht auch die Herstellung von runden Element- und Anodenbatteriehülsen vor sich. In der Regel bestehen solche Rundhülsen aus einer 4- bis 5fach gewickelten oder überlappt geschlossenen und kalibrierten Zarge aus Papier (Wandstärke je nach dem zur Verwendung kommenden Papier 0,8 bis 1,5, Zargenhöhe etwa 60 mm, Innendurchmesser 19,5 oder 20,5 mm), deren oberer Rand umgerollt wird (Umrollung etwa 4 mm), mit eingesetztem Boden aus Grau- oder Lederpappe von etwa 1 mm Stärke. Abb. 124 zeigt die Einzelteile für eine solche Hülse sowie die fertige Batteriehülse im Querschnitt. Da es sich um einen verhältnismäßig kleinen Durchmesser handelte, wurde der Drehtisch mit 4 Werkzeugunterteilen mit je 2 Kernen und einem entsprechend ausgebildeten Oberstempel ausgerüstet (D.R.P. angemeldet). Ferner ist vorgesehen eine Vorrichtung zum selbsttätigen Einsetzen der Böden in die aufgesteckten Hülsen und eine selbsttätig wirkende Auswerfvorrichtung.

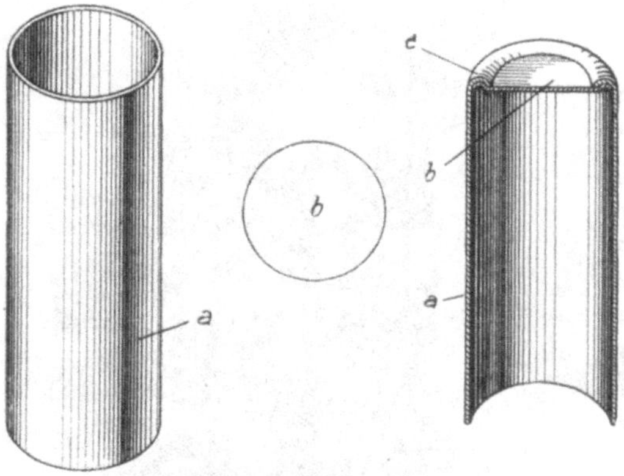

Abb. 124. Batteriehülsen

Die Arbeitsweise ist im übrigen ähnlich wie für ovale Hülsen. Die gewickelten oder, wenn stärkeres Material, als eingangs angegeben, verwendet wurde, überlappt geschlossenen Hülsenzargen werden von dem an der Maschine sitzenden Mädchen auf die Kerne der absatzweise geschalteten Werkzeugunterteile gesteckt und im Verlaufe der nächsten Schaltung bis zur Aufgabevorrichtung für die Böden befördert, wo sie mit Bodenscheiben beschickt werden. Diese Bodenscheiben befinden sich in langen Röhren von entsprechendem Durchmesser und sind ein- oder, was noch zweckmäßiger ist, doppelseitig mit farblosem

Klebstoff beleimt (im letzteren Falle brauchen die Scheiben nach dem Stanzen nicht sortiert zu werden, was eine große Zeitersparnis bedeutet; das Beleimen erfolgt in der Anleimmaschine durch Auftragen von Klebstoff vor dem Ausstanzen). Ein hin und her gehender Doppelschieber, der durch den Pressenstößel entsprechend gesteuert wird, nimmt jeweils die untersten Scheiben aus diesen Röhren und befördert sie bis über die Hülsen. Zwei Stempel, die durch den Pressenstößel auf und ab bewegt werden und federnd gelagert sind, setzen die Böden in die oben offenen Hülsen ein. Ist dies geschehen, so erfolgt eine neue Schaltung des Tisches, und die mit Hülsen und Böden beschickten Werkzeuge gelangen unter das geheizte Oberwerkzeug, welches das Umrollen der Hülsenränder, das Einkleben, Verpressen und Prägen des Bodens besorgt. Die fertigen Hülsen werden im Verlaufe der nächsten Schaltung bis zur Auswerfvorrichtung befördert und ausgeworfen, indem der Auswerfrahmen die Hülsen in der bereits oben beschriebenen Weise bis über die Kerne hebt und auswirft.

Da die Bodenscheiben in die Hülsen selbsttätig eingesetzt werden, kann die Bedienungsperson die volle Maschinenleistung ausnutzen und stündlich bis zu 2800 solcher Hülsen herstellen.

Imprägnieren von Pappelementbechern [1])

Pappelementbecher, wie solche vielfach für die Trockenelemente, auch für solche der Taschenlampenbatterien, angewandt werden, kann man auf verschiedene Weise imprägnieren, um sie gegen Eindringen von Flüssigkeit von innen nach außen zu schützen. Die beste Imprägnierungsart ist diejenige mittels sogenannten Asphaltlackes, eines Steinkohlenproduktes, welches sich fast neutral verhält. Bekanntlich sind diese Art Elemente meist mit Sägespänen usw. gefüllt, welche mit verdünnter Chromsäure benetzt sind; darin steht der Kohle- und Zinkstab. Die Lack- und Imprägniermittelfabrik von Foll & Co. in Nerchau i. Sa. erzeugt meines Wissens derartige Lacke. Es wird indessen gut sein, vorher festzustellen, mit welchen Flüssigkeiten die Imprägnierung in den Pappelementen in Berührung kommt. Je nachdem kann, um vorzeitigen Zerstörungen der Imprägnierschicht vorzubeugen, der entsprechende geeignete Lackanstrich zusammengesetzt und angewandt werden. Die Art der Flüssigkeit ist der Lackfabrik mitzuteilen.

Das Herstellen von Rollen und Hülsen aus Papier

Rollen und Hülsen aus Papier werden in den verschiedensten Zweigen der Industrie in großen Mengen gebraucht. Im allgemeinen handelt

[1]) Nach einer Fragekastennotiz in der Kartonnagen-Zeitung, Dresden.

es sich dabei im weiteren Sinne auch um Verpackungsmittel, bei den Rollen, um den Gegenständen einen äußeren Schutz zu verleihen, bei den Hülsen, um sie darauf zu wickeln (Garne und ähnliche Erzeugnisse). Daraus wieder ergibt sich nun, daß diese Erzeugnisse der Kartonnagenindustrie sehr billig und wohlfeil sein müssen, denn ein Verpackungsmittel, noch dazu, wenn es wie in diesen Fällen nicht Luxuszwecken dient, muß billig, sehr billig sein, damit es die Ware nicht verteuert. Es muß aber auch noch andere Bedingungen erfüllen, die sich aus dem weiteren Verlauf der Abhandlung ergeben und die mitunter wieder zur Wohlfeilheit in einem schweren Gegensatz stehen.

Die Verwendungszwecke dieser Erzeugnisse der Kartonnagenindustrie sind nun so außerordentlich vielseitig und beeinflussen auch im höchsten Maße wieder die verwendbaren Rohstoffe, also das Papier und den Leim. Es sei da nur z. B. an Hülsen und Spulen für die Zwecke der Textilindustrie errinnert, die außer großer Gleichmäßigkeit und Wohlfeilheit, denn sie werden zu Millionen gebraucht, vor allen Dingen in sehr vielen Fällen noch gewisse chemische Eigenschaften haben oder vielmehr nicht haben sollen. Diese Spulen, die in den meisten Fällen farbig verlangt werden, dürfen nicht abfärben und auch sonst keine chemischen Einwirkungen auf das Garn ausüben, das auf sie aufgewickelt werden soll. Die Farbechtheit kann sich nun wieder auf verschiedene ganz spezielle Anforderungen beziehen. Häufig z. B. genügt es vollkommen, wenn die Farbe nicht abfärbt, wenn das trockene Garn aufgewickelt wird, eine Anforderung, die sehr leicht zu befriedigen ist, dann wieder wird verlangt, daß ein Abfärben der Hülsen bei Feuchtigkeit nicht eintritt, das macht schon mehr Schwierigkeiten, ist aber immer noch sehr leicht zu erreichen; in anderen Fällen wieder darf ein Abfärben auch nicht bei der Einwirkung von Dampf eintreten, was die höchsten Anforderungen stellt. Ähnlich verhält es sich mit anderen chemischen Einflüssen, die sich namentlich durch Chlor- oder Säuregehalt des Papieres ergeben können. In allen Fällen ist es von Vorteil, wenn man dem Rohpapierlieferanten klipp und klar den Verwendungszweck des Papieres und die verlangten Eigenschaften mitteilt.

Im allgemeinen sind ja sonst an die Rohpapiere keine besonderen Anforderungen zu stellen, wenn sie nur diesen beiden wichtigsten aufgeführten entsprechen. Natürlich werden teure Papiersorten stets ausschalten müssen, da sie eben den Preis der Hülsen, Spulen und Rollen stark beeinflussen. Harte Papiere wird man allerdings nicht gut verwenden können, da sie wenig klebfähig sind, das gleiche gilt im allgemeinen auch von zu stark satinierten Papieren. Die Papierindustrie liefert für die besonderen Zwecke auch besondere Rohpapiere, die allen Anforderungen vollauf genügen, es ist nur Sache des Kartonnagenfabrikanten, daß er den Lieferanten auch genau über den Verwendungszweck unterrichtet.

Das Rohpapier soll auch kein zu großes Quadratmetergewicht haben, über etwa 70 g/qm sollte man möglichst nicht gehen; wenn auch dünnere Papiere einen höheren Aufwand an Leim verursachen, so haben sie doch den mitunter sehr großen Vorteil, festere und klanghartere Hülsen zu ergeben. Man wird dann auch oft an Papier sparen können, da man dünnere Wandstärken wählen kann.

Einen großen Einfluß auf den späteren Verwendungszweck hat natürlich auch der zum Kleben der Rollen, Hülsen und Spulen verwendete Leim oder Kleister, der bei aller seiner Eignung für die besonderen Klebmaschinen, denn nur solche können für eine wirtschaftliche Herstellung dieser Erzeugnisse im Großbetrieb in Frage kommen, auch vielfach anderen Bedingungen entsprechen muß, also vor allen Dingen keine chemischen Einflüsse ausüben darf. Wie wichtig gerade diese Eigenschaft werden kann, wird jedem Kartonnagenfabrikanten hinlänglich bekannt sein, der sich mit der Herstellung solcher Erzeugnisse der Kartonnagenindustrie beschäftigt. Aber auch hier sind die Fabrikanten der Klebstoffe in der Lage, das richtige zu liefern, wenn ihnen vom Bezieher der Verwendungszweck und die Anforderungen mitgeteilt werden.

Wie schon erwähnt, kann nun die Erzeugung von Spulen, Hülsen und Rollen aus Papier nur wirtschaftlich und gewinnbringend sein, wenn man außer den geeigneten und dabei auch wohlfeilen Rohstoffen besonders leistungsfähige Spezialmaschinen verwendet.

Für die Herstellung von schweren konischen Hülsen, sogenannten Ringhülsen, Kannetten, Rabettspulen und Schußspulen für die Textilindustrie, die alle in sehr großen Mengen gebraucht werden und billig sein müssen, verwendet man vorteilhaft Papierhülsenwickelmaschinen mit kleinem Kopfhebeldruckpreßwerk. Man kann diese Maschinen auch mit Vorteil zur Herstellung von zylindrischen Hülsen, sogenannten Kreuzspulenhülsen, verwenden. Diese Maschinen werden mit Exzenterantrieb ausgerüstet, der einen leichten und stoßfreien Gang und ein sicheres Arbeiten zusichert. Die minutliche Leistung der Maschinen beträgt je nach der Größe des Modelles bis zu 25 Hülsen von einer Länge von 100 bis 240 mm und mit einem größten Hülsendurchmesser von 50 mm.

Für leichte konische Ring- oder Durchhülsen mit geschabter Naht verwendet man vorteilhaft eine doppelspindlich arbeitende Papierhülsenwickelmaschine, die mit Druckautomat ausgerüstet ist. Die Leistung dieser Maschine, die ebenfalls mit dem bei der vorbeschriebenen Maschine erwähnten Exzenterantrieb mit seinen Vorteilen ausgerüstet ist, beträgt in der Minute etwa 70 Hülsen bei einer Länge von 100 bis 230 mm.

Vigognespulen, sogenannte Durchspulen, werden vorteilhaft mit ungeschabter Naht auf doppelspindligen Papierhülsenwickelmaschinen hergestellt, die in der Minute bis zu 60 Hülsen liefern.

Auch für die verschiedenartigen Hülsen für Jagdpatronen, Fliegenfänger, Kreuzspulen, Verpackungszwecke u. dgl. benutzt man Papierhülsenwickelmaschinen, die dem besonderen Zweck angepaßt sind. Diese Maschinen sind mit präzisen Kniehebeldruckpressen ausgerüstet und versehen die Hülsen gleichzeitig mit einem schönen und sauberen Druck. Die Leistung beträgt in der Minute 20—25 Hülsen bei einer Länge von 80 bis 240 mm und einem größten Hülsendurchmesser bis zu 50 mm. Durch einen besonderen Exzenterantrieb wird ein leichter, stoßfreier Gang der Maschine und ein sicheres Arbeiten erzielt. Man kann diese Maschinen auch mit einer Hülsenteilvorrichtung versehen, welche die bis zu 220 mm Länge gewickelten Hülsen gleichzeitig auf der Maschine in 2—5 Teile zerteilt. Diese Einrichtung ist von besonderer Bedeutung für Fliegenfängerhülsen und Jagdpatronenhülsen. Man kann damit in der Minute bis zu 100 bedruckten Hülsen liefern. Das nachträgliche Etikettieren und Zerteilen der Hülsen kommt somit in Wegfall, was auf die Erzeugung ganz besonders verbilligend einwirkt.

Besondere Maschinen verwendet man zum Wickeln von Hülsen von Papier in Formaten. Diese halbautomatischen Wickelmaschinen können aber auch zum Aufwickeln von Konussen und Ringen auf automatisch gewickelte Hülsen verwendet werden. Man kann diese Maschinen aber auch mit einer Vorrichtung zum Abstechen und Rillen der Hülsen versehen. Die größte Hülsenlänge beträgt 300 mm, der größte Hülsendurchmesser 80 mm.

Zur Vorbereitung des Rollenpapieres, das in solchen automatischen Wickelmaschinen verarbeitet werden soll, gehören vor allen Dingen die Papierrollenschärfmaschinen. Mit diesen Maschinen werden die Papierrollen auf einer oder auf beiden Seiten angeschärft, bevor sie in der Wickelmaschine verarbeitet werden, damit der äußere Schluß der Hülsen gleichmäßig verläuft und gut klebt. Die Maschinen können ein- oder zweiseitig geliefert werden, die Leistung einer Maschine ist für 4—8 Wickelmaschinen ausreichend. Das Einstellen der Schärfwalzen bis zum feinsten Schnitt ist äußerst einfach und kann auch von wenig geübten Leuten schnellstens vorgenommen werden.

Für Spulen für die Textilindustrie, z. B. Selfaktor- und Ringdrosselspulen, die sehr billig sein müssen, wird oft die Leistungsfähigkeit dieser Maschinen nicht genügen, hier verwendet man dann Schnellläuferhülsenwickelmaschinen, die mit zwei Spindeln arbeiten und in der Minute über 100 Stück solcher Spulen herstellen. Diese Maschinen arbeiten natürlich, wie alle schnellaufenden und leistungsfähigen Maschinen dieser Art, von Rollen. Der Antrieb erfolgt durch zwangläufig rotierende Kreisscheiben, deren Kurven die erforderlichen Ruhepausen zum Greifen und Abgeben des Papierblattes bewerkstelligen. Das Steuergestänge ist unmittelbar mit den Exzenterringen verbunden, wodurch ein sehr ruhiger Gang der Maschine erzielt wird. Diese Anordnung hat außerdem noch den Vorteil der Kraftersparnis und des rascheren Ganges der Maschine. Die Papierzuführung erfolgt von einer über der Maschine angeordneten Rolle aus durch drei übereinander gelagerte Vorschubwalzen, die schräg zu den Wickelspindeln stehen und nach Bedarf gedreht werden können. Das Papierblatt wird in beide Spindeln von hinten eingezogen und kommt trocken in die Wickelspindeln. Erst bei Beginn der Wicklung wird der Kleister durch einen Auftrager an die sich bildenden Hülsen gebracht. Das Abstoßen der fertigen Hülsen von den Spindeln erfolgt durch eine von Zahnstangen und Zahnrädern angetriebene Abstreifvorrichtung. Der Abfall an Papier ist bei der Maschine auf ein ganz geringes Maß beschränkt. Die fertigen Hülsen fallen nicht unter die Maschine, sondern werden zu deren beiden Seiten ausgeworfen, wodurch eine bessere Übersicht ermöglicht ist und Ausschußhülsen sofort ausgeschieden werden können. Ein Sortieren der Hülsen nach dem Trocknen ist also nicht notwendig, sie können vielmehr direkt von der Trockenanlage in Versandkisten verpackt werden. Das Einstellen der Maschine auf die richtige Lochweite der Hülsen erfolgt nicht durch Verstellung der Spindellager, sondern durch eine einfache Stellspindel im Gestänge der Zangenführung.

Für lange und starke Hülsen und Rollen, wie sie namentlich zu Verpackungszwecken verwendet werden, kommt eine besondere Maschine in Frage, die sich durch große Einfachheit auszeichnet und dabei doch eine große Leistung aufweist. Auch diese Maschine arbeitet von der Rolle, trägt den Kleister selbsttätig auf und wickelt das Papier um eine verjüngbare Wickelwelle. Das Abschneiden der Bahn erfolgt von Hand. Die Hülsen sind eisenfest gewickelt und lassen sich leicht von der Spindel abziehen. Durch auswechselbare Spindeln kann man auf ihr Hülsen verschiedener Durchmesser herstellen, und zwar in Längen bis zu 1400 mm.

Hilfsstoffe in der Pappen- und Papierverarbeitung zur Veredelung und Ausstattung von Handelsartikeln

Über Kunstleder

Kunstleder ist heute durchaus nicht mehr in dem Maße wie früher als ein Ersatzstoff zu betrachten, sondern stellt in den meisten Fällen einen durchaus selbständigen und auch hochwertigen Kunststoff dar, der selbst dem Naturleder gegenüber für viele Zwecke zahlreiche Vorteile bietet und infolgedessen auch eine so weitgehende Verbreitung gefunden hat. Diese stärkere Verwendung dieser Erzeugnisse wurde ganz besonders auch durch die Verbesserungen in den Herstellungsweisen begünstigt. Das Kunstleder kann heute in verhältnismäßig großen und vor allen Dingen auch gleichmäßigen Breiten und in beliebigen Längen geliefert werden, ergibt also nicht so unregelmäßige und verhältnismäßig kleine Stücke wie das Naturleder. Ein weiterer nicht zu unterschätzender Vorteil ist darin zu suchen, daß das Kunstleder in einer besonders gleichmäßigen Schönheit der Oberfläche geliefert werden kann, worin es dem Naturleder mitunter natürlich ebenfalls überlegen ist. Diese beiden Eigenschaften machen einen großen Teil der Überlegenheit dieses Kunststoffes gegenüber dem Naturleder und auch dem Ledererersatz aus. Was nun die Haltbarkeit des Kunstleders, selbst hochwertigster Erzeugnisse, anbetrifft, so muß gesagt werden, daß die Gesamthaltbarkeit geringer als die des Kunstleders ist, aber immerhin für die meisten Verwendungszwecke noch als durchaus ausreichend bezeichnet werden kann. Die Oberflächenhaltbarkeit hingegen entspricht ungefähr der des Naturleders.

Als Unterlagsgewebe für den eigentlichen Aufstrich kommen nun je nach der Qualität des zu erzeugenden Kunstleders und auch je nach den gestellten Festigkeitsansprüchen sowohl dünnste Nesselsorten als auch die schwersten Gewebe nach Art der Moleskine in Frage. Die größten heute hergestellten Breiten sind 180 cm, was wohl auch als Normalbreite angesehen werden kann. Diese Unterlagsgewebe müssen nun zunächst für die Aufstrichschicht gut aufnahmefähig gemacht werden, was je nach der Art des verwendeten Gewebes durch Scheren, Sengen oder auch Aufrauhen, natürlich unter Verwendung von Spezialmaschinen, erfolgt. Nach dieser Vorbehandlung werden die Gewebe dann eingefärbt und unter Spannung in einem Rahmen getrocknet, wobei man aber mit einem Schrumpfverlust in der Breite zu rechnen hat, der natürlich auch besonders von der Art des Gewebes abhängig ist, der aber 2—4 % nur in seltenen Fällen überschreitet.

Nach dieser Vorbereitung des Unterlagsgewebes erfolgt das Aufbringen des Aufstriches, der aus einem Gemenge von Nitrozellulose, Füllstoffen (Erdfarben und dgl.) und Mitteln zum Weich- und Geschmeidigerhalten besteht. An Stelle neuer Nitrowolle kann man zur Herstellung dieser Aufstrichmasse aber auch mit großem Vorteile Zelluloidabfälle verwenden, da diese billiger sind. Auch alte Filme können sehr gut dazu dienen, müssen aber sehr sorgfältig von der anhaftenden Emulsion befreit werden, weil diese die Aufstrichmasse verunreinigen würde. Nachteilig wirkt bei diesen Zelluloidabfällen auch der Kampfergeruch, der möglichst weitgehend zu beseitigen ist, indem man die Abfälle wiederholt erwärmt, ganz verliert er sich aber auch dadurch nicht. Neue Nitrowolle hingegen ist natürlich vollkommen geruchlos und muß daher unter allen Umständen verwendet werden, wenn man hochwertigste Erzeugnisse herstellen will. Hier besteht dann aber auch noch die Möglichkeit, daß man die Aufstrichmasse durch den Zusatz von Birkenholzteer parfümiert, indem man ihr den Geruch des Juchtenleders erteilt.

Diese Zelluloidabfälle oder die neue Nitrierwolle müssen nun durch besondere Lösungsmittel gelöst werden, deren Art an sich allerdings nur einen geringen Einfluß auf das Fertigerzeugnis hat. Es gibt ja in der Tat auch eine ganze Reihe solcher Lösungsmittel, die auch alle mehr oder weniger Anwendung finden. Am meisten kommt dabei wohl der synthetische Äthylessigester in Anwendung, aber auch Azeton und verschiedene Spezialprodukte. Den Essigester kann man bis zu 60 vH mit Spiritus verdünnen, der selbst die Nitrozellulose aber nicht löst. Die Streichmasse wird dann entsprechend mit Erdfarben gefärbt, die aber selbst keine spirituslöslichen Bestandteile enthalten dürfen, sie werden auf schweren Spezialverreibemaschinen mit Rizinusöl angerieben. Das Rizinusöl ist dabei gleichzeitig das Weicherhaltungsmittel für den Aufstrich, darf aber auch nicht in zu großen Mengen verwendet werden, weil sonst die Ware klebrig wird und schwitzt. Es werden nun von der chemischen Industrie eine ganze Reihe solcher Weicherhaltungsmittel geliefert, die man aber meist mit Rizinusöl zusammen verwendet und so dessen Mängel ausgleichen und beheben, seine Vorteile aber voll zur Geltung kommen lassen und mitunter auch noch erhöhen.

Es ist nun selbstverständlich, daß die durch besondere Mischvorrichtungen und andere maschinelle Einrichtungen vorbereitete Masse auch nur auf mechanischem Wege auf das Unterlagsgewebe aufgestrichen werden darf. Zu diesem Zwecke verwendet man mit Vorteil eine Streichmaschine, die ein allseitig ein- und verstellbares Verteilungsmesser hat, das eine genaueste Regelung des Aufstriches ermöglicht. Je nach der Güte und der Schwere der Ware werden eine ganze Reihe von solchen Aufstrichen hintereinander aufgebracht, und zwar etwa 4 bei leichter Ware und bis zu 12 bei schwerer und schwerster Ware. Jeder Aufstrich muß natürlich erst trocken sein, ehe der nächste folgt. Meistens pflegt man dabei den ersten Aufstrich auch sehr verdünnt vorzunehmen, um so gewissermaßen eine Grundierung des Unterlagsgewebes zu erreichen, auf dem dann die folgenden Aufstriche besser haften. Das Trocknen der so bestrichenen Gewebe nach einem jeden Aufstrich erfolgt vielfach noch in Hängen durch erwärmte Luft von etwa 90° C, neuerdings aber verwendet man dazu auch kleine Trockenkanäle, die das schneller bewerkstelligen, denn auf eine sehr schnelle Trocknung eines jeden Aufstriches kommt es sehr an.

Um nun aber auch eine möglichst große Wirtschaftlichkeit des Verfahrens zu erzielen, müssen aber die Lösungsmittel für die Nitrozellulose so weit als irgend möglich zurückgewonnen werden, wobei man heute drei verschiedene Verfahren zu unterscheiden hat und auch anwendet, und zwar ein Kondensationsverfahren und zwei Adsorptionsverfahren. Beim ersteren werden die Dämpfe des Lösungsmittels, die durch die Erwärmung der gestrichenen Gewebe in den Trockenanlagen erzeugt werden, an gekühlten Flächen kondensiert und das Kondensat aufgefangen. Das eine der beiden Adsorptionsverfahren leitet die Dämpfe des Lösungsmittels in Kreosol, wo sie sich lösen und daraus ausdestilliert werden, das andere Adsorptionsverfahren arbeitet mit aktiver Kohle.

Nach dem letzten Aufstrich folgt nun noch eine Appretur des Kunstleders, die je nach dem angestrebten Zweck in der mannigfaltigsten Behandlung bestehen kann. In einigen Fällen wird die Ware mit einem Friktionskalander zunächst geglättet und dann erst auf schweren Gauffrierkalandern mit einer lederähnlichen Narbung, einer Musterung oder dgl. versehen. Bei dieser Prägung muß die Stahlwalze, welche das Muster trägt, erwärmt werden, und zwar sehr gewissenhaft und gleichmäßig, weil sonst das Muster auf dem Kunstleder nicht dauerhaft sein würde. Eine zu große Erwärmung kann aber auch wieder von Nachteil sein, denn dadurch wird die Ware hart und brüchig, weil eben das Erweichungsmittel ausschwitzt. Zur Erzeugung von locklederartigen Effekten und ähnlichen lackiert man dann die fertige und geprägte Ware noch mit Zelluloselacken, in denen mitunter auch spirituslösliche Anilinfarben oder Erdfarben enthalten sind.

Beliebt sind auch zweifarbige Effekte, indem in die Narbung eine zweite, mit der Grundfarbe in Harmonie stehende Farbe eingesetzt wird.

Von nicht geringerer Bedeutung ist die Fabrikation von Kunstlederpapieren, für die ebenfalls die lederartige Aufstrichmasse wie vorstehend beschrieben Verwendung findet, nur daß als Grundlage keine

Textilgewebe, sondern feste Papiere Verwendung finden, denn gerade diese Kunstlederpapiere sind in der Buchbinderei, Etuis- und Feinkartonnagenindustrie von sehr großer Bedeutung. Die Aufstrichmassen sind die gleichen wie für das Kunstleder auf Gewebegrundlage. Es lassen sich, da diese Lederimitationspapiere billiger sind, verhältnismäßig reichhaltige Kollektionsbestände halten und dadurch die Mannigfaltigkeit der Luxuskartonnagen bedeutend vermehren. Diese Papiere sind in ihren ein- und mehrfarbigen Effekten oft so gut gelungen, daß es nur dem scharf zublickenden Fachmann möglich ist, sie von Kunstleder auf Textilunterlage zu unterscheiden.

In der Haltbarkeit sind die Lederimitationspapiere auf Nitrozellulosebasis natürlich etwas geringer als die auf Textilfaser gearbeiteten Kunstleder, dafür aber auch im Preise bedeutend billiger, und sie werden in sehr vielen Farbwirkungen auf den Markt gebracht. Das Verwendungsgebiet erstreckt sich auf Buchbinderei, Etuis- und Feinkartonnagenindustrie; auch billige Koffer werden damit ausgerüstet.

Diese Lederimitationspapiere unterscheiden sich von den Cambricpapieren durch ihre Abwaschbarkeit. Während die geringeren Buntpapiere mit lederartigem Charakter meistens mit Leimfarben hergestellt werden, sind die Lederimitationspapiere, die allerdings Spezialerzeugnis einer oder weniger Firmen sind, mit Nitrierwolle gearbeitet und demzufolge gegen Wasserflecke unempfindlich.

Über Cellophan

Unter „Cellophan" versteht man einen neueren Kunststoff, der wegen seiner hohen Eigenschaften und seiner außerordentlich vielseitigen Verwendbarkeit eine besonders große Bedeutung in den verschiedensten Industriezweigen, besonders aber in der graphischen, der Kartonnagen- und der Verpackungsmittelindustrie besitzt. Die Herstellung des Cellophans ist ähnlich der Fabrikation der Viskosekunstseide, denn beide Kunststoffe sind aus Zellulosexanthogensäureester regeneriertes Zellulosehydrat. Dieser Ester oder dessen Lösung, die Viskose, entsteht bei der Behandlung der Zellulose mit überschüssigem Alkali und Schwefelkohlenstoff. Der Ester ist in Wasser, besser aber noch in Natronlauge löslich. Als Zellulose wird sowohl die Nadelholzzellulose, also der Hauptrohstoff unserer Papierindustrie, wie aber auch Baumwolle und Baumwolleabfälle (Linters) verwendet, die zu diesem Zwecke einer besonderen Reinigung und Bleiche unterzogen werden. Das Cellophan, von dem Schweizer Dr. Brandenberger erfunden, wurde ursprünglich nur in Frankreich, seit dem Jahre 1925 wird es auch in Deutschland hergestellt.

Als ganz besondere Vorzüge, namentlich aber auch für die Verpackungsmittelindustrie, lassen sich nun die folgenden aufführen: Cellophan besitzt eine außerordentlich große Durchsichtigkeit und Geschmeidigkeit. Gerade die letztere Eigenschaft bedingt die große Überlegenheit des Cellophans gegenüber den ebenfalls durchsichtigen Gelatinefolien und macht es zu einem idealen Verpackungsmittel. Cellophan läßt sich rillen, ritzen, schneiden, biegen, stanzen, überhaupt ähnlich wie Pappe und Papier ver- und bearbeiten. Man kann das Cellophan auch kleben, muß dann allerdings einen besonderen Klebstoff verwenden. Als der wichtigste Vorzug ist aber wohl aufzuführen, daß Cellophan vollkommen undurchdringlich für Fette, Öle, Essenzen, Luft, Gerüche, Aroma, Bakterien, Mikroben und dgl. ist, es ist demnach hygienisch als das einwandfreieste und wertvollste Verpackungsmittel zu bezeichnen, zumal man eben durch Klebungen auch vollkommen geschlossene Verpackungen erzielen kann. Jedenfalls weist Cellophan die zahlreichen Fehler und Nachteile der Gelatinefolien, die bisher vielfach für solche Zwecke verwendet werden mußten, nicht auf.

Sowohl für Luxus- als auch für reine Gebrauchspackungen hat das Cellophan weiter aber noch den großen Vorzug, daß infolge seiner glasklaren Durchsicht der Inhalt der Packungen stets ohne weiteres erkennbar ist, ohne daß man die Umhüllung erst entfernen muß.

Gerade infolge dieser vielseitigen Verwendungsmöglichkeit auch für Luxuspackungen und reine Gebrauchszwecke macht sich in sehr vielen Fällen ein Bedrucken des Cellophans erforderlich, was an sich viel leichter und vor allen Dingen viel besser und sauber wirkend als bei Gelatinefolien und beim Zelluloid durchzuführen ist. Im allgemeinen kann man sagen, daß sich das Cellophan sowohl für den Buchdruck als auch für den Steindruck gleich gut eignet. Gleichviel welches Druckverfahren man anwendet, muß man berücksichtigen, daß das Cellophan nicht wie das Papier eine mehr oder weniger saugfähige, sondern vielmehr eine ganz geschlossene und fast hornartige Oberfläche hat, wie Celluloid, so daß man dabei nur mit Spezialfarben arbeiten kann. Solche Farben gibt es schon in allen in Frage kommenden Tönungen, sie zeichnen sich vor allen Dingen auch dadurch aus, daß sie ziemlich konsistent sind und nach dem Trocknen auf dem Cellophan eine elastische, filmartige Schicht bilden, die aber keinesfalls spröde und klebrig sein darf. Diese Spezialfarben enthalten viel Trockenmittel, was bei ihrer Verarbeitung und vor allen Dingen bei deren Aufbewahrung sehr zu beachten ist, denn namentlich in den Farbkästen und Farbwerken besteht immer die Gefahr einer Hautbildung. Durch sehr häufiges Waschen der Farbwalzen und Farbwerke kann man diesem Übelstande aber vorbeugen. Solches Waschen macht sich auch vor allen Dingen vor den nächtlichen Stillständen unbedingt erforderlich und wird immer auch vor größeren Pausen, wie Mittagspause usw., zu empfehlen sein. Die bei schnell trocknenden Farben für das Bedrucken von Papier sonst angewendeten Mittel wie Druckpasten oder gar Aufspritzen von Petroleum auf die Walzen, sind beim Cellophandruck vollkommen unzulässig, denn dadurch würde auch ein Trocknen der Farbe auf dem Cellophan unmöglich werden, weil sie hier ja nicht, wie beim Papier und beim Karton, in die Oberfläche des Druckträgers eindringen kann. Drucktechnisch ist man in der Lage, die vielseitigsten Effekte zu erzielen, wie man sie besonders für die Luxuspackungen wünscht. Eine wichtige Maßnahme, die beim Bedrucken von Cellophan erforderlich wird, besteht darin, daß man stets ein rauhes Zwischenlagpapier einschieben muß. Es ist auch nicht zulässig, daß man die bedruckten Cellophanbogen in hohen Stapeln aufsetzt, weil die verwendeten Farben verhältnismäßig langsam trocknen und zwei bis drei Tage dazu brauchen.

Man kann in besonders eiligen Fällen die Trocknung etwas beschleunigen, indem man Spezialtrockenmaschinen verwendet, wird aber immer besser tun, eine normale Trocknung durchzuführen.

Die vielseitige Verwendbarkeit des Cellophans wird noch dadurch erhöht, daß es in verschiedensten Ausführungen geliefert wird, und zwar farblos und in allen Farben des Spektrums gefärbt, glatt und in verschiedenen Dessins geprägt. Die Originalbogen haben die Abmessungen von ungefähr 100 × 100 cm. Cellophan läßt sich in beliebig großen Zuschnitten der verschiedensten Form herstellen und ist auch in fertigen Verpackungen, wie Flach- und Bodenbeuteln, Tüten, lieferbar. Je nach dem Verwendungszweck kommen verschiedene Stärken des Cellophans zur Verwendung. Die gangbarste Stärke ist 0,02 mm, die den meisten Anforderungen entspricht. Wo besonderes Gewicht auf Festigkeit und Widerstandsfähigkeit gelegt wird und die Stärke von 0,02 mm nicht genügt, wird die Stärke 0,03 mm zu wählen sein. die sonst in gleicher Weise wie die vorhergehende geliefert wird. Diese Sorte wird auch ganz besonders zur Herstellung von Fensterschachteln und Beuteln zum Verpacken von schweren oder scharfkantigen Gegenständen verwendet. Eine ähnliche Verwendungsmöglichkeit besitzt die Stärke 0,04 mm. Sämtliche Stärken können auch in Streifen und Bändern geliefert werden und sind zu diesem Zwecke auf Rollen und Spulen gewickelt. Die Stärke 0,08 mm dient für Rund-, Stulp-, Spitz- und Schiebeschachteln, sowie für die sogenannten Stehtüten, für Dosen, Röhren, Hülsen, Etuis und ähnliche Zwecke, sie wird aber auch viel für Hüllen für Paßkarten und ähnliche Zwecke verwendet und findet eine weitere Verwendung in der Spielwarenindustrie. Gleichen Zwecken dient die Stärke 0.12 mm und die Stärke 0,16 mm.

Metallfolien und Metallfoliendruck

Die Metallfolie findet heute in der Kartonnagenindustrie, besonders aber für Luxuspackungen u. dgl., immer mehr Verwendung. Man kann wohl auch kaum mit einem zweiten Stoff dermaßen geschmackvolle, reizvolle und vor allen Dingen mannigfaltige Wirkungen und Effekte erzielen als gerade mit ihnen. Man kann daher auch mit vollem Recht sagen, daß die Metallfolien in ihren verschiedensten Verarbeitungsarten, besonders aber bei solchen Packungen, bei denen es auf eine ganz bestimmte oder charakteristische äußere Wirkung ankommt, von keinem anderen Stoff übertroffen werden können. Aber auch da, wo eine Reklamewirkung hauptsächlich beabsichtigt ist, wie z. B. bei Zigarettenpackungen, Schokoladepackungen und ähnlichen, stellen diese Metallfolien einen besonders brauchbaren Stoff dar.

Als Urstoff dieser Metallfolien dient Zinn und Aluminium, namentlich aber das letztere; durch besondere Verfahren werden diese Stoffe, wieder aber besonders das Aluminium, so behandelt und gefärbt, daß man auch Folien in den verschiedensten Farbtönen herstellen kann. Was die Oberfläche anbetrifft, so ist man ebenfalls in der Lage, sich allen nur erdenklichen Wünschen der Verbraucher anzupassen, indem man sie blind oder farbig, glatt oder gemustert (gaufriert), matt oder glänzend, lackiert und auch bedruckt liefern kann. In den Handel kommen diese Metallfolien sowohl in etwa 40 cm breiten Rollen von großer Länge (sogenannten endlosen Rollen), oder in die verschiedensten Formate geschnitten, je nachdem sie weiter verarbeitet oder verwendet werden sollen.

Die Oberflächenbehandlung der Rohfolien erfolgt nun auf ganz besonderen Maschinen, die dem speziellen Zwecke angepaßt sind, denn es ist hierbei mancherlei zu beachten, was in der Eigenart des Stoffes begründet ist. Zum Färben, aber auch zum Gaufrieren oder Prägen und zum Dessinieren oder Mustern verwendet man am vorteilhaftesten die Metallfolien in endlosen Rollen, während das Bedrucken wieder teils in endlosen Rollen auf mit Dessinierwalzen ausgerüsteten Spezialmaschinen oder in Formaten auf Buchdruckmaschinen erfolgt. Bei diesen Formaten ist man nun allerdings immer gewissen Grenzen unterworfen, die einmal durch die übliche Herstellungsbreite der Folien, nämlich 40 cm, gegeben sind und dann das andere Mal dadurch, daß der verhältnismäßig schwere Stoff, den diese Metallfolien darstellen, bei größeren Formatlängen schwer zu handhaben ist und sehr stark zum Knittern oder gar zum Reißen neigen würde. Man muß sich daher auch hierbei mit der Länge der Formate auf 70 cm beschränken. Andere Druckverfahren als den Buchdruck kann man aber bei den Metallfolien nicht mit Vorteil zur Anwendung bringen. Offsetdruck und Steindruck sind nun aber bekanntlich Flächendruckverfahren, man kann sie infolgedessen auch bei den geprägten und gaufrierten Metallfolien nicht anwenden, weil nämlich durch das Drucken der ganzen Flächen die feine Musterung niedergedrückt werden würde und dann natürlich verschwindet. Bei den nicht gepreßten oder gaufrierten Metallfolien liegt diese Gefahr allerdings nicht vor, man kann aber das Flächendruckverfahren hier ebenfalls nicht anwenden, weil wieder andere schwerwiegende Nachteile entstehen würden; Offsetdruck und Steindruck sind bekanntlich Naßdruckverfahren, die also eine Oxydation der aus unedlen Metallen bestehenden Folien zur Folge haben müßten, außerdem ermöglichen diese Flächendruckverfahren überhaupt keine solchen schönen Effekte wie das Buchdruckverfahren, das ein Hochdruckverfahren ist. Infolge der Wirkung des Buchdruckes werden an den bedruckten Stellen die geprägten Folien wieder glatt gedrückt, so daß schon dadurch eine außerordentlich mannigfaltige und reizvolle Wirkung entstehen wird. Diese Tatsache macht nun vor allen Dingen auch die Anwendung des Blinddruckes, also ohne alle Farben, vorteilhaft, weil man dadurch schöne, reliefartige Effekte erzielen kann. Als ein ganz besonderer Vorteil ist dabei aber zu betrachten, daß nur ein verhältnismäßig geringer Druck erforderlich ist, allerdings aber nur da, wo man die Folien im Urzustande bedruckt, denn wenn man sie bereits kaschiert hat, dann wird man diese Effekte nur mit einem wesentlich höheren Druck und oft gar auch nur unvollständig erzielen können. Die anzuwendenden Druckformen können sowohl aus dem sonst im Buchdruck auch üblichen Linien- und Satzmaterial, als auch aus Klischees, Strichätzungen und so weiter bestehen, wobei aber wieder zu beachten ist, daß auch hier wieder möglichst kleine Flächen schönere und sauberere Wirkungen ergeben als große, da letztere die Folien infolge des Niederdruckens der Gaufrierung zu sehr strecken, während die kleinen Flächen eben reliefartig wirken.

Die Maschinen zum Bedrucken dieser Metallfolien werden nun entweder mit Walzen ausgerüstet, auf die wieder Gummiringe aufgeschoben werden, welche die Muster in reliefartiger Weise tragen, oder man verwendet sowohl zum Blinddrucken wie auch zum Dessinieren gravierte oder geätzte Metallwalzen. In beiden Fällen ist aber beim Farbdruck die Verwendung besonderer spirituslöslicher Anilinfarben unbedingt erforderlich, welche weder die Metallwalzen noch die Gummiwalzen angreifen können. Diese Farben müssen aber auch sonst für das Bedrucken der Metallfolien bestens geeignet sein, denn gewöhnliche Buchdruckfarben kann man dazu nicht verwenden, wie z. B. beim Papier oder beim Karton. Diese Farben für Metallfoliendruck müssen vor allen Dingen in kürzester Zeit auftrocknen, ohne zu kleben, weil das Bedrucken in endlosen Bändern erfolgt, die sofort wieder aufgewickelt werden müssen, denn nur auf diese Weise kann das Verfahren wirtschaftlich sein und wird von den Metallfolienfabriken auch nur in dieser Weise gehandhabt.

Beim Bedrucken dieser Metallfolien in Buchdruckpressen ist weiter zu beachten, daß sich namentlich aber beim Mehrfarbendruck und auch bei Paßformen leicht Unterschiede ergeben, weil durch den Druck die Metallfolien, besonders aber die gepreßten und gaufrierten, sehr gestreckt werden.

Wenn nun schon zum Mustern oder zum Dessinieren besondere und auch vor allen Dingen sehr schnell trocknende Farben erforderlich sind, so ist das noch mehr der Fall beim Bedrucken der Folien. Die Blinddrucke, die, wie schon erwähnt wurde, an sich ja sehr schöne Wirkungen ergeben können, verursachen in dieser Beziehung natürlich keine Schwierigkeiten; anders ist es aber bei den Farbendrucken. Das Metall nimmt die an und für sich schon fette Farbe nicht so leicht und willig an, geschweige denn in sich auf, wie z. B. Papier und Karton, aber auch viele andere zum Bedrucken verwendete Stoffe, die mehr oder minder saugfähig und geeignet sind. Man hat das bei der Metallfläche wohl dadurch zu verbessern gesucht, indem man sie grundierte, und zwar mit einem ganz besonderen Lack. Aber auch das genügt noch nicht, es werden trotzdem an die zu verwendende Farbe ganz besondere Ansprüche gestellt. Die Farben für solche Drucke müssen nämlich besonders konsistent sein und vor allen Dingen sehr schnell in sich trocknen, ohne daß dabei aber eine spröde Schicht entstehen kann, die natürlich leicht abbröckeln und reißen würde, es muß sich vielmehr eine sehr elastische und filmartige Schicht bilden, wie man das auch beim Bedrucken von Zelluloid, Cellophan und ähnlichen Stoffen findet. Die zur Verwendung kommenden Farben sind Lasurfarben, man kann aber mit Deckfarben zusammen dann besonders schöne Effekte erzielen, die durch den Glanz des Metalles noch wesentlich erhöht werden.

Infolge aller dieser Eigenschaften bilden die Metallfolien in ihren verschiedenen Verarbeitungsarten ein außerordentlich vielseitiges Hilfsmittel, namentlich auch in der Kartonnagen- und Verpackungsmittelindustrie, ganz besonders aber für Luxuskartonnagen usw., bei denen es auf eine weitgehende äußere Wirkung ankommt.

Die Metallfolien und ihre Verwendung in der Kartonnagenindustrie

Es ist nur erklärlich, daß der restlos vorwärtsstrebende menschliche Erfindungsgeist bestrebt ist, immer neue Möglichkeiten aufzuspüren, die in merkantiler Hinsicht zur Auswertung zu bringen sind. So ist es allgemein bekannt, daß gewisse Erzeugnisse zu ihrer Frischhaltung besonderer Vorkehrungen bedürfen. Aber auch die äußere Ausstattung einer Warenpackung erfordert aus reklametechnischen Gründen gewisse Voraussetzungen, da die Verpackung als solche gewissermaßen als Angebotsträger zu betrachten ist. Wir finden z. B. Südfrüchte, wie Datteln und Feigen, in mit Gold bedruckten Gelatinepackungen, Apfelsinen in Seidenpapier mit Buchdruckaufdruck gepackt, wir finden Pralinen in Metallpapier eingehüllt, wie wir die köstlichen Zigaretten in Papp- oder Blechschachteln verpackt erhalten. Wohl die bekannteste Verpackungsart dürfte die der Schokolade sein, nämlich Stanniol.

Es ist nur zu natürlich, daß uns längst Erzeugnisse bekannt sind, deren Umhüllung mit einem Material versehen ist, zu dessen Ausschmückung Blattmetall Verwendung gefunden hat. Es sei nur an die unendlich vielen Möglichkeiten der Preßvergoldetechnik erinnert. Zur Verpackung selbst sind Blattmetalle als solche wohl als ungeeignet zu betrachten. Diese Blattmetalle sind in Wirklichkeit ganz dünn gewalzte Metallfolien, die zu ganz bestimmten Zwecken der Verzierungstechnik bestimmt sind. Es sei bei dieser Gelegenheit festgestellt, daß zwischen Blattmetall und Metallfolie, soweit es sich um die Substanz handelt, lediglich ein qualitativer, nicht jedoch ein prinzipieller Unterschied besteht. Dagegen ist ein grundlegender Unterschied in der Herstellung der beiden Metallfabrikate zu erblicken, indem das Blattmetall durch Schlagen oder Hämmern, die Folien dagegen durch einen Walzprozeß hergestellt werden. Dieser Unterschied in der Herstellungsweise bedingt nicht, daß Blattmetall stets nur in verhältnismäßig kleineren Formaten hergestellt werden kann, d. h. soweit es sich um geringe Stärken handelt, meist nur in einem Format von 100 × 100 mm oder weniger darüber. Diese letztere Größe findet allgemein in der Heißprägetechnik Verwendung. Indessen können Blattmetalle auch von der Rolle gearbeitet werden. Eine Maschine mit automatischer Zuführung des Blattmetalls von der Rolle habe ich bereits in meiner Papierprägetechnik beschrieben. Folien indessen sind in beliebig großen Formaten und auch in endlosen Bändern ohne weiteres möglich, von der Rolle zu kaschieren und hierdurch eine weit größere Produktion zu erzielen, als dies bei dem mühsamen Aufkleben des Blattmetalls, wie es in der einschlägigen Industrie erfolgt, möglich ist; es muß indessen festgestellt werden, daß Blattmetall als solches wegen seiner viel zu geringen Widerstandsfähigkeit zum Verpacken von Zigaretten, Schokoladen und anderen Lebensmitteln nicht möglich ist. Die Verwendung von Metallfolien an Stelle von Blattmetall bedeutet an sich einen wirtschaftlichen und technischen Fortschritt, indem die mühsame Arbeit des Belegens mit kleinen Stückchen Blattmetall, was ja fast immer von Hand erfolgen muß und sehr geschickte Arbeiter erfordert, durch ein rein maschinelles Verfahren des Kaschierens der Folien von der Rolle auf einer einfachen Rollenkaschiermaschine ersetzt werden kann. Es ist für den Fachmann einleuchtend, daß auf diese Weise mit der gleichen Anzahl von Arbeitskräften mindestens das Zehnfache, vielleicht sogar das Hundertfache der Produktion erzielt werden kann.

Das Kaschieren auf Karton hat unvorgesehene Schwierigkeiten gezeigt. Viele Versuche mit verschiedenen Kartonqualitäten sind lange resultatlos geblieben. Die Schwierigkeiten bestanden durchweg in der Faltenbildung. Indessen hat der Versuch mit einem Lederkarton, etwa 350 g pro Quadratmeter, ein befriedigendes Ergebnis erbracht, so daß dadurch die Frage der Verwendung der Metallfolien als Verpackungsmittel als gelöst zu betrachten sein dürfte. Diese Packungsart unterscheidet sich vorteilhaft von den bisher zum Verpacken gegen Feuchtigkeitseinflüsse empfindlichen, sowie dem Austrocknen zu schützenden Waren, daß dieselben anstatt mit Papier mit Metallfolien überzogen sind. Der Überzug erfolgt je nach dem Verwendungszweck der in Frage kommenden Schachteln entweder innen oder außen.

Den bisher für den genannten Zweck aus reinem Metall gefertigten Packungen gegenüber bietet die mit Metallfolien überzogene Kartonnagenpackung bei gleicher Zweckmäßigkeit den Vorteil größerer Leichtigkeit, was bei dem Versand von Waren von großer Bedeutung ist, sowie den weiteren Vorteil wesentlicher Verbilligung in sich schließt. Es ist hierbei nebensächlich, ob es sich bei der Herstellung der Kartonnagen um runde, ovale oder eckige Formen handelt.

Die Idee, derartige Verpackungsmittel zu verwenden, ist an sich nicht neu. Vorteile bei Anwendung von mit Metallfolien beklebten Packungen bestehen nur dann, wenn der Inhalt nach dem Öffnen der übrigens auch wirklich luftdicht zu verschließenden Packung sofort verbraucht wird, sonst ist das Einzeleinschlagen der verpackten Gegenstände, z. B. Pralinen — obgleich mehr zeitraubend —, für den luftdichten Verschluß vorteilhafter.

In nachstehendem werden wir uns nun noch mit der Aluminiumfolie und mit Aluminium bezogenen Kartonnagen näher befassen.

Unter den Metallfolien (Zinnfolien, gemeinhin als Stanniol bezeichnet, Bleifolien und Aluminiumfolien) hat die Aluminiumfolie in den letzten Jahren eine stets mehr und mehr zunehmende Bedeutung gewonnen.

Im Gegensatz zu den Blattmetallen, welche in der Hauptsache für Metalldruckzwecke sowie zur Herstellung von Metallpapieren usw. Verwendung finden, dienen die Metallfolien vorwiegend Verpackungszwecken.

Dabei sind eine ganze Reihe von Industriezweigen, z. B. die Zigaretten- und Schokoladenindustrie, welche früher in erster Linie Zinnfolien zum Verpacken ihrer Erzeugnisse benutzten, zur Verwendung von Aluminiumfolien übergegangen. Der Grund dafür ist zunächst nur darin zu suchen, daß die Aluminiumfolie um das 2,6fache leichter ist wie die Zinnfolie und sich daher im Gebrauch ganz wesentlich billiger stellt. Die Geschmeidigkeit, mit der die Aluminiumfolie sich den zu verpackenden Gegenständen anschmiegt, ist, vorausgesetzt, daß ein erstklassiges, gutes Erzeugnis der Aluminiumfolienfabrikation in Frage kommt, der Schmiegsamkeit der Zinnfolie gegenüber mindestens gleichzustellen. Auch in gesundheitlicher Beziehung macht nach dem Urteil maßgebender Fachleute die Aluminiumfolie den übrigen Metallfolien den Vorrang streitig.

Ein weiterer Umstand, welcher der Aluminiumfolie zu ihrer stets steigenden Beliebtheit verholfen hat, ist die unbegrenzte Mannigfaltigkeit, welche derselben in bezug auf ihre Ausstattung vermittels Druck und Prägung gegeben werden kann. Es liegen eine Reihe von Musterbüchern vor. Dieselben enthalten in einer erstaunlichen Reichhaltigkeit eine Sammlung von Druck- und Prägemustern, welche auch den verwöhntesten Geschmack zu befriedigen vermögen. Für die Schokoladen- und Pralinenindustrie befinden sich darin Muster von ein- und mehrfarbigen Phantasiedrucken in über 100 Dessins in den geschmackvollsten Aufmachungen. Für die Zigarettenpackungen dienen eine Reihe von weißen Dessins mit Phantasie- und Firmenprägungen in vornehmster Form.

Den Verwendungszwecken entsprechend werden die Aluminiumfolien auch mit Seidenpapier oder mit Paraffinpapier kaschiert geliefert, so z. B. für Pfefferminzpackungen usw. Die Folien werden in beliebigen Formaten, wie auch sogenannten endlosen Rollen geliefert. Zum Verpacken von Weißkäse gelangen Aluminiumfolien mit besonders hohem Reingehalt zur Verwendung, ebenso zum Verpacken von Tabak, insbesondere von Schnupftabak. Die Aluminiumfolie eignet sich überall als Verpackungsmaterial, wo es sich um Schutz gegen Luft- und Feuchtigkeitseinflüsse handelt. Die Möglichkeit, durch Prägung und mehrfarbige Druckausstattung dabei das Nützliche und Zweckmäßige mit einem ansprechenden gefälligen Äußeren zu verbinden, sichert dabei der Aluminiumfolie auf diesem Gebiete einen Platz an erster Stelle.

Es ist selbstverständlich, daß nur eine Fabrikationsmethode ersten Ranges, ausgestattet mit Hilfsmitteln moderner Technik und angewandter Chemie auf Grund langjähriger praktischer Erfahrung, in der Lage ist, eine solche hochwertige erstklassige Ware herzustellen, welche den an sie gestellten Anforderungen in jeder Hinsicht zu entsprechen vermag.

Schärfmaschinen in der Papier- und Pappenindustrie

Wenn in früheren Jahren Schärfmaschinen ausgesprochene Spezialmaschinen der Lederindustrie waren, so hat die Erfahrung der neueren Zeit doch gezeigt, wie nützlich und unentbehrlich Schärfmaschinen auch in der Papier- und Pappenindustrie sind, denn durch die technische Entwicklung, welche diese Maschinen in den letzten Jahren durchgemacht haben, zeigten sie sich auch den Anforderungen dieser Geschäftszweige voll gewachsen.

Es sei auf die „Fortuna"-Schärfmaschine (Abb. 125) hingewiesen, die in der Leder verarbeitenden Industrie schon seit über 25 Jahren verwendet wird, welche aber in zunehmendem Maß auch in Papier und Pappe verarbeitenden Betrieben Eingang findet. Sie verdankt ihre große Verbreitung besonders ihrer zweckmäßigen Konstruktion, die es ermöglicht, selbst die schwierigsten Schärfarbeiten nicht nur an allen Ledersorten, sondern auch an Kunstleder, Papier, Pappe, Lederpappe usw. auszuführen. Die patentierte Vorrichtung zum Heben und Senken des Führungsfußes ermöglicht dabei das Schärfen und Ausheben von beliebigen Schlitzen und Formen aus dem Vollen, d. h. im Innern eines Arbeitsstücks oder am Rande desselben, wo nur stellenweises Ausschärfen verlangt wird.

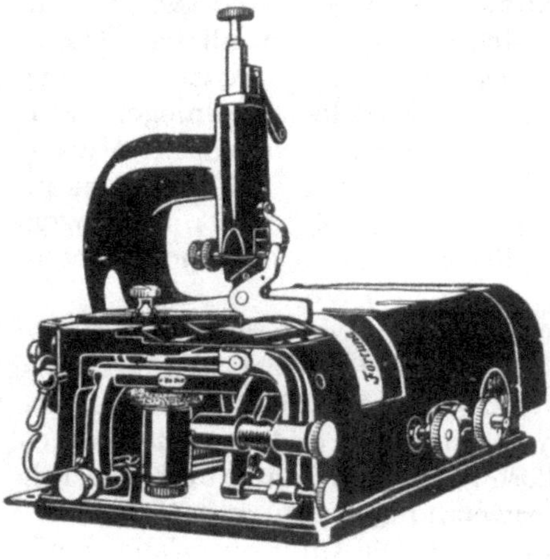

Abb. 125

Das neueste Modell der „Fortuna", die „Fortuna"-Hochleistungs-Schärf- und Spaltmaschine, weist gegenüber den seitherigen Normaltypen eine beträchtliche Leistungssteigerung auf. Der Bau dieser Maschine ist so vervollkommnet, daß das Umstellen von einem zum anderen Schnitt außerordentlich einfach und schnell bewerkstelligt werden kann.

Die Bedienung der Maschine ist noch weiter vereinfacht worden: Verletzungen sind völlig ausgeschlossen, so daß auch ungeübte und jugendliche Arbeitskräfte dafür herangezogen werden können.

Infolge ihrer vielseitigen Verwendungsmöglichkeit in der gesamten Papierwaren-Industrie findet die „Fortuna" nicht nur Aufnahme in Großbuchbindereien, Geschäftsbücherfabriken, Album- und Etuisfabriken, sondern auch in Kartonnagenfabriken, Holzstoff- und Pappefabriken, Papierhülsen- und Zigarrenspitzenfabriken, Hartpapierwarenfabriken usw.

Abb. 126

Interessenten wenden sich am besten unmittelbar an die Herstellerin der Maschine, die Firma Fortuna-Werke Spezialmaschinenfabrik A.-G., Stuttgart-Cannstatt, die gerne kostenfrei und unverbindlich Probearbeiten an eingesandtem Material ausführt.

*

Zum Schluß sei noch auf ein weiteres Erzeugnis dieser Art Hilfsmaschinen hingewiesen, nämlich der „Prakma", die in nachstehendem beschrieben werden soll. Die Schärfmaschinen sind in der Leder verarbeitenden Industrie schon lange eine der grundlegenden Maschinen geworden, ohne die rationelle Arbeit undenkbar ist. Die Schärfmaschine leistet mehr als das Zehnfache der Handarbeit und sichert überdies einen so absolut gleichmäßigen Ausfall, wie dieser der menschlichen Hand nicht möglich ist. Bei den vielen heute verwendeten Ersatzstoffen hat es sich ganz von selbst ergeben, daß man sich diese Schärfmaschinen auch bei der Verarbeitung von Pappen usw. in zunehmendem Maße nutzbar macht.

Eine für diese Zwecke besonders gut geeignete Schärfmaschine ist die Marke „Prakma", deren stabile Bauart und sehr vereinfachte Bedienung gerade bei der Verarbeitung von Pappen besondere Vorteile bietet. Hinzu kommt, daß bei der Konstruktion durch Verwendung von starken Flachriemen eine so hohe Durchzugskraft erzielt wird. daß auch die härtesten und stärksten Pappen spielend leicht verarbeitet werden können.

Durch ein starkes rotierendes Glockenmesser wird sicher und rasch die Kante des Werkstückes in beliebiger Abstufung bis zu 40 bzw. bis zu 50 mm Breite abgeschrägt. Die Form der Abschärfung, der mehr oder minder steile Verlauf, auch eine geschweifte Form lassen sich durch Verwendung geeigneter Drückerfüße nach Belieben einstellen. Format und Länge der Zuschnitte spielen dabei gar keine Rolle, denn

Abb. 127

der die Drücker tragende Arm ist an der Außenseite des Maschinenkörpers verankert, läßt also die Tischfläche der Maschine völlig frei.

Während der Arbeit wird das Glockenmesser selbsttätig durch eine Schmirgelscheibe ununterbrochen nachgeschliffen. Dadurch entsteht dieser hervorragend schöne, glatte und gleichmäßige Schnitt. Aufrauhrädchen sorgen dafür, daß die Angriffsfläche der Schleifscheibe sich nicht durch Staub und Materialreste versetzt.

Großer Wert ist bei diesem Modell auf möglichste Vereinfachung der Bedienung gelegt. Alle Handgriffe lassen sich von der Vorderseite der Maschine aus erledigen, so daß man während der Arbeit seinen Platz nicht zu verlassen braucht.

Außerdem bietet dieses Modell „Prakma" unbedingten Schutz gegen Verletzungen durch das Glockenmesser. Der Antrieb erfolgt nämlich durch eine geteilte Friktion. Soll nun im Innern der Maschine irgendein Handgriff ausgeführt werden, so muß zuvor die Maschine hochgeklappt werden. Obiges Bild zeigt, wie dann alle Organe bequem zugängig sind. Durch dieses Hochklappen werden aber gleichzeitig die einzelnen Organe außer Antrieb gebracht und blockiert, ohne daß irgendein Riemen abzuwerfen ist. Ein unbeabsichtigtes Anlaufen der Maschine ist also völlig ausgeschlossen.

Natürlich kann diese „Prakma"-Lederschärfmaschine nicht nur für Pappen und Leder, sondern auch für Filz, Plüsch usw. mit bestem Erfolge verwendet werden.

DAS STANDARDWERK DER PAPPEN-HERSTELLUNG UND -VERARBEITUNG

Die Fortsetzung und wertvolle Ergänzung der
„PRAXIS DER PAPPENVERARBEITUNG"
ist das im gleichen Verlag erschienene Werk

PAPPEN-VERARBEITUNG UND PAPIERMACHÉ

II. Teil der „Praxis der Pappen-Verarbeitung"

Mit 19 Figuren im Text und einer Beilage

PREIS: broschiert RM. 16.—

„Die Praxis der Pappenverarbeitung" ist nach den Kritiken der gesamten Fachpresse gegenwärtig das einzige in der Fachliteratur bestehende Buch, das in Verbindung mit Berufspraktikern, Ingenieuren und Werkstattpraktikern eine erschöpfende Darstellung gibt, **ausgehend von der Erzeugung des Rohstoffes,** der Herstellung der gebräuchlichsten Sorten der Pappe, bis zur Verarbeitung der Pappen zu den verschiedensten Erzeugnissen in den einschlägigen Betrieben.

Dieses Buch ist ein unentbehrlicher, praktischer Ratgeber gleichermaßen für den Pappenerzeuger wie den Verarbeiter!

Das ausführliche Inhaltsverzeichnis gibt Ihnen Aufschluß über die Vielseitigkeit der behandelten Gebiete der Pappenherstellung und Pappenverarbeitung

INHALTS-ÜBERSICHT:

I. Teil: Pappen-Verarbeitung.
Vorwort zum 2. Bd. der „Praxis der Pappen-Verarbeitung".
Allgemeines über die Pappenfabrikation.
Pappenrohstoffe.
Wissenswertes über verschiedene Pappensorten.
Saugpappe.
Kofferpappe.
Schuhpappe.
Kartuschpappe.
Ziehpappe.
Deutsch Fiber oder Germania Fiber.
Marmorpappe.
Biberpappe.
Buchbinderpappe aus Hartholzabfall.
Hart- u. andere Sonderpappen.
Papierrohre.
Das Verderben von Pappen.
Das Wasserdichtmachen von Pappen.
Verschiedene Rezepte.
Präparierte Pappen für fettdichte Pappdosen.
Verfahren zur Herstellung von wasserdichtem Papier, Pappen, Wellpappen und dergl.
Neue wasserdichte Pappe.
Wetterfeste Pappen.
Wasserdichte und feuersichere Pappen.
Pappe und Pappwaren für elektrotechnische Zwecke.
Die Veredelung der Pappen.
Die Pappenfärbmaschine.
Gummiwalzen-Druckmaschinen zum Bedrucken von Pappen.
Walzendruckmaschinen zum Dessinieren von Pappen.
Pappen-Neuheiten
Andenken aus bemalter Pappe und Papp-Ersatzwaren.
Neuzeitliche Kleinmöbel aus Pappe.
Neues Verfahren zur Herstellung von stabilen, papiergeleimten Fässern.
Aus Pappe gefertigtes Mobiliar.
Särge aus Pappe.
Geschichtliches.
Der Sarg aus Pappe.
Zerlegbarer Sarg.
Zusammenlegbarer Papierkorb.
Die Postkiste aus Pappe.
Die Herstellung von Papierringen.
Die Herstellung einfacher Schreibmappen.
Der Pappband als Stoff-Ersatzband und seine handwerkliche Veredelung.
Hohlgegenständefabrikation.
Die Herstellung hohler Papptiere.
II. Teil: Papiermaché.
Über Papiermaché.
Das Grundier- u. Lackierverfahren bei Papiermachéwaren.
Papiermaché.
Die Rohstoffe.
Herstellungsweisen.
Haupterzeugnisse der Papierstoffwaren-Industrie.
Verfahren zur Herstellung von Papierstoffwaren.
I. Durch Überkleben einer Anzahl Papierlagen
a) in offener Form
b) durch nachträgliches Pressen.
II. Herstellung durch Zerfasern von Papierabfällen u. Eindrücken in Formen oder Gießen.
Zusammensetzung verschiedener formbarer Massen.
Das Gießen von Papiermachémasse.
Zusammensetzung verschiedener gießbarer Massen.
Herstellung durch Pressen der aus Abfällen gewonnenen Masse od. des Papierzeuges, insbesondere Holzschliff und Zellulose.
Pappenguß.

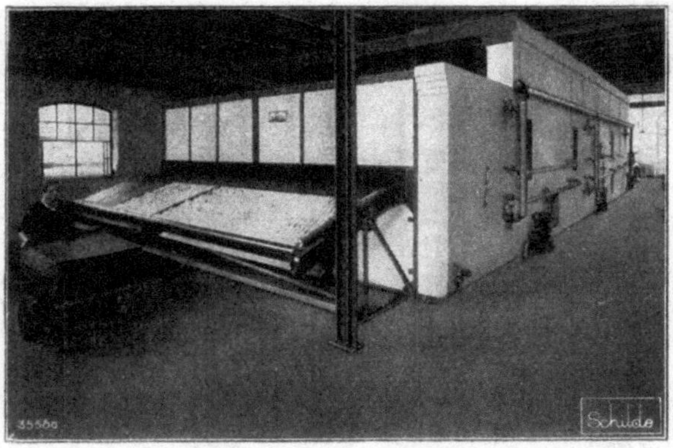

Ein neuer großer Fortschritt

auf dem Gebiete der Pappentrocknung ist durch die Konstruktion des neuen

Schilde-Flachbahntrockners mit Abrolltransport

erreicht. – Diese neue Type arbeitet nach dem Prinzip unserer bewährten Bandtrockner, die Pappen werden aber nicht mehr ruhend auf dem Bande liegend durch den Apparat geführt, sondern bewegen sich auf einer Abrolltransportvorrichtung vorwärts u. wechseln ihre Auflage daher ständig. Diese **wechselnde** Auflage ist für die Trocknung von großer Bedeutung. Die neuen Apparate haben sich in der Praxis bereits glänzend bewährt. Verlangen Sie nähere Unterlagen und unsere Drucksache PP.

Schilde

BENNO SCHILDE Maschinenbau-Akt.-Ges. HERSFELD H-N

WENN SIE

KARTONNAGEN ZIEHEN prägen oder stanzen

sind modern arbeitende Maschinen, Werkzeuge, Prägeformen, Stanzeisen u. Gravuren notwendig.

Verlangen Sie Arbeitsproben oder Kostenanschlag unter Einsendung von Mustern.

ALBERT SCHMIDT, LEIPZIG

KARTONNAGENMASCHINEN U. WERKZEUGFABRIK

Sophienstraße Nr. 8 / Gegründet 1866 / Telefon 30964

STANZEISEN / GRAVUREN

MASCHINENFABRIK · LAUBE · DRESDEN-A 16

BLASEWITZER-STR-68 · GEGRÜNDET 1905

Wir liefern seit 25 Jahren

Anleim-, Gummier-, Lackier-, Etikettier- u. Beklebemaschinen in jeder Grösse und für jeden Verwendungszweck.

Kartonnagenmaschinen und komplette Einrichtungen zur Herstellung von Feinkartonnagen, insbesondere für Cigarettenschachteln.

Verkaufsbüro Berlin
Königgrätzer Str. 62

Verkaufsbüro Stuttgart
Ludwigstr. 15

JAGENBERG

baut als Spezialität seit ungefähr 40 Jahren

Anleim-, Lackier- und Rändel-Maschinen, Papiereckenheft-Maschinen, Schachtel-Beklebe- und Überzieh-Maschinen, Pappen-Beklebe-, Schneide- und Ritz-Maschinen, Rollenschneide-Maschinen

überhaupt sämtliche Papier-, Pappe-Verarbeitungs- u. Kartonnagen Maschinen bis zu den modernsten Hochleistungs-Fließarbeits-Aggregaten zur Zigaretten-, Pralinen- und dergl. Schachtel-Herstellung.

Patent-Eckenverbindemaschine mit Fingerschutz

Mod. „Schachtelhexe“

Modell „Vorwärts“ 55 mit Untergestell

JAGENBERG-WERKE AKT.-GES.
DÜSSELDORF

Das Qualitätszeichen für Druckfarben

Farben für die gesamte Verpackungsindustrie

im besonderen:
Gummidruckfarben.
Farben für Bierglasuntersetzer,
für Zigarren- und Zigaretten-Spitzen.
für Cellophan, Transparit. Heliozell.
für Metallfolien.

Berger & Wirth, Farbenfabriken Leipzig
Berlin, Barmen, Amsterdam. Budapest, Leningrad, Prag, Rio de Janeiro

Streich- bezw. Färb-Anlagen für Pappen u. Kartons

Glättmaschinen,
Pappenkaschiermachinen,
Anilinfarbendruckmaschinen
für Ein- bis Vierfarbendruck.
Lackiermaschinen

Radebeuler Maschinenfabrik
August Koebig G. m. b. H. Radebeul-Dresden
Leipzigerstraße 117 / Gegr. 1890

BERSTDRUCKPRÜFER „SCHOPPER-DALÉN“

D. R. P. ang.

zur Bestimmung der Berstfestigkeit u. Wölbhöhe von Pappe, Karton, Papier usw.

Bei Verpackung in Pappe, Wellpappe, Karton wird im allgemeinen seitens der deutschen Reichsbahn Anerkenntnis der mangelhaften Verpakkung vom Absender gefordert. Hiervon kann abgesehen werden, wenn der Karton besonders widerstandsfähig ist und bestimmte Festigkeitseigenschaften besitzt, welche mit nebenstehend abgebildetem Apparat zu ermitteln sind.

LOUIS SCHOPPER, LEIPZIG S 3

Fabrik für Werkstoffprüfmaschinen

50 Jahre Friedr. Müller verbürgen Qualität

Der Schlußstein im Maschinenpark des Wellpappherstellers

Maschine in Arbeitsstellung (Ausleger)

Friedr. Müllers kombinierte Zweifarben-Wellpapptafel-druck- und Schlitzmaschine ZDPS

Zweifarbig Drucken, Rillen u. Schlitzen in einem Arbeitsgang

FRIEDR. MÜLLER, Maschinenfabrik

Gegr. 1879 / Freital-Potschappel / Dresden

SCAMAG

Kartonnagen-Maschinen neuester Konstruktion zur Herstellung v. Kartonnagen aller Art, Faltschachtel-Maschinen, Stanzautomaten mit oder ohne Druckwerk für die Herstellung von Zuschnitten in grossen Mengen, Hochleistungs-Zieh-u. Prägeautomaten

ORIGINAL-PAPPEN-BIEGE- UND STAUCHMASCHINE SYSTEM »REMUS« zum bruchfreien Abbiegen aller Pappensorten und -stärken. In der Praxis tausendfach bewährt.

Papierverarbeitungs-Maschinen, Maschinen zum Schneiden, Stanzen, Biegen, Rillen, Ritzen, Ziehen, Prägen, Nieten und Heften v. Papier, Pappe, Leder und Vulkanfiber. Schnittwerkzeuge und Heftmaterialien. Prospekte und Arbeitsproben kostenlos

SÄCHSISCHE CARTONNAGEN-MASCHINEN-A.-G., DRESDEN-A-16

FERNSPRECHER 64021 TELEGRAMM-ADRESSE: REMUSCO

Stetigschleifer
„Europa-Typ“

VOITH-STETIGSCHLEIFER

allen anderen Schleifern überlegen

Stetige Kleinkraftschleifer für Kraftaufnahmen von 120 PS an

Stetige Großkraftschleifer für Kraftaufnahmen bis zu 2000 PS

Sämtliche Maschinen für die Papier- u. Pappenherstellung

J. M. VOITH, Maschinenfabriken

Heidenheim (Brenz) Württ., und St. Pölten, Niederösterreich

Pappen-Flach-Trockner

Wichtige Neuerungen

PAPPEN-HÄNGE-TROCKNER

FRIEDR. HAAS, LENNEP (RHLD.)

Die

Kartonnagen-Fabrikation

Praktisches Handbuch für die gesamte Kartonnagenfabrikation unter besonderer Berücksichtigung neuzeitlicher Arbeitsmethoden

Zugleich zweite völlig neu gestaltete Auflage von Schubert, Die Kartonnagenfabrikation

Bearbeitet und herausgegeben von

Walter Hess, Berlin

unter Mitarbeit von Berufsfachleuten und Ingenieuren des Kartonnagen-Maschinenfaches

Mit über 200 Figuren im Text von Maschinen, Arbeitsgeräten und Konstruktionsmodellen sowie Beilagen

Preis brosch. RM 20.—, geb. RM. 22.—

Die Papier-Prägetechnik Praktisches Handbuch für die gesamte Papier-Prägetechnik. Von Walter Hess. Mit 55 Figuren im Text und Tafeln ausgeführter Prägearbeiten. 2. Auflage. Preis broschiert RM 5.—, gebunden RM 6.50

M. KRAYN, Technischer Verlag, G. m. b. H., Berlin W 10